"十四五"职业教育国家规划教材

"十四五"职业教育河南省规划教材

食品标准与法规

（第二版）

主 编

杨玉红 魏晓华

中国轻工业出版社

图书在版编目（CIP）数据

食品标准与法规/杨玉红，魏晓华主编．—2版．—北京：中国轻工业出版社，2025.5

中国轻工业“十三五”规划教材

ISBN 978-7-5184-2005-6

Ⅰ.①食… Ⅱ.①杨… ②魏… Ⅲ.①食品标准—中国—高等职业教育—教材 ②食品卫生法—中国—高等职业教育—教材 Ⅳ.①TS207.2②D922.16

中国版本图书馆CIP数据核字（2018）第137986号

责任编辑：张　靓　　责任终审：张乃柬　　整体设计：锋尚设计

策划编辑：张　靓　　责任校对：晋　洁　　责任监印：张　可

出版发行：中国轻工业出版社（北京鲁谷东街5号，邮编：100040）

印　　刷：三河市万龙印装有限公司

经　　销：各地新华书店

版　　次：2025年5月第2版第12次印刷

开　　本：720×1000　1/16　印张：18.25

字　　数：360千字

书　　号：ISBN 978-7-5184-2005-6　定价：42.00元

邮购电话：010-85119873

发行电话：010-85119832　010-85119912

网　　址：http://www.chlip.com.cn

Email：club@chlip.com.cn

250720J2C212ZBQ

本书编委会

主　编　杨玉红（鹤壁职业技术学院）

　　　　　魏晓华（威海职业学院）

副主编　曾维丽（漯河医学高等专科学校）

　　　　　马艳华（濮阳职业技术学院）

　　　　　张　臻（漯河医学高等专科学校）

　　　　　冀国强（山东药品食品职业学院）

　　　　　乔建华（鹤壁职业技术学院）

编　委　胡二坤（河南职业技术学院）

　　　　　曾稍俏（漳州城市职业学院）

　　　　　蒋　安（鹤壁职业技术学院）

　　　　　刘　彬（河南永达食品有限公司）

　　　　　刘宏伟（鹤壁市农产品质量安全监测检验中心）

　　　　　秦令祥（河南帮太食品有限公司）

第二版前言

高等职业教育食品类专业规划教材《食品标准与法规》第一版一经出版就得到了广大读者的认可与好评，并获中国轻工业优秀教材奖，入选中国轻工业“十三五”规划教材。应广大读者的要求，在对第一版教材进行改进和修订的基础上，现推出《食品标准与法规（第二版）》。

第二版以《高等职业学校专业教学标准》为依据，按照高等职业教育食品类专业规定的职业培养目标要求，在保留原教材特色的基础上，结合多所高职高专院校本课程的教学及实践中发现的问题，对原教材存在的疏漏及不当之处加以修正，删除了与现行食品法律法规及标准不吻合的内容，增加了食品生产许可等内容，更新了《中华人民共和国食品安全法》(2021 年修订)、《食品安全国家标准》(更新至 2025 年 3 月）等内容，同时新增了部分案例。修订后的教材实用性更强，内容更新。

《食品标准与法规（第二版)》可作为高职高专食品智能加工技术、食品检验检测技术、食品生物技术、食品药品监督管理及食品质量与安全等专业的教学用书，也可供食品企业、质量管理等部门相关人员参考使用。

本书由杨玉红、魏晓华担任主编并统稿，曾维丽、马艳华、张臻、冀国强、乔建华任副主编。胡二坤、冀国强、曾稍俏、刘彬、蒋安、刘宏伟、秦令祥任编委。具体编写分工为：模块一由杨玉红编写，模块二由蒋安编写，模块五由乔建华编写，模块三由曾维丽编写，模块四由马艳华编写，模块六由胡二坤和曾维丽共同编写，模块七由冀国强编写，模块八由曾稍俏编写，模块九由张臻编写，刘彬、刘宏伟、秦令祥参与了大纲的审定和修改。

在编写过程中，得到国内各有关高等院校、企业领导、多位食品专家的热情帮助和中国轻工业出版社的大力支持，在此谨致以诚挚的谢意。编者参考了许多国内同行的论著及网上资料，材料来源未能一一注明，在此向原作者表示诚挚的感谢。

由于编者知识水平和条件所限，书中错误在所难免，恳请同仁和读者批评指正，以便进一步修改、完善。

编者

第一版前言

食品质量与安全关系到人民的身体健康和生命安全，关系到经济健康发展和社会稳定，关系到政府和国家的形象。食品标准水平决定食品质量与安全性的高低，以食品标准为准绳和以食品法律、法规为支撑是提升现代食品工业的一项战略举措。从事食品生产、营销和贮存以及食品资源开发与利用必须遵守食品法规与标准，了解有关食品法规与标准知识，是高职高专食品类专业学生必须掌握的基础知识和具备的基本素质。

本教材以《高等职业学校专业教学标准（试行）》为依据，按照高等职业教育食品类专业规定的职业培养目标要求，结合当前人们所关注的食品质量安全问题及社会发展的要求，从标准、法规的基本概念出发，系统介绍了安全食品生产和质量管理中所涉及的我国及国际相关的食品标准与法规。在教材中，极力贯彻高等性、职业性、创新性、实践性原则，内容完整，浅显易懂，所涉及的标准与法规都是现行有效的，同时对重要的内容注重应用例证，达到学以致用。为方便学生学习，每模块前有“知识目标”和“技能目标”，模块后都安排有小结和复习思考题。

本教材可作为高职高专食品加工技术专业、食品营养与检测专业、食品贮运与营销专业、食品机械与管理专业、食品生物技术专业、农产品质量检测专业、农畜特产品加工专业、食品药品监督管理专业、粮食工程专业等教学用书，同时也可供食品企业、质量管理部门等人员参考。

本教材由杨玉红担任主编并统稿，曾维丽、张臻、马艳华担任副主编，刘宏伟、何雷堂、秦令祥、张淑霞参与了大纲的审定及内容筛选工作。具体编写分工是：模块一、二、五由杨玉红编写，模块三由曾维丽编写，模块四由马艳华编写，模块六由胡二坤、曾维丽共同编写，模块七由张臻编写，模块八由冀国强编写，模块九由曾稍俏编写。

在编写过程中，得到国内各有关高等院校、企业领导、多位食品专家的热情帮助和中国轻工业出版社的大力支持，在此谨致以诚挚的谢意。在编写过程中，编者参考了许多国内同行的论著及部分网上资料，材料来源未能一一注明，在此向原作者表示诚挚的感谢。由于编者知识水平和条件有限，本书内容涉及法学、管理学、食品科学等多门学科，并且内容体系庞大，近年来标准修订更新较多，书中错误在所难免，恳请同仁和读者批评指正，以便进一步修改、完善。

编者

目 录 CONTENTS

模块一

绪　论

【学习目标】

知识目标

1. 了解市场经济的法规体系。
2. 掌握法规与标准的区别。
3. 熟悉食品标准、法规与市场经济、质量安全的相互关系。

技能目标

能认识食品标准与法规在食品工业中的重要性，做好本课程学习规划。

食品标准与法规是从事食品生产、加工、贮存及运销时必须遵守的行为准则，是食品工业能够持续健康快速发展的根本保障。在市场经济的法规体系中，食品标准与法规具有十分重要的地位，它是规范食品生产、贮存与营销，实施政府对食品质量与安全的管理与监督，确保消费者合法权益，以及维护社会和谐与可持续发展的重要依据。

项目一

标准与法规概述

标准与法规是保证市场经济正常运转和公平竞争的一个重要的工具。人类社会的各种活动都不可能是孤立的，人与人之间、群体与群体之间会由于利益和价值取向的差异产生各种矛盾或纠纷，这就需要建立一定的行为规范和相应的准则，以调整或约束人们的社会活动和生产活动，维持良好的社会秩序。

一、 标准与法规的定义

1. 标准

（1）标准是一种特殊规范。法学意义上的规范是指某一种行为的准则、规则，在技术领域泛指标准、规程等。一般情况下，规范可分为两大类：一是社会规范，即调整人们在社会生活中相互关系的规范，如法律、法规、规章、制度、政策、纪律、道德、教规、习俗等；二是技术规范，它是针对人们如何利用自然力、生产工具、交通工具等应遵循的规则。标准从本质上属于技术规范范畴。标准具有规范的一般属性，是社会和社会群体的共同意识，即社会意识的表现，它不仅要被社会所认同（协商一致），而且须经过公认的权威机构批准，因此，它同社会规范一样是人们在社会活动（包括生活活动）中的行为规则。标准具有一般性的行为规则，它不是针对具体人，而是针对某类人，在某种状况下的行为规范。

（2）标准是社会实践的产物，它产生于人们的社会实践，并服从和服务于人们的社会实践。

（3）标准受社会经济制度的制约，是一定经济要求的体现。标准是进行社会调整、建立和维护社会正常秩序的工具。标准规范人们的行为，使之尽量符合客观的自然规律和技术法则。

（4）标准是被社会所认同的规范，这种认同是通过利益相关方之间的平等协商达到的。标准有特定的产生（制定）程序、编写原则和体例格式。

世界多数国家的标准是经国家授权的民间机构制定的，即使由政府机构颁发的标准，它也不是像法律、法规那样由象征国家的权力机构审议批准，而是由各方利益的代表审议，政府行政主管部门批准，因此，标准不具有像法律、法规那样代表国家意志的属性，它更多的是以科学合理的规定，为人们提供一种最佳选择。

2. 法规

法规泛指由国家制定和发布的规范性法律文件的总称，是法律、法令、条例、规则和章程等的总称。其中，宪法是国家的根本法，具有综合性、全面性和根本性；法律是由立法机关制定，体现国家意志和利益的，必须依靠国家政权保证执行的、强制全社会成员共同遵守的行为准则，地位仅次于宪法；行政法规是国务院制定的关于国家行政管理的规范性文件，地位和效力仅次于宪法和法律；地方性法规是地方权力机关根据本行政区域的具体情况和实际需要依法制定的本行政区域内具有法律效力的规范性文件；规章是国务院组成部门及直属机构在其职权范围内制定的规范性文件，省、自治区、直辖市人民政府也有权依照法定程序制定规章；国际条约是我国作为国际法主体同外国缔结的双边、多边协议和其他条约或协定性质的文件。

3. 食品标准与法规

食品法律法规是指由国家制定或认可，以法律或政令形式颁布的，以加强食品监督管理，保证食品卫生，防止食品污染和有害因素对人体的危害，保障人民身体健康，增强人民体质为目的，通过国家强制力保证实施的法律规范的总和。食品法律法规既包括法律规范，也包括以技术规范为基础所形成的各种食品法规。

与食品加工有关的法律主要涵盖于市场管理规则法之中。标准不等于法律，但标准与法律有着密切的内在联系。要保持食品市场经济良好的秩序，还必须要有完善的食品标准体系来支撑法规体系的实施，只有食品标准与法规相互配套，各自发挥特有的功能，才能确保食品市场经济的正常健康运行。

食品标准与法规是从事食品生产、营销和贮存以及食品资源开发、利用必须遵守的行为准则，也是食品工业持续、健康、快速发展的根本保障。在市场经济的法规体系中，食品标准与法规是规范市场经济秩序、实施政府对食品质量安全的管理与监督，确保消费者合法权益和可持续发展的重要依据和保障。

二、 标准与法规的功能

1. 促进技术创新

标准是以科学技术的综合成果为基础建立的，制定标准的过程就是将其与实践积累的先进经验结合，经过分析比较加以选择，并进行归纳提炼以获得最佳秩序。通过标准化工作，还可将小范围内应用的新产品、新工艺、新材料和新技术纳入标准进行推广应用，可促进技术创新。

2. 实现规模化、系统化和专业化

标准的制定可减少产品种类，使产品品种系列化、专业化和规模化，可降低生产成本和提高生产效率；同时，还可确保由不同生产商生产的相关产品与部件的兼容和匹配。

3. 保证产品质量安全

标准对产品的性能、卫生安全、规格、检验方法及包装和贮运条件等作出明确规定，严格按照标准组织生产和依据标准进行产品检验，可确保产品的质量安全。法规以国家强制力为后盾，可保证标准的实施，确保产品质量安全。

4. 为消费者提供必要的信息

对于产品的属性和质量，消费者所掌握的信息远不如生产者，这使消费者难以在交易前正确判断产品质量。但是，借助于标准，可以表示出产品所满足的最低要求，帮助消费者正确认识产品的质量，以减少市场信息的不对称状况，同时也可提高消费者对产品的信任度。消费者还可通过国家颁布的相关法律法规作为有效保护自己的依据。

5. 降低生产对环境的负面影响

人们对环境的过度开发，导致环境污染日益严重。尽管人们已认识到良好的环境对提高生存质量和保证可持续发展极其重要，各国政府也纷纷加强对环境的监管力度，而在法律法规和标准规范下进行的生产是降低生产对环境负面影响的有效手段之一。

三、 标准与法规的关系

标准属于技术规范，是人们在处理客观事物时必须遵循的行为规则，重点调整人与自然规律的关系，规范人们的行为，使之尽量符合客观的自然规律和技术法则，其目的就是建立起有利于社会发展的技术秩序。法律、规章属于社会规范，是人们处理社会生活中相互关系应遵循的具有普遍约束力的行为规则。在科技和社会生产力高度发展的现代社会，越来越多的立法把遵守技术规范确定为法律义务，将社会规范和技术规范紧密结合在一起。

1. 标准与法规相同之处

（1）标准与法规都是现代社会和经济活动必不可少的规则，具有一般性，同样情况下应同样对待。

（2）标准与法规在制定和实施过程中公开透明，具有公开性。

（3）标准与法规都是由权威机关按照法定的职权和程序制定、修改或废止，都用严谨的文字进行表述，具有明确性和严肃性。

（4）标准与法规在调控社会方面享有威望，得到广泛的认同和遵守，具有权威性。

（5）标准与法规要求社会各组织和个人服从，并作为行为的准则，具有约束性和强制性。

（6）标准与法规不允许擅自改变和随便修改，具有稳定性和连续性。

2. 标准与法规的不同之处

（1）标准必须有法律依据，必须严格遵守有关的法律、法规，在内容上不能与法律法规相抵触和发生冲突；法规则具有至高无上的地位，具有基础性和本源性的特点。

（2）标准主要涉及技术层面，而法律法规则涉及社会生活的方方面面，调整一切政治、经济、社会、民事和刑事等法律关系。

（3）标准较为客观和具体；法规则较为宏观和原则。

（4）标准会随着科学技术和社会生产力的发展而修改和补充；法规则较为稳定。

（5）标准强调多方参与、协商一致，尽可能照顾多方利益，比较注重民主性。

(6) 标准本身并不具有强制力，即使是所谓的强制性标准，其强制性也是法律授予的。

(7) 标准和法规都是规范性文件，但标准在形式上既有文字的也有实物的。

3. 标准与技术法规的关系

我国在加入 WTO 议定书中承诺，“标准”和“技术法规”两个术语的使用遵照《世界贸易组织贸易技术壁垒协议》（以下简称 WTO/TBT 协议）中的含义。即标准（standard）是经公认机构批准的、规定非强制执行的、共同使用或反复使用的产品或相关工艺和生产方法的规则、指南或特性的文件。技术法规（technical regulations）为强制执行的、规定产品特性或相应加工和生产方法的、包括可适用的行政管理规定在内的文件。各国制定的技术法规大多以法律、法规、规章、指令、命令或强制性标准文件的形式发布和实施。

标准与技术法规的共同点是覆盖所有的产品，都是对产品的特性、加工或生产方法做的规定，都包括专门规定用于产品、加工或生产方法的术语、符号、包装、标志或标签要求。但在形式上，标准是一定范围内协商一致并由公认机构核准颁布供共同使用或反复使用的协调性准则或指南；技术法规则是通过法律规定程序制定的法规文本，由政府行政部门监督强制执行，由于技术性强，这类法规通常是由法律授权政府部门制定的规章类法规。

在法律属性上，技术法规是强制执行的文件，这些文件以法律、法案、法令、法规、规章、条例等形式发布；强制性标准属于技术法规范畴，并由国家执法部门监督执行。如我国的《缺陷汽车召回管理规定》《美国消费品安全法案》及《欧盟化学品注册评估许可与限制法规》等均属于技术法规文件，对贸易有重大影响。标准是自愿执行文件，不属于国家立法体系的组成部分，在生产和贸易活动中，对同一产品，生产者、消费者和买卖双方可以在国际标准、区域标准、国家标准和行业标准中自主选择，只是一旦选择了某项标准，就应按标准的规定执行，不能随意更改标准的技术内容。

在内容上，技术法规与标准均对产品的性能、安全、环境保护、标签标志和注册代号等作出规定；在需要制定技术法规的领域中，技术法规除了法律形式上的内容外，需要强制执行的技术措施应该与标准一致。《WTO/TBT 协议》第 2.4 条款也规定，当需要制定技术法规并已有相应国际标准或其相应部分即将发布时，成员需使用这些国际标准或其相应部分作为制定本国技术法规的基础。技术法规除规定技术要求外，还可以作出行政管理规定；有些技术法规只列出基本要求，而将具体的技术指标列入标准中。将标准作为法规的引用文件，如欧盟的一系列新方法指令，这有利于保持技术法规的稳定性和标准的时效性。

在范围上，标准涉及人类生活的各个方面；而技术法规仅涉及政府需要通过技术手段进行行政管理的国家安全、人身安全和环境安全等方面。

在制定原则上，技术法规和标准的制定都要遵循采用国际标准原则，避免不必要的贸易障碍原则、非歧视原则、透明度原则和等效与相互承认原则。技术法规制定的前提是实现政府的合法政策目标，包括保护国家安全、防止欺诈行为、保护人的安全与健康、保护生命与健康以及保护环境。特别是环境要求方面，对环境影响严重的企业，如不对排污进行处理，其产品不准出厂，即局部利益服从国家的全局利益。而标准的制定是采取协商一致的原则，即制定标准至少应有生产者、消费者和政府等各利益相关方参与并达成一致意见，即标准是各方利益协调的结果。技术指标的确定要有科学依据，要基于风险分析。

在制定机构与版权保护上，技术法规作为强制执行文件，只能由被法律授权的政府机构制定和发布。这些机构依据法律授权制定技术法规文件，授权方式通常为国家《立法法》和《行政许可法》一类的文件。如美国制定技术法规的机构有美国国会、联邦政府机构和州政府机构；欧盟包括欧洲议会、欧盟理事会、欧盟委员会及欧盟成员国政府；我国制定技术法规的机构有全国人大、地方人大、国务院、国务院直属机构及各部门，以及各省、自治区和直辖市政府等。技术法规作为一种法律法规性文件，根据保护知识产权的“伯尔尼国际公约”，不受版权法的约束，其全文应在媒体上公布，让生产商、进出口商和消费者广泛了解、遵守和执行。TBT 协议标准发布的公认机构可以是国际组织，如国际标准化委员会、国际电工委员会和国际电信联盟等；可以是区域组织，如欧洲标准化组织、欧洲电工标准化委员会和欧洲通信标准学会等；也可以是国家团体，如英国标准学会、加拿大标准理事会和德国检验测试公司等。标准制定程序、编写方法和表述模式具有鲜明的技术特点和广泛的适用性，并可随时修订，以反映当代科技水平（至少每 5 年复审 1 次）。标准是技术和智慧的结晶，是享有知识产权的出版物，受版权法保护。

项目二

食品法规、标准与市场经济的关系

一、 食品法规与市场经济

法规是建立在一定的经济基础之上的上层建筑的重要组成部分，其性质由产生它的经济基础的性质决定。法规反作用于产生它的经济基础。法规可促进生产力的发展，对社会起进步作用；但是法规也可以阻碍生产力的发展，对社会起反作用。法规起什么作用主要取决于它所确认和维护的生产关系的性质。

市场经济是商品经济发展到一定程度的必然产物。正如恩格斯所说：“在社会发展的某个很早的阶段，产生了这样一种需要。把每天重复着的生产、分配和交换产品的行为用一个共同的规则概括起来，设法使个人服从生产和交换的一般条件。这个规则首先表现为习惯，而后便成为法律。”市场经济条件下出现的法律是适应商品经济的需要而产生的，同样市场经济的发展也需要通过法律来加以规范和保障。所谓法治就是依法治理，法治是人类文明的结晶，是社会发展的产物和社会进步的标志。

1. 法律对市场经济的规范作用

法律对市场经济的规范作用主要表现在规范市场经济运行过程中政府和市场主体的行为，明确什么是合法的，或者法定应该无条件执行的；什么是非法的，或者是必须明令禁止的。在我国市场经济和企业行为还不够完善和规范的情况下，运用国家政权的力量，制定规范市场经济运行的法规，对不合理的经济行为实行必要的干预，是很重要的一个措施。就食品生产加工而言，这对于保证食品质量与安全是至关重要的。只有依靠法律的手段和权威，维护公平竞争的市场秩序，制止各种欺诈行为和干扰市场经济正常秩序的现象，才能确保市场的正常运行，并引导市场的健康和可持续发展。

2. 以宪法为基础，保证法制的统一

建立市场经济的法规体系是一个十分庞大的系统工程。宪法是建设市场经济法规体系的依据和基础。就中国特色的社会主义市场经济法规体系而言，就必须遵守宪法的规定。这是因为宪法是规定我国的经济制度、政治制度、调整经济关系的基本原则，还规定了各项立法应该遵循的基本原则，所以，只有以宪法作为基础，才能保证法制的统一。宪法中有关“开展群众性卫生活动，保护人民健康”、“增强人民体质”、“保护和改善生活环境和生态环境，防治环境污染和其他污染”等规定是食品法规的依据。食品安全关系到广大人民群众的身体健康和生命安全，关系到经济健康发展和社会稳定，关系到政府和国家的形象。

3. 法治与市场经济

市场经济的秩序必须通过法治来形成和维持，因此，法治是市场经济的必备条件和基本特征。市场经济是自主性经济，因此，要求法律确认市场主体资格，平等保护市场主体的财产权。市场经济是契约经济，因此，要求法律确认契约是处理经济关系的法律形式，并保护契约在市场经济中的作用。市场经济是竞争经济，因此，要求法律维护和保障正当竞争，限制和惩处不正当竞争。市场经济是主体地位平等的经济，因此，要求法律确认所有人的平等地位，至少在形式上平等地享有权利和履行义务。市场经济是开放的经济，因此，要求法律不断进行调整，与现代国际法治规则接轨，营造统一开放的国内市场和全球化的国际市场。

4. 法律对市场经济的保障作用

法律对市场经济的保障作用表现在两个方面：①利益保障：市场经济关系的各种行为，大多为了实现一定的物质利益，法律通过及时制止侵犯他人、集体和国家利益的违法犯罪行为，来保障市场经济。②秩序保障：法律引导和促进市场行为在一定的秩序中正常进行，从而保障市场经济的发展。

二、 食品标准与市场经济

食品标准是判断食品质量安全的准则。“一个好的标准胜过十万精兵”。技术标准在全球经济一体化中发挥着重要作用。制定技术标准的实质是制定竞争规则，目的是把握对市场的控制权。食品标准化具有食品发展的战略地位。

市场经济运行的主体是以企业为主的法人。我国标准化管理改革，最重要的有两项：①衡量和评定产品质量的依据，过去都由政府主管部门制定强制企业执行的统一标准，产品的所有质量性能都必须符合标准的规定。现在改革为由企业根据供需双方和市场以及消费者需求，自主决定采用什么标准组织生产，产品性能除必须符合有关法律、法规的规定和强制性标准和要求外，由企业自主决定衡量和评定产品质量的依据。②企业生产的产品质量标准，过去都由有关政府部门制定，企业没有制定产品质量标准的权利。现在改为允许企业制定，并且要鼓励企业制定满足市场和用户需求、水平先进的产品质量标准。

1. 食品标准化的作用

市场经济运行的机制主要依靠标准化。食品企业采用的标准是判定假冒伪劣商品的依据；技术经济合同、契约和纠纷仲裁的技术依据也是标准。市场运行机制是由多方面构成的，包括生产、市场、销售与管理等方面，从市场竞争机制、供求机制方面来看，标准化在健全机制和运行中发挥着举足轻重的作用。

标准化有利于建立公平的市场竞争机制。通过制定、采用、实施标准，建立衡量食品产品质量的依据，依据企业采用的标准判定产品是否合格，依据国家强制性标准判定食品产品质量是否安全，是否影响人体健康。通过法规规定要求企业在食品的标签或说明书中标明采用的标准。这样，既有利于企业保护自身利益，又便于政府和消费者监督。

标准化有利于企业适应市场竞争的灵活性、时效性的需要。市场竞争不仅有产品品种、质量安全方面的竞争，还有交货期限、产品价格、服务信誉等方面的竞争。因此，需要企业尽快采用国家统一的标准或者提供先进的标准，采用现代化的手段，尽快获得更多信息，缩短食品运送时间，快速销售产品。

标准化是市场经济活动的合同、契约和纠纷仲裁的技术依据。市场经济主体之间进行的各种商品交换和经济贸易往来，往往是通过契约的形式来实现的。在这些合同、契约中，标准化是不可缺少的重要内容。我国的《合同法》明确规定合同的内容要包括质量技术与安全的要求，而标准就是衡量产品质量与安全合格与否的主要依据。因此，合同中应明确规定产品质量达到什么标准，产品的安全性适用什么标准，并以此作为供需双方检验产品质量的依据。这样，就能使供需双方在产品质量问题上受到法律的保护和制约。

实践证明，国家政府在实行市场经济宏观调控中，标准化是可以运用的一种有效手段。标准化是国家制定产业技术政策的重要内容。由于标准化对产业的技术发展具有重要的指导作用，因此，在制定和实施产业技术政策中，制定和实施什么样的标准，提倡采用什么标准，是其中的重要内容。如农产品质量安全标准对不同农药的使用范围和允许的最大残留限量都有着不同的要求，指导着我国农业产业结构调整目标和农产品质量安全水平。

国家制定法律规范，保障市场经济正常运行，保护消费者利益，同样需要标准化来支撑。法律法规是国家进行宏观调控的重要手段，是市场经济形成和发展所必需的基础条件，并且标准已经成为相关法律、法规的重要内容。我国《中华人民共和国标准化法》《中华人民共和国食品安全法》《中华人民共和国产品质量法》《中华人民共和国计量法》《中华人民共和国环境保护法》和《中华人民共和国合同法》等法律法规中，也都对采用标准做出了明确规定。政府实施经济监督需要标准化。在经济监督中，包含质量、计量方面的监督。质量监督是检察机关和企业质量监督机构及其人员，依据管理的有关法规，依据有关质量标准，对产品质量、工程质量和服务质量所实行的监督。计量监督主要是依据计量法规，依照计量器用具对商品的数量实行监督。因此，标准已经成为判断质量好坏、依法处理质量问题、政府进行产品质量监督的重要依据，对提高食品产品质量以及食品安全等方面也发挥着重要作用。

产品质量标准的制定要符合市场与顾客需求。标准化的作用之一就是要能够赢得市场竞争。市场竞争的实质是产品质量和人才的竞争。没有标准化也就没有竞争力。

2. 标准化工作

一个企业产品要在市场竞争中立于不败之地，标准化工作就应该走好三步。第一步，制定或修订好确切反映市场需求、令顾客满意的产品标准，保证产品获得市场欢迎和较高的满意度，解决占领市场的问题。第二步，建立起以产品标准为核心的有效运转的企业标准体系，保证产品质量的稳定和劳动生产率的提高，使企业能够站稳市场，不至于刚刚占领市场，就因质量不稳而退出市场。第三步，把标准化向纵深推进，运用多种标准化形式支持产品开发，使企业具有适应市场变化的能力即对市场的应变能力，这就使企业不仅能够占领市场、站稳市场，还能够适应市场、扩大市场。上述三步是互相连贯的三个阶段，只有攀上制高点，才能真正实现企业标准化。

3. 标准化与国际贸易

标准化是市场经济活动国际性的技术纽带。市场经济是开放性的经济，社会分工的细化和市场的扩展，已经扩大了不同国家和地区之间的经济联系，为了保证国际经济贸易活动的正常有序开展，国际上已经和正在形成一系列比较统一通行的国际经贸条约、规则和惯例。作为 WTO 的成员国，其产品或服务要进入国际市场，参与国际竞争，就必须了解和参与这些条约和规则。其中标准化是一项重要的内容，是国际通行条约、惯例和做法的一个组成部分，是国际贸易中需要遵守的技术准则。为了适应我国参与国际市场竞争，作为世界贸易组织的成员，我国标准化工作应适应 WTO 的需要，要积极采用国际标准，积极参与国际标准化活动，加快产品质量和企业质量保证体系的认证工作。

《WTO/TBT 协议》中对合格评定程序的定义是指直接或间接用来确定是否达到技术法规或标准的相关要求的任何程序。合格评定程序特别包括取样、测试和检查程序；评估、验证和合格保证程序；注册、认可和批准以及它们的综合的程序。ISO9000 质量管理体系认证、ISO14000 环境质量标准认证、HACCP 体系认证以及 GMP 认证等都属于合格评定内容，并与标准有着密切的联系，离开了标准合格评定是难以进行的。往往一些发达国家就利用 WTO 大做文章，各种类型的技术贸易壁垒措施就不断产生。常见的技术壁垒形式有检验程序和检验手续、绿色技术壁垒、计量单位、卫生防疫与植物检疫措施、包装与标志等。

三、 食品法规、 标准与食品安全体系

食品安全性是指食品中不应含有有毒有害物质或因素，从而损害或威胁人体健康，包括直接的急性或慢性毒害和感染疾病，以及对后代健康的潜在影响。WHO 在 1996 年发表的《加强国家级食品安全性指南》中指出，食品安全性是对食品按其原定用途进行制作或食用时不会使消费者受到损害的一种担保。

食品安全问题是全球性的严重问题。食品安全问题正严重地威胁着每个国家，主要表现为食源性疾病不断上升和恶性食品污染事件不断发生两个方面。食源性疾病是指通过摄食而进入人体的病原体和有害物质，使人体患感染性或中毒性疾病，其原因是食物受到细菌、病毒、寄生虫或化学物质污染所致。在美国每年有 7600 万人次患食源性疾病，32 万人因此住院，5000 人因食源性疾病而死亡。在我国食源性疾病的发病率也呈上升趋势，每年卫生部接报的集体食物中毒事件近千件，中毒人数近万人。

20 世纪 90 年代以来，全球的食品安全发生了多起重大事件，如 1996 年英国疯牛病事件，1997 年中国台湾发生猪口蹄疫事件，1999 年比利时发生的二噁英污染鸡事件；法国和比利时发生可口可乐污染事件，2000 年日本雪印乳制食品公司生产的低脂牛乳受到黄色葡萄球菌感染中毒事件。2001 年欧洲发生口蹄疫事件，2003 年美国发生疯牛病事件，2004 年英国在辣椒粉中查出了可以致癌的“苏丹红一号”工业用染料，不久苏丹红事件席卷中国。2004 年发生遍及全球的禽流感事件，2006 年美国爆发“毒菠菜”事件，2007 年含有禁药“瘦肉精”的美国猪肉被输入中国台湾。2008 年俄罗斯发生乳制品食物中毒事件；我国从美国进口的大豆被检出有毒，5.7 万吨大豆中含 3 种农药；甘肃等地三鹿牌婴幼儿配方乳粉受到三聚氰胺污染事件。2010 年地沟油事件。2011 年双汇瘦肉精事件；上海染色馒头事

件；2012 年白酒塑化剂超标事件。食品安全事件不仅严重影响种植、养殖业和食品贸易，还会波及旅游业和餐饮业，造成十分巨大的经济损失，甚至影响到公众对政府的信任，危及社会稳定和国家安全。

世界各国和国际组织近年来加强了食品安全工作，2000 年第 53 届世界卫生大会通过了加强食品安全的决议，将食品安全列为 WHO 的工作重点和公共卫生的优先领域。我国 2009 年发布了《中华人民共和国食品安全法》，2015 年进行了修订。食品安全管理机构，在国际上有世界贸易组织（WTO）、联合国粮食及农业组织（FAO）/世界卫生组织（WHO）的分支机构食品法典委员会（CAC）、国际标准化组织（ISO）等。法规标准体系，在国际上有 WTO 的贸易基本原则、《实施动植物卫生检疫措施的协议》（SPS 协议）、《技术性贸易壁垒协议》（TBT 协议）等。

1. 食品安全体系

食品安全体系包括食品管理体系和食品保证体系两部分。管理体系包括管理机构、法规标准体系、认证认可体系、市场准入制度、追溯制度、包装标志制度、突发事件应急制度等。保证体系包括食品安全质量保证体系和监测检验体系。

食品安全质量保证体系在国际上有 ISO9000 质量管理体系认证，世界各国有生态食品、绿色食品、无公害食品、保健食品等的认证，以及食品检验实验室的认可。安全质量保证体系包括良好操作规范（GMP）、良好农业规范（GAP）、危害分析和关键控制点（HACCP）等。

市场准入制度，我国有生产许可证管理、卫生注册制度、市场准入认证等。世界各国也有各自的市场准入制度，如美国的进口程序、FDA 注册、预通报制度等。追溯制度是覆盖食品从初级产品到最终消费品的可追踪的信息追踪系统，一旦发现疯牛病等食品安全问题时立刻追踪历史信息，追究责任，堵塞漏洞。

监测检验体系、包装标志制度，我国有检验检疫标志、进出口食品标签等。

突发事件应急制度，在国际上有 SPS 规定，进口国可针对禽流感、疯牛病和口蹄疫等紧急情况，采取应急叫停进口措施，无需预先通报出口国。世界各国也有各自的措施，如宣布疫区、屠宰疑似牲畜、禁止流通等。

食品安全监测检验体系包括政府、中性外部机构和企业自我的监测检验体系。

2. 食品安全法规、标准

在食品安全体系中食品安全法规、标准居于核心的基础的地位，有崇高的权威，是政府管理监督的依据，是食品生产者、经营者的行为准绳，是消费者保护自身合法利益的武器，是国际贸易的共同语言和通行桥梁。为了保证食品安全，世界各国有各自的国家标准，如中国的国标（GB）、美国的联邦法规汇编（CFR）、欧洲的标准（EN）等。没有食品安全法规标准，就没有食品行业的可持续发展。

食品安全体系建设是一个复杂的系统工程，必须有政府、行业组织、企业、消费者的共同努力，必须有各国政府和国际组织的协调和努力。

项目三 食品标准与法规的研究内容和学习方法

一、 食品标准与法规的研究内容

食品标准与法规是研究食品与农产品的产地环境、农业投入品、动物疫病防治、食用农产品种植养殖、食品加工、运输、贮藏、加工、销售和配送等全过程相关的法律法规、标准和合格评定程序的一门综合性学科。食品标准与法规的研究对象是“从农田到餐桌”的食品与农产品相关产业链，目的是为了确保人类和动植物生命健康的安全、保护自然环境、促进市场贸易、规范企业生产。食品标准与法规是政府管理监督的依据，是食品生产者、经营者的行为准则，是消费者保护自身合法利益的武器，是国际贸易的共同行为准则。

食品标准与法规的主要内容有：食品法律法规基础知识、食品标准基础知识、中国食品标准体系、中国食品法律法规体系、国际食品标准与法规、食品安全管理体系等。

二、 食品标准与法规的学习方法

食品标准与法规是一门综合性管理学科，它既涉及食品与农产品的各个种类，又贯穿于食品与农产品生产流通全过程，即“从农田到餐桌”；既包括标准与法律法规的制定、实施过程，又涵盖了对其进行监督监测和评定认证体系；既规范协调企业和消费者双方，又涉及政府、行业组织等管理机构和监督检测、合格评定等第三方中性机构。因此食品标准与法规的学习不只是简单的记忆，更应该注意其全面性。

学习本课程必须首先掌握食品生产过程中所必须掌握的各种标准与法规，坚持理论与实践相结合，通过学习可以结合企业的实际情况，根据所学知识，制定切实可行的食品加工生产的安全性控制方案。同时应充分认识到人类社会是一个永不止息的活动，标准与法规也是一个永无止境的变化发展过程，因此我们在学习食品标准与法规的时候应该学会采取发展的观点来看问题。本书中介绍的内容可能在出版时和出版后已经发生了变化，我们应该不断追踪其前后变化来看待和理解相关的食品标准与法规。

小 结

本模块简述了标准、法规、《TBT 协议》及《SPS 协议》基本概念，重点介绍了标准、法规与市场经济的关系、技术性贸易措施体系及技术性贸易壁垒对我国食品贸易的影响。标准（TBT 协议规定）是经公认机构批准的、非强制性的、为了通用或反复使用的目的、为产品或其加工或生产方法提供规则、指南或特性的文件。该文件还可包括或专门关于适用于产品、工艺或生产方法的专业术语、符号、包装、标志或标签要求；法规是泛指由国家制定和发布的规范性文件如法律、法令、条例、规则、章程等的总称；《TBT 协议》是非关税壁垒的主要表现形式，它是以技术为支撑条件，即商品进口国在实施贸易进口管制时，通过颁布法律、法令、条例、规定、建立技术标准、认证制度、卫生检验检疫制度、检验程序以及包装、规格和标签标准等，提高对进口产品的技术要求，增加进口难度，最终达到保障国家安全、保护消费者利益和保持国际收支平衡的目的；《SPS 协议》是为各成员制定、采用和实施卫生与植物卫生措施（SPS 措施）建立了多边规则，其目的是为了保证 SPS 措施不超过保护人类、动物或植物的生命或健康的程度，不对情形相同的成员构成任意不合理的歧视，同时对贸易的消极作用减少到最低。

建立市场经济体制的同时，建立一整套与此相适应的法律和制度，不仅是市场经济体制建立和发展的内在要求，也是被资本主义几百年的历史和我国社会主义市场经济的实践所证明的客观真理。市场经济的一个显著特点在于它的经济秩序是通过法制形成和维持的，或者说是一种法律秩序。现代市场经济并不是单纯的自由竞争，而是一个有序化、制度化过程，这一过程是通过一系列具体的法律制度来实现的。

复习思考题

1. 名词解释：标准、法规、技术法规、贸易、技术壁垒。
2. 食品标准与法规的研究对象是什么？
3. 简述标准与法规的特点与作用。
4. 标准与法规的主要区别是什么？
5. 简述标准与市场经济的关系。
6. 简述法规与市场经济的关系。

模块二

食品法律、法规基础知识

【学习目标】

知识目标

1. 了解食品法规的渊源与分类。
2. 掌握我国食品安全法规体系及其制定原则与依据。
3. 熟悉食品法规的实施与监督管理。

技能目标

会制定食品企业部门规章。

项目一 食品法规的渊源和体系

一、法的基本概念

（一）法的概念

对于法的概念，人们争论了几千年。对于法的概念的认识，实际上就是人类对于支配自身所处的具体社会关系规律的认识。在不同的历史时期、不同的社会条件下，法的观念因为社会关系的差异而有所不同。

我国现在一般从广义和狭义两个方面理解法。广义的法指法的整体，即国家制定或认可的并以国家强制力保证实施的行为规范的总和。它包括作为根本法的宪法、全国人民代表大会及其常务委员会制定的法律、国务院制定的行政法规、地方国家机关制定的地方性法规等。狭义的法是拥有立法权的国家机关依照立法程序制定和颁布的规范性文件，仅指全国人民代表大会及其常务委员会制定的法律。

（二）法的本质

对于法的本质问题，不同时代的思想家或法学家曾经做过不同的论述。他们或者把法的本质归结为某种精神力量；或者把法视为单纯的规则体系。这些论述均不能科学地揭示法的本质。和以往的一些法学家和思想家不同，马克思主义以辩证唯物主义和历史唯物主义为指导，科学地揭示了法的真正本质。以马克思主义关于法的本质的论断为指导，可以把法的本质概括为以下 3 个方面。

1. 法是统治阶级意志的体现

法是体现国家政权意志的社会规范，国家政权由统治阶级掌握，因此，法首先要体现统治阶级意志。

2. 法是以国家意志的形式表现出来的统治阶级意志

法是统治阶级意志的体现，但并不是统治阶级的意志都表现为法，只有把统治阶级的意志上升为国家意志，才能成为法律。这种以国家意志表现出来的统治阶级的意志，全社会成员都必须遵守，否则，将遭受国家强制力的制裁。

3. 法的内容是由统治阶级所处的社会物质生活条件决定的

法所表现的统治阶级意志并非凭空产生的，而是由统治阶级所处的社会物质生活条件决定的。物质生活条件是指与人类生存有关的物质资料的生产方式、地理环境、人口等因素。其中，物质资料的生产方式是决定因素。这是因为：一方面，人们通过生产力和生产关系使自然界的一部分转化为物质生活条件，同时使生物的人上升为社会的人；另一方面，在生产过程中发生的人与人之间的关系又是根本的社会关系，其他一切关系都是由它派生出来的，即使是地理环境、人口等因素，也只有通过生产方式才能对法的本质内容产生作用。

当然，法的内容是由特定的社会物质生活条件所决定的，这是从最终意义上讲的，但我们也不应该忽略社会生活条件以外的政治、科技、文化等因素对法产生的影响。

（三）法的分类

从不同的角度，按照不同的标准可以对法律进行不同的分类。就现代各国的法律分类而言，有属于各国比较普遍共有的分类，如国内法与国际法、成文法与不成文法、实体法与程序法、一般法与特别法等；有仅适用于部分国家的法律分类，如实行成文宪法制的国家有根本法和普通法之分，实行普通法系的国家有普通法和衡平法、判例法与制定法之分。

1. 成文法与不成文法

这是按照法的创造方式和表达方式不同，对法进行的分类。成文法是指国家机关制定和公布的、以比较系统的法律条文形式出现的法，又称作制定法。不成文法是指由国家认可的、不具有规范的条文形式的法。它大体分为习惯法、判例法和法理3种。

2. 实体法与程序法

这是根据法的内容对法进行的分类。实体法是直接规定人们权利和义务的实际关系，即确定权利和义务的产生、变更和消灭的法。程序法是规定保证权利和义务得以实现的程序的法律。

3. 根本法与普通法

这是根据法的地位、内容和制定程序的不同，对法进行的分类。这种分类仅适用于成文宪法制国家。根本法即宪法，在有的国家又称基本法，是规定国家各项基本制度、基本原则和公民的基本权利等国家根本问题的法。在成文宪法制国家，它通常具有最高的法律地位和法律效力。这里所说的普通法是指宪法以外的、确认和规定社会关系各个领域问题的法。其法律地位和效力低于基本法。

4. 一般法与特别法

这是按照法律效力的不同对法进行的分类。一般法是指针对一般人或一般事项，在全国适用的法；特别法是针对特定的人群或特别事项，在特定区域有效的法。

一般法与特别法的划分是相对的。有时，一部法律相对某一法律是特别法，而相对于另一部法律，则是一般法。但是这种划分并不是没有意义，因为，特别法的效力优于一般法，即特别法颁布以后，一般法的相应规定在特殊地区、特定时间、对特定人群将终止或暂时终止失效。

二、 食品法规的渊源

食品法规的渊源即食品法规的法源，是指主要由不同国家机关制定或认可的、具有不同法律效力的各种规范性食品法律文件的总称。它是食品法规的各种具体表现形式。

食品法规的渊源主要有宪法、食品法律、食品行政法规、地方性食品法规、食品自治条例与单行条例、食品规章、食品标准、国际条约。

1. 宪法

宪法是我国的根本大法，是国家最高权力机关通过法定程序制定的具有最高法律效力的规范性法律文件。它规定国家的社会制度和国家制度、公民的基本权利和义务等最根本的全局性的问题，是制定食品法律、法规的来源和基本依据。

2. 食品法律

食品法律是指由全国人大及其常委会经过特定的立法程序制定的规范性法律文件，其效力仅次于宪法，与全国人民代表大会及其常委会制定的其他法律具有同等地位，如《中华人民共和国食品安全法》。

3. 食品行政法规

食品行政法规是由国务院根据宪法和法律，在其职权范围内制定的有关国家食品行政管理活动的规范性法律文件，其地位和效力仅次于宪法和法律。党中央和国务院联合发布的决议或指示，既是党中央的决议和指示，也是国务院的行政法规或其他规范性文件，具有法的效力。国务院各部委所发布的具有规范性的命令、指示和规章，也具有法的效力，但其法律地位低于行政法规。

4. 地方性食品法规

地方性食品法规是指省、自治区、直辖市以及省级人民政府所在地的市和经国务院批准的较大的市的人民代表大会及其常委会制定的适用于本地方的规范性文件。除地方性法规外，地方各级权力机关及其常设机关、执行机关所制定的决定、命令、决议，凡属规范性者，在其辖区范围内，也都属于法的渊源。地方性法规和地方其他规范性文件不得与宪法、食品法律和食品行政法规相抵触。

5. 食品自治条例和单行条例

食品自治条例和单行条例是由民族自治地方的人民代表大会依照当地民族的政治、经济和文化的特点制定的食品生产规范性文件。自治区的自治条例和单行条例，报全国人大常委会批准后生效；州、县的自治条例和单行条例报上一级人大常委会批准后生效。

6. 食品规章

食品规章分为两种类型：一是指由国务院行政部门依法在其职权范围内制定的食品行政管理规章，在全国范围内具有法律效力；二是指由各省、自治区、直辖市以及省、自治区人民政府所在地和经国务院批准的较大规模的市的人民政府，根据食品法律在其职权范围内制定和发布的有关地区食品管理方面的规范性文件。

由于食品法规的内容具有技术控制和法律控制的双重性质，因此食品标准、食品技术规范和操作规程就成为食品法规渊源的一个重要组成部分。这些标准、规范和规程可分为国家和地方两级。值得注意的是，这些标准、规范和规程的法律效力虽然不及法律、法规，但在具体的执法过程中，它们的地位又是相当重要的。因为食品法律、法规只对一些问题作了原则性规定，而对某种行为的具体控制，则需要依靠标准、规范和规程。从一定意义说，只要食品法律、法规对某种行为作了规范，食品标准、规范和规程对这种行为的控制就有极高的法律效力。

7. 食品标准

由于食品法律法规具有技术控制和法律控制的双重性，食品标准、食品技术规范和食品操作规程也成为了食品法律渊源的重要组成部分。食品标准、食品技术规范和食品操作规程可分为国家和地方两级。其法律效力虽不及法律法规，但在具体的执法过程中具有相当重要的地位，是对某种行为的具体控制。

8. 国际条约

国际条约是指我国与外国缔结的或者我国加入并生效的国际法规范性文件。

它可由国务院按职权范围同外国缔结相应的条约和协定。这种与食品有关的国际条约虽然不属于我国国内法的范畴，但其一旦生效，除我国声明保留的条款外，也与我国国内法一样对我国国家机关和公民具有约束力。

三、 食品法规的分类

我国的食品法规，根据其调整的范围可以分为综合性法规、单项法规等。

综合性法规如《中华人民共和国食品安全法》，是我国食品安全最基本的法规，不仅规定了我国食品安全法的目的、任务和食品安全工作的基本法律制度，而且全面规定了食品安全工作的要求和措施、管理办法和标准的制定，以及食品安全管理、监督、法律责任等。

单项法规是针对食品的某一方面所制定的法规，如《进出口食品卫生管理暂行办法》等。

四、 我国的立法体制

我国是统一的、单一制的国家，各地方经济、社会发展又很不平衡，与这一国情相适应，在最高国家权力机关集中行使立法权的前提下，为了使我们的法律既能通行全国，又能适应各地方不同情况的需要，在实践中能行得通，宪法和立法根据宪法确定的“在中央的统一领导下，充分发挥地方的主动性、积极性”的原则，确立了我国的统一而又分层次的立法体制。

1. 全国人大及其常委会

全国人大制定和修改刑事、民事、国家机构的和其他的基本法律。全国人大常委会制定和修改除应当由全国人大制定的法律以外的其他法律；在全国人大闭会期间，对全国人大制定的法律进行部分补充和修改，但不得同该法律的基本原则相抵触。

2. 国务院

国务院即中央人民政府根据宪法和法律，制定行政法规。

3. 省、自治区、直辖市的人大及其常委会

根据本行政区域的具体情况和实际需要，在不同宪法、法律、行政法规相抵触的前提下，可以制定地方性法规；较大的市（包括省、自治区人民政府所在地的市、经济特区所在地的市和经国务院批准的较大的市）的人大及其常委会根据本市的具体情况和实际需要，在不同宪法、法律、行政法规和本省、自治区的地方性法规相抵触的前提下，可以制定地方性法规，报省、自治区的人大常委会批准后施行。

4. 经济特区所在地的省、市的人大及其常委会

根据全国人大的授权决定，可以制定法规，在经济特区范围内实施。

5. 自治区、自治州、自治县的人大

自治区、自治州、自治县的人大还有权依照当地民族的政治、经济和文化特点，制定自治条例和单行条例，对法律、行政法规的规定作出变通规定。自治区的自治条例和单行条例报全国人大常委会批准后生效，自治州、自治县的自治条例和单行条例报省、自治区、直辖市的人大常委会批准后生效。

6. 国务院各部、各委员会、中国人民银行、审计署和具有行政管理职能的直属机构

国务院各部、各委员会、中国人民银行、审计署和具有行政管理职能的直属机构可以根据法律和国务院的行政法规、决定、命令，在本部门的权限范围内，制定规章。省、自治区、直辖市和较大的市的人民政府，可以根据法律、行政法规和本省、自治区、直辖市的地方性法规，制定规章。

这种分层次的立法体制又是怎样体现和保证法制统一的呢？主要是两方面：一方面，明确不同层次法律规范的效力。宪法具有最高的法律效力，一切法律、法规都不得同宪法相抵触。法律的效力高于行政法规，行政法规不得同法律相抵触。法律、行政法规的效力高于地方性法规和规章，地方性法规和规章不得同法律、行政法规相抵触。地方性法规的效力高于地方政府规章，地方政府规章不得同地方性法规相抵触。另一方面，实行立法监督制度。行政法规要向全国人大常委会备案，地方性法规要向全国人大常委会和国务院备案，规章要向国务院备案。全国人大常委会有权撤销同宪法、法律相抵触的行政法规和地方性法规，国务院有权改变或者撤销不适当的规章。

项目二

食品法规的制定和实施

食品法规体系是指以法律或政令形式颁布的，对全社会有约束力的权威性规定。它既包括法律规范，也包含以技术规范为基础所形成的各种法规。具体的食品法规，往往偏重于技术规范。各种技术规范也随着时代的发展而不断地发展和完善。

一、 食品法规的制定

食品法规的制定是指有权的国家机关依照法定的权限和程序，制定、认可、修改、补充或废止规范性食品相关法律文件的活动，又称为食品立法活动。

食品法规的制定有广义和狭义之分。狭义的食品法规制定，专指全国人大及其常委会制定食品法律的活动。广义的食品法规制定，不仅包括狭义的食品法规的制定，还包括国务院制定食品行政法规、国务院有关部门制定食品部门规章、地方人大及其常委会制定地方性食品法规、地方人民政府制定地方政府食品规章、

民族自治地方的自治机关制定食品自治条例和单行条例、特别行政区的立法机关制定食品法律文件等活动。

食品法规的制定具有权威性、职权性、程序性、综合性等特点。权威性体现在食品立法是国家的一项专门活动，只能由享有食品立法权的国家机关进行，其他任何国家机关、社会组织和公民个人均不得进行食品立法活动。职权性体现在享有食品立法权的国家机关只能在其特定的权限范围内进行与其职权相适应的食品立法活动。程序性体现在食品立法活动必须依照法定程序进行。综合性体现在食品立法活动不仅包括制定新的规范性食品法律文件的活动，还包括认可、修改、补充或废止等一系列食品立法活动。

（一）食品法规制定的基本原则

食品法规制定的基本原则是指食品立法主体进行食品立法活动所必须遵循的基本行为准则，是立法指导思想在立法实践中的重要体现。根据立法的规定，食品立法活动必须遵循以下基本原则。

1. 遵循宪法的基本原则

以经济建设为中心，坚持社会主义道路，坚持人民民主专政，坚持中国共产党的领导、马克思列宁主义、毛泽东思想、邓小平理论，坚持改革开放。这是实现国家长治久安的根本保证，是我们的立国之本，是人民群众根本利益和长远利益的集中反映，是我国所有立法的最根本的指导思想，当然也是食品立法所必须遵循的基本原则。

2. 遵循法定的权限和程序的原则

国家机关应当在宪法和法律规定的范围内行使职权，立法活动也不例外。这是社会主义法治的一项重要原则。依法进行立法，即立法应当遵循法定权限和法定程序进行，不得随意立法。

3. 遵循从国家整体利益出发，维护社会主义法制的统一和尊严的原则

因为我国是统一的多民族国家，食品立法活动应站在国家和全局利益的高度，从国家的整体利益出发，从人民长远的、根本的利益出发，防止出现部门利益、地方保护主义的倾向，维护国家的整体利益，维护社会主义法制的统一和尊严。这是依法治国，建设社会主义法治国家的必然要求。

4. 遵循坚持民主立法的原则

食品法律的制定要坚持群众路线，采取各种行之有效的措施，广泛听取人民群众的意见，集思广益，在高度民主的基础上高度集中。这样也有利于加强食品立法的民主性、科学性。广泛吸收广大人民群众参与食品立法工作，调动他们的积极性和主动性，不仅使食品立法更具民主性，而且有利于食品法律在现实生活中得到真正的遵守。

5. 遵循从实际出发的原则

食品法律、法规的制定，最根本的就是从我国的国情出发，深入实际，调查

研究，正确认识我国国情，充分考虑到我国社会经济基础、生产力水平、各地的生活条件、饮食习惯、人员素质等状况，科学、合理地规定公民、法人和其他组织的权利与义务、国家机关的权力与责任。坚持从实际出发，也应当注意在充分考虑我国的基本国情、体现中国特色的前提下，适当借鉴、吸收外国及本国历史上食品立法的有益经验，注意与国际接轨。

6. 遵循对人民健康高度负责的原则

健康是一项基本人权，保证食品质量与安全、防止食品污染和有害因素对人体健康的影响是判定和执行各项食品标准、管理办法的出发点。只有这样，才能充分体现出宪法的基本精神。食品的安全性是实现人的健康权利的保证，也是食品质量安全制度的重要基础。虽然在不同的经济发展阶段，食品安全的内容和水平有所差别，但食品安全所体现的精神实质始终是一致的。概括地说，食品安全有两方面的内容：第一，人人有获得食品安全性保护的权利。任何人不分民族、种族、性别、职业、社会出身、宗教信仰、受教育程度、财产状况等都有权获得食品安全性保护，同时他们依法所取得的食品安全性保护权益都受同等的法律保护。第二，人人有获得优质食品安全性保护的权利。这一权利要求食品安全性保护的质量水平应达到一定的专业标准。食品安全性保护的质量是每一个人关心的问题，但一般来说，消费者本人并不能全部判断食品安全性保护质量的高低、优劣，这就需要政府加以监督。

7. 遵循预防为主的原则

食品污染和有害因素对人体所造成的危害，有些是急性的，如食物中毒等；也有些是慢性的，甚至是潜在的危害，如肿瘤、致畸形、致突变等。急性的疾病，可以通过急救和治疗后使患者痊愈。而慢性的则很难治愈，甚至可以延及子孙后代，其后果不堪设想。所以，必须防患于未然，把食品的立法，放到以预防为主的方针上。实践证明，预防为主不仅是费用低、效果好的措施，而且能更好地体现党和政府对人民群众的关心和爱护。预防为主的原则主要内容：任何食品工作者都必须严格按照相应的规范标准实施生产，采取严格的生产程序，使生产出的食品达到质量和卫生都安全的标准。强调预防并不是轻视监督，它们之间并不是矛盾的，也不是分散的、互不通联的、彼此独立的两个系统，而是一个相辅相成的有机整体。预防和监督都是保护健康的方法和手段。

8. 遵循发挥中央和地方两方面积极性的原则

我国是一个地域辽阔、民族众多的国家，各地区、各民族的饮食习惯有很大的不同，食品生产、经营范围广，涉及面宽。因此，既不能强求一致性的规定，又要对直接危害人民健康的因素坚决制止；既要有中央的统一法制管理，又要各地区、各民族由省、直辖市制定具体办法，针对本地区的特点和各民族的风俗习惯，加强管理，充分发挥中央和地方两方面的积极性。

（二）食品法规制定的依据

1. 宪法是食品立法的法律依据

宪法是国家的根本大法，具有最高法律效力，是其他法律、法规的立法依据。宪法有关保护人民健康的规定是食品法律、法规制定的来源和法律依据。

2. 保护人体健康是食品立法的思想依据

健康是人类生存与发展的基本条件，人民健康状况是衡量一个国家或地区的发展水平和文明程度的重要标志。国家的富强和民族的进步，包含着健康素质的提高。增进人民健康，提高全民族的健康素质，是社会经济发展和精神文明建设的重要目标，是人民生活达到小康水平的重要标志，也是促进经济发展和社会可持续发展的重要保障。食品是指各种供人食用或者饮用的成品和原料以及按照传统既是食品又是药品的物品，但是不包括以治疗为目的的物品。食品是人类生存和发展最重要的物质基础，食品的安全、卫生和必要的营养是食品的基本要求。防止食品污染和有害因素对人体的危害，搞好食品安全是预防疾病、保障人民生命安全与健康的重要措施。以食品生产经营和食品安全监督管理活动中产生的各种社会关系为调整对象的食品法律、法规必然要把保护和增进人体健康作为其立法的思想依据、立法工作的出发点和落脚点。

法律赋予公民的权利是极其广泛的。其中生命健康权是公民最根本的权益，是行使其他权利的前提和基础。失去生命和健康，一切权利都成空谈。以保障人体健康为中心内容的食品法律、法规，无论其以什么形式表现出来，也无论其调整的是哪一特定方面的社会关系，都必须坚持保护和增进人体健康这一思想依据。

3. 食品科学是食品立法的自然科学依据

食品行业是以生物学、化学、工程学、农学、畜牧学等为核心的科技密集型行业，现代食品行业是在现代自然科学及其应用工程技术高度发展的基础上展开的。因此食品立法工作在遵循法律科学的基础上，必须遵循食品工作的客观规律，也就是必须把化学、生物学、食品工程和食品技术知识等自然科学的基本规律作为食品法律、法规制定的科学依据，使法学和食品科学紧密联系在一起，科学地立法，促进食品科技进步。只有这样才能达到有效保护人体健康的立法目的。

4. 社会经济条件是食品立法的物质依据

法规反映统治阶级的意志并最终由统治阶级的物质生活条件所决定。社会经济条件是食品法律、法规制定的重要物质基础。改革开放以来，我国社会主义建设取得了巨大成就，生产力有了很大发展，综合国力不断增强，社会经济水平有了很大提高，为新时期的食品立法工作提供了牢固的物质依据。不过我们也要看到，我国是发展中国家，与世界发达国家相比，我国的综合国力、生产力和人民生活水平都不高，地区间发展又严重不平衡，这些都是食品立法工作的制约因素。因此食品法律、法规的制定必须着眼于我国的实际，正确处理好食品立法与现实条件、经济发展之间的关系，以适应社会主义市场经济的需要，达到满足人民群众不断增长的多层次的需求、保护人体健康、保障经济和社会可持续发展的目的。

5. 食品政策是食品立法的政策依据

食品政策是党领导国家食品工作的基本方法和手段。它以科学的世界观、方法论为理论基础，正确反映了食品科学的客观规律和社会经济与食品发展的客观要求，是对人民共同意志的高度概括和集中体现。食品立法以食品政策为指导，有助于使食品法律、法规反映客观规律和社会发展要求，充分体现人民意志，使食品法律、法规能够在现实生活中得到普遍遵守和贯彻，最终形成良好的食品法律秩序。因此，党的食品政策是食品法律、法规的灵魂和依据，食品立法要体现党的政策的精神和内容。

此外，在食品立法过程中，我们应当体现和履行我国已参加的国际食品条约、惯例的有关规定。同时对外国食品法律、立法经验及立法技术加以研究、分析，对有益的地方进行借鉴，以使食品法律、法规适应我国与国际交往的需要。

（三）食品法规制定的程序

食品法规的制定程序是指有立法权的国家机关制定食品法律、法规所必须遵循的方式、步骤、顺序等的总和。程序是立法质量的重要保证，是民主立法的保障。食品法律、法规的制定必须依照法定程序进行。

1. 全国人大常委会制定食品法律的程序

全国人大常委会制定食品法律的程序为：食品立法的准备→食品法律草案的提出和审议→食品法律草案的表决、通过与公布。

食品立法的准备主要包括编制食品立法规划、作出食品立法决策、起草食品法律草案等。

食品法律草案的提出和审议主要包括食品法律草案的提出和列入议程、听取食品法律草案说明、常委会会议审议或全国人大教科文卫委员会、法律委员会审议等。列入常委会会议议程的食品法律草案，全国人大教科文卫委员会、法律委员会和常委会工作机构应当听取各方面的意见。对于重要的食品法律草案，经委员长会议决定，可以将食品法律草案公布，向社会征求意见。

食品法律草案提请全国人大常委会审议后，由常委会全体会议投票表决，以全体组成人员的过半数通过，由国家主席以主席令的形式公布食品法律。

2. 食品行政法规的制定程序

食品行政法规的制定程序为：立项→起草→审查→通过→公布→备案。

国务院的食品监督、检验检疫、进出口等行政管理部门根据社会发展状况，认为需要制定食品行政法规的，应当向国务院报请立项，由国务院法制局编制立法计划，报请国务院批准。

起草工作由国务院组织，一般由业务主管部门具体承担起草任务。在起草过程中，应当广泛听取有关机关、组织和公民的意见。

业务主管部门有权向国务院提出食品行政法规草案，送国务院法制局进行审查。

国务院法制局对食品行政法规草案审查完毕后，向国务院提出审查报告和草案修改稿，提请国务院审议，由国务院常务会议或全体会议讨论通过或者总理批准。食品行政法规由国务院总理签署国务院令公布。

食品行政法规公布后30日内报全国人大常委会备案。

3. 地方性食品法规、食品自治条例和单行条例的制定程序

地方性食品法规、食品自治条例和单行条例的制定程序为：规划和计划的编制→草案的起草→草案的提出→草案的审议→草案的表决、通过、批准、公布与备案。

享有地方立法权的地方人大常委会、教科文卫委员会或业务主管厅（局）负责地方性食品立法规划和计划的编制、起草地方性食品法规草案。

地方性食品法规草案的提出：享有地方立法权的地方人大召开时，地方人大主席团、常委会、教科文卫委员会、本级人民政府以及10人以上代表联名，可以向本级人大提出地方性食品法规草案。人大闭会期间，常委会主任会议、教科文卫委员会、本级人民政府以及常委会组成人员5人以上联名，可以向本级人大常委会提出地方性食品法规草案。

地方人大提出的地方性食品法规草案由人大会议审议，或者先交教科文卫委员会审议后提请人大会议审议；向地方人大常委会提出的地方性食品法规草案由常委会会议审议，或者先交教科文卫委员会审议后提请常委会会议审议。

地方性食品法规案经地方人大、常委会表决，以全体代表、常委会全体组成人员的过半数通过，由有关机关依法公布，并在30日内报有关机关备案。

（四）食品规章的制定程序

地方政府食品规章的制定程序为：起草→审查→决定→公布。

地方政府食品规章由享有政府食品卫生规章制定权的地方食品行政部门在其职责范围内负责起草，送地方人民政府法制局审核，提交政府常务会议或者全体会议讨论，决定通过。地方政府食品规章由省长、自治区主席或者直辖市市长签署命令予以公布，并在30日内报国务院备案。

二、食品法规的实施

食品法规的实施是指通过一定的方式使食品法规在社会生活中得到贯彻和实现的活动。食品法规的实施过程，是把食品法规的规定转化为主体行为的过程，是食品法规作用于社会关系的特殊形式。食品法规的实施主要有食品法规的遵守和食品法规的适用两种方式。

（一）食品法规的遵守

食品法规的遵守，又称食品守法，是指一切国家机关和武装力量、各政党和

各社会团体、各企业事业组织和全体公民都必须恪守食品法规的规定，严格依法办事。食品法规的遵守是食品法规实施的一种重要形式，也是法治的基本内容和要求。

1. 食品法规遵守的主体

食品法规遵守的主体既包括一切国家机关、社会组织和全体中国公民，也包括在中国领域内活动的国际组织、外国组织、外国公民和无国籍人。

2. 食品法规的遵守范围

食品法规的遵守范围极其广泛，主要包括宪法、食品法律、食品行政法规、地方性食品法规、食品自治条例和单行条例、食品规章、食品标准、特别行政区的食品法、我国参加的世界食品组织的章程、我国参与缔结或加入的国际食品条约、协定等。对于食品法规适用过程中有关国家机关依法作出的、具有法律效力的决定书，如人民法院的判决书、调解书、食品行政部门的食品生产许可证、食品行政处罚决定书等非规范性文件，也是食品法规的遵守范围。

3. 食品法规的遵守内容

食品法规的遵守不是消极、被动的，它既要求国家机关、社会组织和公民依法承担和履行食品质量安全义务（职责），更包含国家机关、社会组织和公民依法享有权利、行使权利，其内容包括依法行使权利和履行义务两个方面。

（二）食品法规的适用

食品法规的适用有广义和狭义之分。狭义的食品法规的适用仅指司法活动。广义的食品法规的适用，是指国家机关和法规授权的社会组织依照法定的职权和程序，行使国家权力，将食品法规创造性地运用到具体人或组织，用来解决具体问题的一种专门活动。包括食品行政管理部门以及法规授权的组织依法进行的食品质量安全执法活动和司法机关依法处理有关食品违法和犯罪案件的司法活动，是主要的食品法规的适用。

食品法规的适用是一种国家活动，不同于一般公民、法人和其他组织实现食品法规的活动。它具有权威性、目的的特定性、合法性、程序性、国家强制性和要式性的特点。

食品法规的适用是享有法定职权的国家机关以及法规授权的组织，在其法定的或授予的权限范围内，依法实施食品法规的专门活动，其他任何国家机关、社会组织和公民个人都不得从事此项活动。

食品法规适用的根本目的是保护公民的生命健康权，这是食品法规保护人体健康的宗旨所决定的。有关机关及授权组织对食品管理事务或案件的处理，应当有相应的法律依据，否则无效，甚至还须承担相应的法律责任。

食品法规的适用是有关机关及授权组织依照法定程序所进行的活动。

食品法规的适用是以国家强制力为后盾实施食品法规的活动，对有关机关及授权组织依法作出的决定，任何当事人都必须执行，不得违抗。

食品法规的适用必须有表明适用结果的法律文书，如食品生产许可证、罚款决定书、判决书等。

（三）食品法规的适用规则

食品法规的适用规则是指食品法规之间发生冲突时如何选择适用食品法规的问题。食品法规的适用规则主要有以下五点。

（1）上位法优于下位法　法的位阶是指法的效力等级。效力等级高的是上位法，效力等级低的是下位法。不同位阶的食品法规发生冲突时，应当选择适用位阶高的食品法规。

（2）同位阶的食品法规具有同等法律效力，在各自权限范围内适用食品部门规章之间、食品部门规章与地方政府食品规章之间具有同等效力，在各自的权限范围内施行。

（3）特别规定优于一般规定　即“特别法优于一般法”。同一机关制定的食品法律、食品行政法规、地方性食品法规、食品自治条例和单行条例、食品规章，特别规定与一般规定不一致的适用特别规定。

（4）新的规定优于旧的规定　即“新法优于旧法”。同一机关制定的食品法律、食品行政法规、地方性食品法规、食品自治条例和单行条例、食品规章，新的规定与旧的规定不一致的，适用新的规定。适用这条规则的前提是新旧规定都是现行有效的，该适用哪个规定，采取从新原则。这与法的溯及力的从旧原则是有区别的。法的溯及力解决的是新法对其生效以前发生的事件和行为是否适用的问题。

（5）不溯及既往原则　任何食品法律、法规都没有溯及既往的效力，但为了更好地保护公民、法人和其他组织的权利和利益而作的特别规定除外。

（四）食品法规的效力范围

食品法规的效力范围是指食品法规的生效范围或适用范围，即食品法规在什么时间、什么地方和对什么人适用，包括食品法规的时间、空间和对人的效力三个方面。

（1）食品法规的时间效力　指食品法规何时生效、何时失效，以及对食品法律、法规生效前所发生的行为和事件是否具有溯及力的问题。

食品法规的生效时间通常有下列情况：在食品法规文件中明确规定从法规文件颁布之日起施行；在食品法规文件中明确规定由其颁布后的某一具体时间生效；食品法规公布后先予以试行或者暂行，而后由立法机关加以补充修改，再通过为正式法规，公布施行，在试行期间也具有法律效力；在食品法规中没有规定其生效时间，但实践中均以该法公布的时间为其生效的时间。

食品法规的失效时间通常有下列情况：从新法颁布施行之日起，相应的旧法即自行废止；新法代替内容基本相同的旧法，在新法中明文宣布旧法废止。如2009年2月28日第十一届全国人民代表大会常务委员会第七次会议通过的《中华人民共和国食品安全法》自2009年6月1日起施行，《中华人民共和国食品卫生法》同时废止。由于形势发展变化，原来的某项法律、法规已因调整的社会关系不复存在或完成了历史任务而已失去了存在的条件自行失效。有的法律规定了生效期限，期满该法即终止效力；有关国家机关发布专门的决议、命令，宣布废止其制定的某些法，而导致该法失效。

食品法规的溯及力也称食品法规溯及既往的效力，是指新法颁布施行后，对它生效以前所发生的事件和行为是否适用的问题。如果适用，该食品法规就有溯及力，如果不适用，该食品法规就不具有溯及力。我国食品法规一般不溯及既往，但为了更好地保护公民、法人和其他组织的权利和利益而作的特别规定除外。

（2）食品法规的空间效力　指食品法规生效的地域范围，即食品法规在哪些地方具有约束力。食品法规的空间效力有以下几种情况：全国人大及其常委会制定的食品法律，国务院及其各部门发布的食品行政法规、规章等规范性文件，在全国范围内有效；地方人大及其常委会、民族自治机关颁布的地方性食品法规、自治条例、单行条例，以及地方人民政府制定的政府食品规章，只在其行政管辖区域范围内有效；中央国家机关制定的食品法规，明确规定了特定的适用范围的，即在其规定的范围内有效；某些食品法律、法规还有域外效力。

（3）食品法规对人的效力　指食品法规对哪些人具有约束力。食品法规对人的效力有以下几种情况：我国公民在我国领域内，一律适用我国食品法规；外国人、无国籍人在我国领域内，也都适用我国食品法规，一律不享有食品特权或豁免权；我国公民在我国领域以外，原则上适用我国食品法规；法律有特别规定的按法律规定；外国人、无国籍人在我国领域外，如果侵害了我国国家或公民、法人的权益，或者与我国公民、法人发生食品法律关系，也可以适用我国食品法律。

（五）食品法规效力冲突的裁决制度

食品法规效力冲突的裁决主要考虑三方面。

（1）食品法律之间对同一事项新的一般规定与旧的特别规定不一致，不能确定如何适用时由全国人大常委会裁决。

（2）食品行政法规之间对同一事项新的一般规定与旧的特别规定不一致，不能确定如何适用时由国务院裁决。

（3）地方性食品法规、食品规章之间不一致时，由有关机关依照下列规定的权限进行裁决：同一机关制定的新的一般规定与旧的特别规定不一致时，由制定机关裁决；地方性食品法规与食品部门规章之间对同一事项的规定不一致，不能确定如何适用时由国务院提出意见，国务院认为应当适用地方性食品法规的，应当决定在该地方适用地方性食品法规的规定，认为应当适用食品部门规章的，应当提请全国人大常委会裁决；食品部门规章之间、食品部门规章与地方政府食品规章之间对同一事项的规定不一致时由国务院裁决；根据授权制定的食品法规与食品法律规定不一致，不能确定如何适用时由全国人大常委会裁决。

(六) 食品法规的解释

食品法规的解释是指有关国家机关、组织或个人，为适用或遵守食品法规，根据立法原意对食品法规的含义、内容、概念、术语以及适用的条件等所作的分析、说明和解答。食品法规的解释是完备食品立法和正确实施食品法所必需的。按照解释的主体和解释的法律效力的不同，食品法规的解释可以分为正式解释和非正式解释。

1. 正式解释

正式解释又称有权解释、法定解释、官方解释，是指有解释权的国家机关按照宪法和法律所赋予的权限对食品法规所作的具有法的效力的解释。正式解释是一种创造性的活动，是立法活动的继续，是对立法意图的进一步说明，具有填补法的漏洞的作用，通常分为立法解释、司法解释和行政解释。

（1）立法解释　指有食品立法权的国家机关对有关食品法律文件所作的解释。包括全国人大常委会对宪法和食品法律的解释、国务院对其制定的食品行政法规的解释、地方人大及其常委会对地方性食品法规的解释、国家授权其他国家机关的解释。

（2）司法解释　指最高人民法院和最高人民检察院在审判和检察工作中对具体应用食品法律的问题所进行的解释。包括最高人民法院作出的审判解释、最高人民检察院作出的检察解释，以及最高人民法院和最高人民检察院联合作出的解释。

（3）行政解释　指有解释权的行政机关在依法处理食品行政管理事务时，对食品法律、法规的适用问题所作的解释。包括国务院及其所属各部门、地方人民政府行使职权时，对如何具体应用食品法律的问题所作的解释。

2. 非正式解释

非正式解释又称作非法定解释、无权解释，可分为学理解释和任意解释。学理解释一般是指宣传机构、文化教育机关、科研单位、社会组织、学者、专业工作者和报刊等对食品法规所进行的理论性、知识性和常识性解释。任意解释是指一般公民、当事人、辩护人对食品法规所作的理解和说明。非正式解释虽不具有法律效力，但对法律适用有参考价值，对食品法规的遵守有指导意义。

项目三

食品行政执法与监督

食品行政执法是指国家食品行政机关、法律、法规授权的组织依法执行适用法律，实现国家食品管理的活动。食品行政执法是食品行政机关进行食品管理、适用食品法律、法规的最主要的手段和途径。

国家行政机关行使职权、实施行政管理时依法所作出的直接或间接产生行政法律后果的行为，称为行政行为。行政行为可以分为抽象行政行为和具体行政行为。抽象行政行为是指行政机关针对不特定的行政相对人制定或发布的具有普遍约束力的规范性文件的行政行为。如卫生部根据法律、法规的规定，在本部门的权限内，发布命令、指示和规章的行为。具体行政行为是指行政机关对特定的、具体的公民、法人或者其他组织，就特定的具体事项，作出有关该公民、法人或者组织权利义务的单方行为。食品行政执法即指具体食品行政行为。

一、 食品行政执法的特征

食品行政执法的特征主要有以下几点。

1. 执法的主体是特定的

食品行政执法的主体只能是食品行政管理机关，以及法律、法规授权的组织。不是食品行政主体或者没有依法取得执法权的组织不得从事食品行政执法。

2. 执法是一种职务性行为

食品行政执法是执法主体代表国家进行食品管理的活动，是行使职权的活动。即行政主体在行政管理过程中，处理行政事务的职责权力。因此，执法主体只能在法律规定的职权范围内履行其责任，不得越权或者滥用职权。

3. 执法的对象是特定的

食品行政执法行为针对的对象是特定的、具体的公民、法人或其他组织。特定的、具体的公民、法人或其他组织称为食品行政相对人。

4. 执法行为的依据是法定的

食品行政机关作出具体行政行为的过程，实际上也是适用食品法律、法规的过程。食品行政执法的依据只能是国家现行有效的食品法律、法规、规章以及上级食品行政机关的措施、发布的决定、命令、指示等。

5. 执法行为是单方法律行为

在食品行政执法过程中，执法主体与相对人之间所形成的行政法律关系，是领导与被领导、管理与被管理的行政隶属关系。食品行政执法主体仅依自己一方的意思表示，无需征得相对人的同意就可以作出一定法律后果的行为。行为成立的唯一条件是其合法性。

6. 执法行为必然产生一定的法律后果

食品行政执法行为是确定特定人某种权利或义务，剥夺、限制其某种权利，拒绝或拖延其要求，行政执法主体履行某种法定职责等，因此必然会直接或者间接地产生相关的权利义务关系，产生相应、现实的法律后果。

二、 食品行政执法的依据

食品行政执法活动，是食品行政机关依法对食品进行管理，贯彻落实法律、法规等规范性文件的具体方法和手段，因此，食品行政执法的依据主要是现行有效的有关食品方面的规范性文件。我国行政诉讼法规定，人民法院审理行政案件，以法律和行政法规、地方性法规为依据，地方性法规适用于本行政区域内发生的行政案件；人民法院审理民族自治地方的行政案件，并以该民族自治地方的自治条例和单行条例为依据；人民法院审理行政案件，参照国务院部、委根据法律和国务院的行政法规、决定、命令制定、发布的规章以及省、自治区、直辖市和省、自治区的人民政府所在地的市和经国务院批准的较大的市的人民政府根据法律和国务院的行政法规制定、发布的规章；人民法院认为地方人民政府制定、发布的规章与国务院部、委制定、发布的规章不一致的，以及国务院部、委制定、发布的规章之间不一致的，由最高人民法院送国务院作出解释或者裁决。按照法院审理行政案件所依据的法律和参照的法规等规定，上述法律、法规、规章等，就应当是行政执法的依据。此外，凡是我国承认或者参加的国际食品方面的条例、公约或者签署的双边或多边协议等也是我国食品行政执法的依据。

三、 食品行政执法的有效条件

食品行政执法的有效条件，即食品行政执法行为产生法律效力的必要条件。只有符合有效条件的食品行政执法行为才能产生法律效力。一般情况，食品行政执法行为产生法律效力需要同时具备资格要件、职权要件、内容要件和程序要件四个要件。

（1）资格要件　指食品行政执法行为的主体符合法定的条件。实施食品执法行为的主体必须是具有该项食品行政执法权力的行政机关，或者法律、法规授权的机关，其他任何个人或者组织不得行使食品行政执法权力。

（2）职权要件　指某一享有实施食品行政执法行为资格的主体，必须在自己的权限范围内从事行政执法行为才具有法律效力。超出权限范围，实质上也就失去了执法主体的资格。

（3）内容要件　指食品行政执法行为的内容必须合法与合理，才能产生预期的法律效果。合法即严格依据食品法律、法规或者规章而作出的食品行政执法行为；合理即食品行政机关在自由裁量权的范围内公正、适当地实施食品行政执法行为。

（4）程序要件　指实施食品行政执法行为的方式、步骤、顺序、期限等，必须符合法律规定。违反法定程序，即使内容合法、正确，同样构成食品行政执法行为无效。

四、 食品行政执法主体

食品行政执法主体是指依法享有国家食品行政执法权力，以自己的名义实施食品行政执法活动并独立承担由此引起的法律责任的组织。食品行政执法的主体是组织而非个人。尽管具体的执法行为是由行政机关的工作人员来行使，但是工作人员不是行政执法主体。在有些情况下，食品行政机关依法委托其他单位或组织行使执法权力，但受委托的单位或组织并不以自己的名义进行执法，执法后果也仍然由食品行政机关承担，因此，受委托的单位或组织也不是食品行政执法主体。

（一）食品行政执法主体的分类

根据执法主体资格取得的法律依据不同，食品行政执法主体可以分为职权性执法主体和授权性执法主体两种。

（1）职权性执法主体　指根据宪法和行政组织法的规定，在机关依法成立时就拥有相应行政职权并同时获得行政主体资格的行政组织。也就是说，职权性执法主体资格的获得，是依据宪法和有关的组织法，是国家设立的专门履行行政职能的国家行政组织，是以完成一定的国家行政职能为设立要素的，因此宪法和有关组织法对其行政职权与职责的规定有一定的原则性和概括性。职权性执法主体只能是国家行政机关，包括各级人民政府及其职能部门以及县级以上地方政府的派出机关。

（2）授权性执法主体　指根据宪法和行政组织法以外的单行法律、法规的授权规定而获得行政执法资格的组织。也就是说，授权性执法资格的获得，是依据宪法和行政组织法以外的单行法律、法规，其职权的内容、范围和方式是专项的、单一的、具体的，必须按照授权规范所规定的职权标准去行使。

（二）我国目前的食品安全监管体制

党的十八大以来，我国进一步改革食品安全监管体制，着力完善统一、权威的食品安全监管机构。在新的食品安全监管体制下，各有关部门的职责如下。

1. 国务院食品安全委员会的职责

2010 年 2 月 6 日，国务院决定设立国务院食品安全委员会，作为国务院食品安全工作的高层次议事协调机构。根据 2018 年 6 月 20 日《国务院办公厅关于调整国务院食品安全委员会组成人员的通知》，国务院食品安全委员会办公室设在国家市场监督管理总局，承担国务院食品安全委员会日常工作。其职责：①分析食品安全形势，研究部署、统筹指导食品安全工作；②提出食品安全监管的重大政策措施；③督促落实食品安全监管责任。县级以上地方人民政府食品安全委员会按照本级人民政府规定的职责开展工作。

2. 国家市场监督管理总局的食品安全监管职责

（1）负责食品安全综合监督管理。起草食品安全监督管理有关法律法规草案，制定有关规章、政策、标准，组织实施质量强国战略、食品安全战略和标准化战略，拟订并组织实施有关规划，规范和维护市场秩序，营造诚实守信、公平竞争的市场环境。

（2）负责食品质量监督管理，管理食品质量安全风险监控、国家监督抽查工作，建立并组织实施质量分级制度、质量安全追溯制度，指导食品生产许可管理。

（3）负责食品安全监督管理综合协调。组织制定食品安全重大政策并组织实施；负责食品安全应急体系建设，组织指导重大食品安全事件应急处置和调查处理工作；建立健全食品安全重要信息直报制度。

（4）负责食品安全监督管理，建立覆盖食品生产、流通、消费全过程的监督检查制度和隐患排查治理机制并组织实施，防范区域性、系统性食品安全风险；推动建立食品生产经营者落实主体责任的机制，健全食品安全追溯体系；组织开展食品安全监督抽检、风险监测、核查处置和风险预警、风险交流工作；组织实施特殊食品注册、备案和监督管理。

（5）负责统一管理标准化工作。依法承担食品安全国家标准的立项、编号、对外通报和授权批准发布工作；制定推荐性国家食品标准；依法协调指导和监督行业标准、地方标准、团体标准制定工作；组织开展标准化国际合作和参与制定、采用国际标准工作。

（6）负责统一管理检验检测工作。

（7）负责统一管理、监督和综合协调全国认证认可工作。建立并组织实施国家统一的认证认可和合格评定监督管理制度。

3. 中华人民共和国农业农村部的食品安全监管职责

中华人民共和国农业农村部（以下简称农业农村部）负责农产品质量安全监督管理有关工作：①组织开展农产品质量安全监测、追溯、风险评估等相关工作；参与制定农产品质量安全国家标准并会同有关部门组织实施；②指导农产品质量安全监管体系、检验检测体系和信用体系建设；③负责有关农业生产资料和农业投入品的监督管理；④制定兽药质量、兽药残留限量和残留检测方法国家标准并按规定发布；⑤负责畜禽屠宰行业管理，监督管理畜禽屠宰、饲料及其添加剂、生鲜乳生产收购环节质量安全。

农业农村部负责食用农产品从种植、养殖环节到进入批发、零售市场或者生产加工企业前的质量安全监督管理。食用农产品进入批发、零售市场或者生产加工企业后，由国家市场监督管理总局监督管理。农业农村部负责动植物疫病防控、畜禽屠宰环节、生鲜乳收购环节质量安全的监督管理。

4. 中华人民共和国国家卫生健康委员会的食品安全监管职责

中华人民共和国国家卫生健康委员会负责组织开展食品安全风险评估工作，会同国家市场监督管理总局等部门制定、实施食品安全风险监测计划，依法组织制定并公布食品安全标准，承担新食品原料、食品添加剂新品种、食品相关产品新品种的安全性审查。

5. 中华人民共和国海关总署的食品安全监管职责

中华人民共和国海关总署负责进出口食品安全监督管理，拟订进出口食品安全和检验检疫的工作制度，依法承担进口食品企业备案注册和进口食品的检验检疫、监督管理工作，按分工组织实施风险分析和紧急预防措施工作。依据多双边协议承担出口食品相关工作。

6. 国家市场监督管理总局与公安部的有关职责分工

国家市场监督管理总局与公安部建立行政执法和刑事司法工作衔接机制。市场监管部门发现违法行为涉嫌犯罪的，应当按照有关规定及时移送公安机关，公安机关应当迅速进行审查，并依法做出立案或者不予立案的决定。公安机关依法提请市场监管部门做出检验、鉴定、认定等协助的，市场监管部门应当予以协助。

7. 县级以上地方政府的食品安全监管职责

县级以上地方政府对本行政区域的食品安全监督管理工作负责，统一领导、组织、协调本行政区域的食品安全监督管理工作以及食品安全突发事件应对工作，建立健全食品安全全程监督管理工作机制和信息共享机制。实行食品安全监督管理责任制，上级政府对下一级政府进行评议考核，地方各级政府对本级各监管部门进行评议考核。《中华人民共和国食品安全法实施条例》要求县级以上人民政府建立统一权威的监管体制、加强监管能力建设。县级以上食品安全监管部门和其他有关部门依法履行职责。加强协调配合、做好食品安全监管工作。明确乡镇人民政府和街道办事处有支持、协助开展食品安全监管工作的义务。

五、 食品行政执法监督

食品行政执法监督是指有权机关、社会团体和公民个人等，依法对食品行政机关及其执法人员的行政执法活动是否合法、合理进行监督的法律制度。

我国宪法明确规定，国家的一切权力属于人民。人民并不直接进行国家事务的管理，而是通过人民代表大会等形式和途径，授权国家机关或组织行使管理国家事务和社会事务的权力，因此，国家机关及其工作人员的行政活动必须依法而行，并且受到有关机关和广大人民群众的监督。食品行政执法是否公正、合理、合法，关系到食品法律、法规的贯彻执行，关系到整个食品行业能否健康发展。对食品行政执法活动进行监督，是提高执法主体工作效率、克服官僚主义、防止腐败的有力武器，同时也是保护公民、法人和其他组织的合法权益，实行人民当家做主权利的重要保证。

1. 食品行政执法监督的特征

食品行政执法监督的特征是：监督主体的广泛性，监督对象的确定性和监督内容的完整、法定性。

广义的执法监督是指全社会的监督，包括特定的国家权力机关、行政机关、司法机关等直接产生法律效力的监督，也包括社会团体和公民个人等不直接产生法律效力的民主监督，因此，享有监督权的监督主体相当广泛。

食品行政执法监督的对象是食品行政执法机关和执法人员。

监督主体对食品执法主体及执法人员行使职权、履行职责的一切执法活动都实行监督；对执法行为的合法性、合理性、公正性等也都进行监督。

2. 食品行政执法监督的种类

食品行政执法监督的种类有：国家权力机关的监督、司法机关的监督、食品行政机关的监督和非国家监督。

(1) 国家权力机关的监督　也称为代表机构的监督或立法监督。我国宪法规定国家的一切权力属于人民，人民行使国家权力的机关是全国人民代表大会和地方各级人民代表大会。国家行政机关由人民代表大会产生，对它负责，受它监督。权力机关对食品行政机关的监督，属于全面性的监督，不仅监督食品行政行为是否合法，而且监督其工作是否有成效。监督的方式有：听取和审议工作报告；审查和批准财政预决算；质询和询问；视察和检查；调查、受理申诉、控告和检举；罢免和撤职等。

(2) 司法机关的监督　指人民检察院和人民法院依法对食品行政行为实施的监督。检察机关的监督主要是对食品行政机关的工作人员职务违法犯罪行为进行监督。人民法院的监督主要是通过对行政诉讼案件的审判，对食品行政机关的执法活动进行监督。

(3) 食品行政机关的监督　指食品行政机关内部、上级行政机关对下级行政机关的监督。食品行政机关内部的监督是经常、直接的监督。监督的方式包括：工作报告；调查和检查；审查和审批；考核；批评和处置等。

上述三种情况下的监督一般称为国家监督。

(4) 非国家监督　包括执政党的监督、社会团体和组织监督、社会舆论监督、公民个人的监督等。

3. 食品行政执法监督的主要内容

一是对实施宪法、法律和行政法规等情况进行监督。监督主体对各级食品行政执法机关的执法活动是否合法、适当进行监督。二是对执法人员的执法活动等情况进行监督。监督主体对食品行政执法人员在执法过程中，是否行政失职、行政越权和滥用职权等进行监督。

六、 食品行政执法与监督行为

1. 食品行政执法与监督行为的分类

食品行政执法中，主要常用的执法行为有多种类型，从不同的角度，可以对食品行政执法行为进行不同的分类。根据行为方式的不同，行政执法可分为：行政监督、行政处理、行政处罚和行政强制执行四类。从执法行为的直接法律功能出发，食品执法行为可以分为行政赋权行为、行政限权行为、行政确认行为、行政裁决行为和行政救济行为。

（1）行政赋权行为　就是创制权利，赋予行政相对人一定的权利和利益。主要有行政许可、行政认可、行政奖励、行政救助等。

（2）行政限权行为　就是剥夺与限制权利，即赋予行政相对人一定的义务，限制或者剥夺其一定的权利和利益，包括行政处罚、行政即时控制、行政强制执行、行政命令等。

（3）行政确认行为　就是证明事实和法律关系，从性质上说它是一种中性行为，可能对行政相对人有利，也可能不利。主要有行政证明、行政鉴定等。

（4）行政裁决行为　就是行政主体以中间人的身份裁定一定范围内的行政纠纷和民事纠纷，从性质上说是一种准司法行为，对相对人来说也是一种中性行为。

（5）行政救济行为　就是行政主体对已经作出的行政行为本身以及行政行为的后果进行补救，在性质上是中性行为。主要有撤销行政行为、变更行政行为、行政赔偿和行政补偿等。

2. 食品生产行政许可

国家对食品生产经营实行许可制度。从事食品生产、食品流通、餐饮服务，应当依法取得食品生产许可、食品流通许可、餐饮服务许可。食品生产行政许可是指行政部门根据食品生产经营者的申请，依法准许其从事食品生产经营活动的行政行为，通过授予生产许可证来赋予其生产经营该食品的权利或者确认其具有该种食品生产经营的资格。食品生产经营企业和食品摊贩，必须先取得行政部门发放的许可证方可向市场监督管理部门申请登记，未取得许可证的，不得从事食品生产经营活动。

食品生产行政许可具有以下法律特征。

（1）食品生产行政许可是一种行政赋权行为，是行政主体赋予行为相对人一定的权利和权益，免除其一定义务的行政行为。

（2）食品生产行政许可以“禁止义务”的存在为前提。某些行为有对国家、社会或公民产生危害的潜在可能性，禁止一般人随意行为，也就是实行普遍禁止。对于符合特定条件者解除禁止就是许可。

（3）食品生产行政许可的内容是直接赋予相对人从事某种活动的权利和资格。例如，许可某企业可以生产某种食品，就是直接赋予该企业有从事某种食品生产的权利和资格。

（4）食品生产行政许可是依据相对人的申请而作出的行为。申请是食品生产许可的必要条件。符合一定条件的相对人申请后，经过食品安全行政机关审查考核，符合条件的给予许可。

（5）食品生产行政许可通常是要式法律行为。许可是一种赋权行为，是行为人获得某种权利和权益的根据，因此，法律多要求行政许可采用书面形式，即采用许可证，食品生产许可证就是其中的一种。取得许可证就意味着得到了国家法律上的承认，取得了法律的保障，任何人都不得侵犯许可证持有人的合法权益。

食品生产行政许可的程序是：申请人必须向有权颁发申请事项许可证的行政机关提出申请，这是行政许可的前提。申请要求以书面形式提出，要求明确、具体。行政机关在接到申请人的申请后，按照法律规定的步骤、程序、时间、方式等，审查申请人的特定条件，对申请许可的事项是否符合法定程序、法定形式、法定条件等进行审查。行政主体审核后，认为符合法定条件的，必须在法定的期限内依法颁发许可证。对不符合法定条件的，也应当在法定的期限内给以答复，告知不予颁发的决定及理由。

3. 食品安全行政监督检查

县级以上地方人民政府组织本级卫生行政、农业行政、食品安全监督管理部门制定本行政区域的食品安全年度监督管理计划，并按照年度计划组织开展工作。县级以上食品安全监督管理部门履行食品安全监督管理职责。县级以上农业行政部门应当依照《中华人民共和国农产品质量安全法》规定的职责，对食用农产品进行监督管理。县级以上食品安全监督管理部门对食品生产经营者进行监督检查，应当记录监督检查的情况和处理结果。监督检查记录经监督检查人员和食品生产经营者签字后归档。县级以上食品安全监督管理部门应当建立食品生产经营者食品安全信用档案，记录许可颁发、日常监督检查结果、违法行为查处等情况；根据食品安全信用档案的记录，对有不良信用记录的食品生产经营者增加监督检查频次。

4. 食品安全行政处罚

违反《中华人民共和国食品安全法》规定，未经许可从事食品生产经营活动，由有关主管部门按照各自职责分工，没收违法所得、并处罚款。情节严重的，责令停产停业，直至吊销许可证：造成人身、财产或者其他损害的，依法承担赔偿责任。构成犯罪的，依法追究刑事责任。违反本法规定，食品安全监督管理部门或者承担食品检验职责的机构、食品行业协会、消费者协会以广告或者其他形式向消费者推荐食品的，由有关主管部门没收违法所得，依法对直接负责的主管人员和其他直接责任人员给予记大过、降级、撤职或者开除的处分。

5. 食品安全行政强制措施

食品安全行政强制措施是食品安全法律、法规授予食品安全行政执法主体的特别职权，主要是指行政机关采用强制手段保障食品安全行政管理秩序、维护公共利益、迫使行政相对人履行义务的行政执法行为。

食品安全行政强制措施的主要特征是：具体性、强制性、临时性、非制裁性。

食品安全行政强制措施是食品安全行政主体为实现特定目的，针对特定的行政相对人或者特定的物，就特定的事项作出的具体行政行为。为了预防或者制止正在发生的或者可能发生的违法行为，保护社会秩序和公民的安全健康，行政机关对于符合条件的违法者可以采取强制性行为，不需要相对人主动申请或者自觉接受。强制措施不是以制裁违法为直接目的，而只是以实现某一行政目标为目的的一种手段，不是终结性的结果而是过程中的措施。一旦采取强制措施的法定事由已经排除，食品安全行政强制措施就得解除。

食品安全行政强制措施按照不同的对象，可分为限制人身自由行政强制措施和对财产予以查封、扣押、冻结等行政强制措施。按照不同的性质，可以分为行政处置和行政强制执行。行政处置是在紧急情况下采取的强制措施，如强制隔离；行政强制执行是在行政相对人拒不履行义务时采取的强制措施，强行查封。

由于行政强制措施要临时地对人身自由或者财产予以强制限制，而且运用时多在紧急情况下，使用不当会给相对人带来不必要的损害，因此，实施行政强制措施时，一定要严格按照法律规定适度地进行。食品安全行政强制措施的具体实施条件如下。

（1）实施主体必须是具有法定强制权的行政机关或授权组织。

（2）被强制对象必须符合法定条件。行政机关只有在有足够的证据证实对象符合法定条件时，才可以按照规定的程序采取强制措施，并且一定要适度，尽量减少对相对人权益的限制以及财物的损害。采用强制措施以达到特定的目的为限，不能超过一定的限度。

（3）必须办理必要的手续，符合规定的期限。

（4）必须按照法定的种类运用强制措施，不可随意滥用。

6. 产品质量监督

产品质量监督体制是指执行产品质量监督的主体，以监督权限划分作基础，所设置的监督机构和监督制度，以及监督方式和方法体系的总称。产品质量监督体制是我国经济监督体制的主要组成部分，其主要内容包括多级监督主体权限划分，为实现科学、公正的监督而建立的各项制度，采取的方式、方法。

1993 年实施、2000 年第一次修正，2018 年第三次修正修订的《中华人民共和国产品质量法》第八条规定：“国务院市场监督部门主管全国产品质量监督工作。国务院有关部门在各自的职责范围内负责产品质量监督工作。”“县级以上地方市场监督部门主管本行政区域内的产品质量监督工作。县级以上地方人民政府有关部门在各自的职责范围内负责产品质量监督工作。”“法律对产品质量的监督部门另有规定的，依照有关法律的规定执行。”

7. 计量监督

计量监督是指为保证计量法的有效实施进行的计量法制管理，是为保障生产活动的顺利进行所提供的计量保证。它是计量管理的一种特殊形式。计量法制监督，就是依照计量法的有关规定所进行的强制性管理，或称作计量法制管理。

我国的计量监督管理实行按行政区域统一领导、分级负责的体制。全国的计量工作由国务院计量行政部门负责实施统一监督管理。各行政区域内的计量工作由当地人民政府计量行政部门监督管理。县级以上政府计量行政部门是同级人民政府的计量监督管理机构。各有关部门设置的计量行政机构，负责监督计量法规在本部门的贯彻实施。企事业单位根据生产和经营管理的需要设置的计量机构，负责监督计量法规在本单位的贯彻实施。

政府计量行政部门所进行的计量监督，是纵向和横向的行政执法监督；部门计量行政机构对所属单位的监督和企事业单位的计量机构对本单位的监督，则属于行政管理性监督。国家、部门、企事业单位三者的计量监督是相辅相成的，各有侧重，相互渗透，互为补充，构成一个有序的计量监督网络。从法律实施的角度讲，部门和企事业单位的计量机构，不是专门的行政执法机构。因此，对计量违法行为的处理，部门和企事业单位或者上级主管部门只能给予行政处分，而政府计量行政部门对计量违法行为，则可依法给予行政处罚。因为行政处罚是由特定的具有执行监督职能的政府计量行政部门行使的。

小　结

食品法律、法规是食品生产、销售等过程中必须遵守的行为准则。法指法的整体，即国家制定或认可的并以国家强制力保证实施的行为规范的总和。它包括作为根本法的宪法、全国人民代表大会及其常务委员会制定的法律、国务院制定的行政法规、地方国家机关制定的地方性法规等。狭义的法是拥有立法权的国家机关依照立法程序制定和颁布的规范性文件，仅指全国人民代表大会及其常务委员会制定的法律。食品法的制定是有权的国家机关依照法定的权限和程序，制定、认可、修改、补充或废止规范性食品相关法律文件的活动，又称食品立法活动。食品法律、法规的实施是通过一定的方式使食品法律规范在社会生活中得到贯彻和实现的活动。食品行政执法是国家食品行政机关、法律、法规授权的组织依法执行适用法律，实现国家食品管理的活动。食品行政执法监督是有权机关、社会团体和公民个人等，依法对食品行政机关及其执法人员的行政执法活动是否合法、合理进行监督的法律制度。

食品法律、法规制定的原则是遵循宪法，依照法定的权限和程序，从国家整体利益出发，维护社会主义法制的统一和尊严，坚持民主立法，从实际出发，对人民健康高度负责，预防为主，发挥中央和地方两方面积极性。宪法是食品立法的法律依据，保护人体健康是食品立法的思想依据，食品科学是食品立法的自然科学依据，社会经济条件是食品立法的物质依据，食品政策是食品立法的政策依据。

复习思考题

1. 名词解释：食品法律、食品行政法规、食品规章、立法解释、司法解释、行政解释、食品守法。
2. 我国食品安全法的渊源是什么?
3. 我国的食品法律、法规可分为哪几类?
4. 我国的立法体制是什么?
5. 食品法律、法规制定的依据和程序是什么?
6. 食品法规制定的基本原则是什么?
7. 食品法规的效力范围有哪些?

模块三

中国的食品法律、法规体系

【学习目标】

知识目标

1. 了解《中华人民共和国食品安全法》的立法背景和意义。

2. 熟悉《中华人民共和国食品安全法》与其他相关法律的基本内容以及餐饮许可证的要求。

3. 掌握保健食品、新资源食品、绿色食品、有机食品、无公害食品和食品准入制度、卫生监督管理等内容。

技能目标

1. 能够根据《中华人民共和国食品安全法》《中华人民共和国农产品质量安全法》等法律法规的要求指导相关食品的生产和销售。

2. 能够运用《中华人民共和国食品安全法》《中华人民共和国农产品质量安全法》《中华人民共和国产品质量法》等法律法规办理食品违法案件。

项目一 中国食品法律

一、《中华人民共和国食品安全法》

《中华人民共和国食品安全法》（以下简称《食品安全法》）于2009年2月28日第十一届全国人民代表大会常务委员会第七次会议通过，2015年4月24日第十二届全国人民代表大会常务委员会第十四次会议修订，2018 年 12 月 29 日第十三届全国人民代表大会常务委员会第七次会议第一次修正，2021 年 4 月 29 日第十三届全国人民代表大会常务委员会第二十八次会议第二次修正。

（一）《食品安全法》的立法背景

食品安全事关人民群众的身体健康和生命安全，是重大的民生问题。2009 年实施的《食品安全法》在施行的五年中，对规范食品生产经营活动、保障食品安全发挥了重要作用，食品安全形势总体稳中向好。但同时我们也应看到，食品企业违法生产经营现象依然存在，食品安全事件时有发生，监管体制、手段和制度等尚不能完全适应食品安全需要。党的十八大以来，我国进一步改革完善食品安全监管体制，着力建立最严格的食品安全监管制度，积极推进食品安全社会共治格局。为了以法律形式固定监管体制改革成果，完善监管制度机制，解决当前食品安全领域存在的突出问题，更好地保护人民群众的食品安全，有必要修订《食品安全法》。

《食品安全法》修订草案于 2014 年 6 月由国务院提交十二届全国人大常委会第九次会议进行初次审议，2014 年 12 月，十二届全国人大常委会第十二次会议再次审议，2015 年 4 月，十二届全国人大常委会第十四次会议进行第三次审议，并最终于 4 月 24 日表决通过，于 2015 年 10 月 1 日起施行。在常委会审议修改期间，全国人大法律委员会和常委会法制工作委员会通过各种形式广泛征求了各省（区、市）人大常委会以及中央有关部门、行业协会、消费者协会、研究机构和专家的意见，在全国人大网全文公布修订草案，两次公开征求社会公众的意见，还赴北京、江苏、安徽、吉林、黑龙江等地调研，了解基层情况、听取意见，并根据各方面意见，就修订草案中的主要问题与有关部门交换意见，共同研究。2015 年 4 月 9 日，法制工作委员会召开立法前评估会，邀请全国人大代表、食品生产经营者、食品行业协会、消费者协会、基层执法部门、律师等，就法律的出台时机、修订草案主要规范的可行性和实施效果等进行评估。总的评价是，此次修改《食品安全法》，充分贯彻了党的十八届三中全会精神，着力解决现阶段食品安全领域的突出问题，体现严格监管原则，回应了社会关切。修订草案经过广泛调研，听取意见，已经比较完善、成熟，具有较强的针对性和可操作性，此时出台是必要的、适时的。

此次修改《食品安全法》，围绕党的十八届三中全会关于建立严格的食品安全监管制度这一总体要求，注意把握以下几点：一是积极落实党中央和国务院完善食品安全监管体制的成果，完善统一权威的食品安全监管机构。二是明确建立最严格的全程监管制度。对食品生产、销售、餐饮服务和食用农产品销售等各个环节，食品添加剂、食品相关产品等各有关事项，以及网络食品交易等新兴食品销售业态有针对性地补充完善相关制度，突出生产经营过程控制，强化企业的主体责任和监管部门的监管责任。三是更加突出预防为主、风险防范。进一步完善食品安全风险监测、风险评估和食品安全标准等基础性制度，增设责任约谈、风险分级管理等重点制度，重在消除隐患和防患于未然。四是实行食品安全社会共治。充分发挥消费者和消费者协会、行业协会、新闻媒体等方面的监督作用，形成食品安全社会共治格局。五是突出对特殊食品的严格监管。通过产品注册、案等措施，对保健食品、婴幼儿配方食品和特殊医学用途配方食品等特殊食品实施比一般食品更加严格的监管。六是建立最严格的法律责任制度。对违法生产经营者加大惩处力度，提高违法行为成本，发挥法律的重典治乱威慑作用。新的《食品安全法》的颁布，有利于从法律制度上更好地保障人民群众食品安全，促进食品行业的健康发展。

（二）《食品安全法》的立法意义

《食品安全法》以建立严格的食品安全监管制度为重点，用法律形式固定监管体制改革成果，完善食品安全监管体制及制度，强化监管手段，提高执法能力，落实企业的主体责任，动员社会各界积极参与，着力解决当前食品安全领域存在的突出问题，以法治思维和法治方式维护食品安全，为最严格的食品安全监管提供法律制度保障。新《食品安全法》的颁布施行，对于更好地保证食品安全，保障公众身体健康和生命安全具有重要意义。

（三）《食品安全法》的内容

《食品安全法》共有 10 章 154 条，这是一部被称为史上最严的食品安全法，它终结了食品安全“九龙治水”的局面，明确了网络食品、婴幼儿食品等的管理方式方法，加大了对违法企业和个人的惩罚力度。

1. 适用对象

（1）食品生产和加工（以下称食品生产），食品销售和餐饮服务（以下称食品经营）。

（2）食品添加剂的生产经营。

（3）用于食品的包装材料、容器、洗涤剂、消毒剂和用于食品生产经营的工具、设备（以下简称食品相关产品）的生产经营。

（4）食品生产经营者使用食品添加剂、食品相关产品。

（5）食品的贮存和运输。

（6）对食品、食品添加剂、食品相关产品的安全管理。

供食用的源于农业的初级产品（以下称食用农产品）的质量安全管理，遵守《中华人民共和国农产品质量安全法》的规定。但是，食用农产品的市场销售、有关质量安全标准的制定、有关安全信息的公布和本法对农业投入品作出规定的，应当遵守本法的规定。

2. 监管机构

食品安全工作实行预防为主、风险管理、全程控制、社会共治，建立科学、严格的监督管理制度。

（1）食品生产经营者对其生产经营食品的安全负责。食品生产经营者应当依照法律、法规和食品安全标准从事生产经营活动，保证食品安全，诚信自律，对社会和公众负责，接受社会监督，承担社会责任。

（2）国务院设立食品安全委员会，其职责由国务院规定。国务院食品安全监督管理部门依照本法和国务院规定的职责，对食品生产经营活动实施监督管理。

国务院卫生行政部门依照本法和国务院规定的职责，组织开展食品安全风险监测和风险评估，会同国务院食品安全监督管理部门制定并公布食品安全国家标准。

国务院其他有关部门依照本法和国务院规定的职责，承担有关食品安全工作。

（3）县级以上地方人民政府对本行政区域的食品安全监督管理工作负责，统一领导、组织、协调本行政区域的食品安全监督管理工作以及食品安全突发事件应对工作，建立健全食品安全全程监督管理工作机制和信息共享机制。

县级以上地方人民政府依照本法和国务院的规定，确定本级食品安全监督管理、卫生行政部门和其他有关部门的职责。有关部门在各自职责范围内负责本行政区域的食品安全监督管理工作。

县级人民政府食品安全监督管理部门可以在乡镇或者特定区域设立派出机构。

（4）县级以上地方人民政府实行食品安全监督管理责任制。上级人民政府负责对下一级人民政府的食品安全监督管理工作进行评议、考核。县级以上地方人民政府负责对本级食品安全监督管理部门和其他有关部门的食品安全监督管理工作进行评议、考核。

（5）县级以上人民政府应当将食品安全工作纳入本级国民经济和社会发展规划，将食品安全工作经费列入本级政府财政预算，加强食品安全监督管理能力建设，为食品安全工作提供保障。

县级以上人民政府食品安全监督管理部门和其他有关部门应当加强沟通、密切配合，按照各自职责分工，依法行使职权，承担责任。

（6）食品行业协会应当加强行业自律，按照章程建立健全行业规范和奖惩机制，提供食品安全信息、技术等服务，引导和督促食品生产经营者依法生产经营，推动行业诚信建设，宣传、普及食品安全知识。

消费者协会和其他消费者组织对违反本法规定，损害消费者合法权益的行为，依法进行社会监督。

（7）各级人民政府应当加强食品安全的宣传教育，普及食品安全知识，鼓励社会组织、基层群众性自治组织、食品生产经营者开展食品安全法律、法规以及食品安全标准和知识的普及工作，倡导健康的饮食方式，增强消费者食品安全意识和自我保护能力。

新闻媒体应当开展食品安全法律、法规以及食品安全标准和知识的公益宣传，并对食品安全违法行为进行舆论监督。有关食品安全的宣传报道应当真实、公正。

（8）国家鼓励和支持开展与食品安全有关的基础研究、应用研究，鼓励和支持食品生产经营者为提高食品安全水平采用先进技术和先进管理规范。

国家对农药的使用实行严格的管理制度，加快淘汰剧毒、高毒、高残留农药，推动替代产品的研发和应用，鼓励使用高效低毒低残留农药。

（9）任何组织或者个人有权举报食品安全违法行为，依法向有关部门了解食品安全信息，对食品安全监督管理工作提出意见和建议。

（10）对在食品安全工作中做出突出贡献的单位和个人，按照国家有关规定给予表彰、奖励。

3. 食品安全风险监测和评估

（1）国家建立食品安全风险监测制度，对食源性疾病、食品污染以及食品中的有害因素进行监测。国务院卫生行政部门会同国务院食品安全监督管理等部门，制定、实施国家食品安全风险监测计划。

国务院食品安全监督管理部门和其他有关部门获知有关食品安全风险信息后，应当立即核实并向国务院卫生行政部门通报。对有关部门通报的食品安全风险信息以及医疗机构报告的食源性疾病等有关疾病信息，国务院卫生行政部门应当会同国务院有关部门分析研究，认为必要的，及时调整国家食品安全风险监测计划。

省、自治区、直辖市人民政府卫生行政部门会同同级食品安全监督管理等部门，根据国家食品安全风险监测计划，结合本行政区域的具体情况，制定、调整本行政区域的食品安全风险监测方案，报国务院卫生行政部门备案并实施。

（2）承担食品安全风险监测工作的技术机构应当根据食品安全风险监测计划和监测方案开展监测工作，保证监测数据真实、准确，并按照食品安全风险监测计划和监测方案的要求报送监测数据和分析结果。

食品安全风险监测工作人员有权进入相关食用农产品种植养殖、食品生产经营场所采集样品、收集相关数据。采集样品应当按照市场价格支付费用。

（3）食品安全风险监测结果表明可能存在食品安全隐患的，县级以上人民政府卫生行政部门应当及时将相关信息通报同级食品安全监督管理等部门，并报告本级人民政府和上级人民政府卫生行政部门。食品安全监督管理等部门应当组织开展进一步调查。

（4）国家建立食品安全风险评估制度，运用科学方法，根据食品安全风险监测信息、科学数据以及有关信息，对食品、食品添加剂、食品相关产品中生物性、化学性和物理性危害因素进行风险评估。

国务院卫生行政部门负责组织食品安全风险评估工作，成立由医学、农业、食品、营养、生物、环境等方面的专家组成的食品安全风险评估专家委员会进行食品安全风险评估。食品安全风险评估结果由国务院卫生行政部门公布。

对农药、肥料、兽药、饲料和饲料添加剂等的安全性评估，应当有食品安全风险评估专家委员会的专家参加。

食品安全风险评估不得向生产经营者收取费用，采集样品应当按照市场价格支付费用。

（5）有下列情形之一的，应当进行食品安全风险评估。

①通过食品安全风险监测或者接到举报发现食品、食品添加剂、食品相关产品可能存在安全隐患的。

②为制定或者修订食品安全国家标准提供科学依据需要进行风险评估的。

③为确定监督管理的重点领域、重点品种需要进行风险评估的。

④发现新的可能危害食品安全因素的。

⑤需要判断某一因素是否构成食品安全隐患的。

⑥国务院卫生行政部门认为需要进行风险评估的其他情形。

（6）国务院食品安全监督管理、农业行政等部门在监督管理工作中发现需要进行食品安全风险评估的，应当向国务院卫生行政部门提出食品安全风险评估的建议，并提供风险来源、相关检验数据和结论等信息、资料。属于本法第十八条规定情形的，国务院卫生行政部门应当及时进行食品安全风险评估，并向国务院有关部门通报评估结果。

（7）省级以上人民政府卫生行政、农业行政部门应当及时相互通报食品、食用农产品安全风险监测信息。

国务院卫生行政、农业行政部门应当及时相互通报食品、食用农产品安全风险评估结果等信息。

（8）食品安全风险评估结果是制定、修订食品安全标准和实施食品安全监督管理的科学依据。

经食品安全风险评估，得出食品、食品添加剂、食品相关产品不安全结论的，国务院食品安全监督管理等部门应当依据各自职责立即向社会公告，告知消费者停止食用或者使用，并采取相应措施，确保该食品、食品添加剂、食品相关产品停止生产经营；需要制定、修订相关食品安全国家标准的，国务院卫生行政部门应当会同国务院食品安全监督管理部门立即制定、修订。

（9）国务院食品安全监督管理部门应当会同国务院有关部门，根据食品安全风险评估结果、食品安全监督管理信息，对食品安全状况进行综合分析。对经综合分析表明可能具有较高程度安全风险的食品，国务院食品安全监督管理部门应当及时提出食品安全风险警示，并向社会公布。

（10）县级以上人民政府食品安全监督管理安全和其他有关部门、食品安全风险评估专家委员会及其技术机构，应当按照科学、客观、及时、公开的原则，组织食品生产经营者、食品检验机构、认证机构、食品行业协会、消费者协会以及新闻媒体等，就食品安全风险评估信息和食品安全监督管理信息进行交流沟通。

4. 食品安全标准

（1）食品安全标准是强制执行的标准。除食品安全标准外，不得制定其他食品强制性标准。食品安全标准应当包括下列内容。

①食品、食品添加剂、食品相关产品中的致病性微生物，农药残留、兽药残留、生物毒素、重金属等污染物质以及其他危害人体健康物质的限量规定。

②食品添加剂的品种、使用范围、用量。

③专供婴幼儿和其他特定人群的主辅食品的营养成分要求。

④对与卫生、营养等食品安全要求有关的标签、标志、说明书的要求。

⑤食品生产经营过程的卫生要求。

⑥与食品安全有关的质量要求。

⑦与食品安全有关的食品检验方法与规程。

⑧其他需要制定为食品安全标准的内容。

(2) 食品安全国家标准由国务院卫生行政部门会同国务院食品安全监督管理部门制定、公布，国务院标准化行政部门提供国家标准编号。

食品中农药残留、兽药残留的限量规定及其检验方法与规程由国务院卫生行政部门、国务院农业行政部门会同国务院食品安全监督管理部门制定。

屠宰畜、禽的检验规程由国务院农业行政部门会同国务院卫生行政部门制定。

(3) 对地方特色食品，没有食品安全国家标准的，省、自治区、直辖市人民政府卫生行政部门可以制定并公布食品安全地方标准，报国务院卫生行政部门备案。食品安全国家标准制定后，该地方标准即行废止。

(4) 国家鼓励食品生产企业制定严于食品安全国家标准或者地方标准的企业标准，在本企业适用，并报省、自治区、直辖市人民政府卫生行政部门备案。

(5) 省级以上人民政府卫生行政部门应当在其网站上公布制定和备案的食品安全国家标准、地方标准和企业标准，供公众免费查阅、下载。

(6) 省级以上人民政府卫生行政部门应当会同同级食品安全监督管理、农业行政等部门，分别对食品安全国家标准和地方标准的执行情况进行跟踪评价，并根据评价结果及时修订食品安全标准。

省级以上人民政府食品安全监督管理、农业行政等部门应当对食品安全标准执行中存在的问题进行收集、汇总，并及时向同级卫生行政部门通报。食品生产经营者、食品行业协会发现食品安全标准在执行中存在问题的，应当立即向卫生行政部门报告。

5. 食品生产经营

(1) 食品生产经营应当符合食品安全标准。

(2) 国家对食品生产经营实行许可制度。从事食品生产、食品销售、餐饮服务，应当依法取得许可。但是，销售食用农产品和仅销售预包装食品的，不需要取得许可。仅销售预包装食品的，应当报所在地县级以上地方人民政府食品安全监督管理部门备案。

县级以上地方人民政府食品安全监督管理部门应当依照《中华人民共和国行

政许可法》的规定，审核申请人提交的相关资料，必要时对申请人的生产经营场所进行现场核查；对符合规定条件的，准予许可；对不符合规定条件的，不予许可并书面说明理由。

（3）食品生产加工小作坊和食品摊贩等从事食品生产经营活动，应当符合本法规定的与其生产经营规模、条件相适应的食品安全要求，保证所生产经营的食品卫生、无毒、无害，食品安全监督管理部门应当对其加强监督管理。

县级以上地方人民政府应当对食品生产加工小作坊、食品摊贩等进行综合治理，加强服务和统一规划，改善其生产经营环境，鼓励和支持其改进生产经营条件，进入集中交易市场、店铺等固定场所经营，或者在指定的临时经营区域、时段经营。

食品生产加工小作坊和食品摊贩等的具体管理办法由省、自治区、直辖市制定。

（4）利用新的食品原料生产食品，或者生产食品添加剂新品种、食品相关产品新品种，应当向国务院卫生行政部门提交相关产品的安全性评估材料。国务院卫生行政部门应当自收到申请之日起六十日内组织审查；对符合食品安全要求的，准予许可并公布；对不符合食品安全要求的，不予许可并书面说明理由。

（5）生产经营的食品中不得添加药品，但是可以添加按照传统既是食品又是中药材的物质。按照传统既是食品又是中药材的物质目录由国务院卫生行政部门会同国务院食品安全监督管理部门制定、公布。

（6）国家对食品添加剂生产实行许可制度。从事食品添加剂生产，应当具有与所生产食品添加剂品种相适应的场所、生产设备或者设施、专业技术人员和管理制度，并依照本法规定的程序，取得食品添加剂生产许可。生产食品添加剂应当符合法律、法规和食品安全国家标准。

（7）食品添加剂应当在技术上确有必要且经过风险评估证明安全可靠，方可列入允许使用的范围；有关食品安全国家标准应当根据技术必要性和食品安全风险评估结果及时修订。

食品生产经营者应当按照食品安全国家标准使用食品添加剂。

（8）国家建立食品安全全程追溯制度。

食品生产经营者应当依照本法的规定，建立食品安全追溯体系，保证食品可追溯。国家鼓励食品生产经营者采用信息化手段采集、留存生产经营信息，建立食品安全追溯体系。

国务院食品安全监督管理部门会同国务院农业行政等有关部门建立食品安全全程追溯协作机制。

（9）地方各级人民政府应当采取措施鼓励食品规模化生产和连锁经营、配送。国家鼓励食品生产经营企业参加食品安全责任保险。

（10）食品生产经营企业应当建立健全食品安全管理制度，对职工进行食品安全知识培训，加强食品检验工作，依法从事生产经营活动。

食品生产经营企业的主要负责人应当落实企业食品安全管理制度，对本企业的食品安全工作全面负责。

食品生产经营企业应当配备食品安全管理人员，加强对其培训和考核。经考核不具备食品安全管理能力的，不得上岗。食品安全监督管理部门应当对企业食品安全管理人员随机进行监督抽查考核并公布考核情况。监督抽查考核不得收取费用。

（11）食品生产经营者应当建立并执行从业人员健康管理制度。患有国务院卫生行政部门规定的有碍食品安全疾病的人员，不得从事接触直接入口食品的工作。

从事接触直接入口食品工作的食品生产经营人员应当每年进行健康检查，取得健康证明后方可上岗工作。

（12）食品生产经营者应当建立食品安全自查制度，定期对食品安全状况进行检查评价。生产经营条件发生变化，不再符合食品安全要求的，食品生产经营者应当立即采取整改措施；有发生食品安全事故潜在风险的，应当立即停止食品生产经营活动，并向所在地县级人民政府食品安全监督管理部门报告。

（13）国家鼓励食品生产经营企业符合良好生产规范要求，实施危害分析与关键控制点体系，提高食品安全管理水平。

对通过良好生产规范、危害分析与关键控制点体系认证的食品生产经营企业，认证机构应当依法实施跟踪调查；对不再符合认证要求的企业，应当依法撤销认证，及时向县级以上人民政府食品安全监督管理部门通报，并向社会公布。认证机构实施跟踪调查不得收取费用。

（14）食用农产品生产者应当按照食品安全标准和国家有关规定使用农药、肥料、兽药、饲料和饲料添加剂等农业投入品，严格执行农业投入品使用安全间隔期或者休药期的规定，不得使用国家明令禁止的农业投入品。禁止将剧毒、高毒农药用于蔬菜、瓜果、茶叶和中草药材等国家规定的农作物。

食用农产品的生产企业和农民专业合作经济组织应当建立农业投入品使用记录制度。

县级以上人民政府农业行政部门应当加强对农业投入品使用的监督管理和指导，建立健全农业投入品安全使用制度。

（15）食品生产者采购食品原料、食品添加剂、食品相关产品，应当查验供货者的许可证和产品合格证明；对无法提供合格证明的食品原料，应当按照食品安全标准进行检验；不得采购或者使用不符合食品安全标准的食品原料、食品添加剂、食品相关产品。

食品生产企业应当建立食品原料、食品添加剂、食品相关产品进货查验记录制度，如实记录食品原料、食品添加剂、食品相关产品的名称、规格、数量、生产日期或者生产批号、保质期、进货日期以及供货者名称、地址、联系方式等内容，并保存相关凭证。记录和凭证保存期限不得少于产品保质期满后六个月；没有明确保质期的，保存期限不得少于两年。

（16）食品生产企业应当建立食品出厂检验记录制度，查验出厂食品的检验合格证和安全状况，如实记录食品的名称、规格、数量、生产日期或者生产批号、保质期、检验合格证号、销售日期以及购货者名称、地址、联系方式等内容，并保存相关凭证。记录和凭证保存期限应当符合本法第五十条第二款的规定。

（17）食品、食品添加剂、食品相关产品的生产者，应当按照食品安全标准对所生产的食品、食品添加剂、食品相关产品进行检验，检验合格后方可出厂或者销售。

（18）食品经营企业应当建立食品进货查验记录制度，如实记录食品的名称、规格、数量、生产日期或者生产批号、保质期、进货日期以及供货者名称、地址、联系方式等内容，并保存相关凭证。记录和凭证保存期限应当符合本法第五十条第二款的规定。

实行统一配送经营方式的食品经营企业，可以由企业总部统一查验供货者的许可证和食品合格证明文件，进行食品进货查验记录。

从事食品批发业务的经营企业应当建立食品销售记录制度，如实记录批发食品的名称、规格、数量、生产日期或者生产批号、保质期、销售日期以及购货者名称、地址、联系方式等内容，并保存相关凭证。记录和凭证保存期限应当符合本法第五十条第二款的规定。

（19）食品经营者应当按照保证食品安全的要求贮存食品，定期检查库存食品，及时清理变质或者超过保质期的食品。

食品经营者贮存散装食品，应当在贮存位置标明食品的名称、生产日期或者生产批号、保质期、生产者名称及联系方式等内容。

（20）学校、托幼机构、养老机构、建筑工地等集中用餐单位的食堂应当严格遵守法律、法规和食品安全标准；从供餐单位订餐的，应当从取得食品生产经营许可的企业订购，并按照要求对订购的食品进行查验。供餐单位应当严格遵守法律、法规和食品安全标准，当餐加工，确保食品安全。

学校、托幼机构、养老机构、建筑工地等集中用餐单位的主管部门应当加强对集中用餐单位的食品安全教育和日常管理，降低食品安全风险，及时消除食品安全隐患。

（21）餐具、饮具集中消毒服务单位应当具备相应的作业场所、清洗消毒设备或者设施，用水和使用的洗涤剂、消毒剂应当符合相关食品安全国家标准和其他国家标准、卫生规范。

餐具、饮具集中消毒服务单位应当对消毒餐具、饮具进行逐批检验，检验合格后方可出厂，并应当随附消毒合格证明。消毒后的餐具、饮具应当在独立包装上标注单位名称、地址、联系方式、消毒日期以及使用期限等内容。

（22）食品添加剂生产者应当建立食品添加剂出厂检验记录制度，查验出厂产品的检验合格证和安全状况，如实记录食品添加剂的名称、规格、数量、生产日期或者生产批号、保质期、检验合格证号、销售日期以及购货者名称、地址、联系方式等相关内容，并保存相关凭证。记录和凭证保存期限应当符合本法第五十条第二款的规定。

(23) 集中交易市场的开办者、柜台出租者和展销会举办者，应当依法审查入场食品经营者的许可证，明确其食品安全管理责任，定期对其经营环境和条件进行检查，发现其有违反本法规定行为的，应当及时制止并立即报告所在地县级人民政府食品安全监督管理部门。

(24) 网络食品交易第三方平台提供者应当对入网食品经营者进行实名登记，明确其食品安全管理责任；依法应当取得许可证的，还应当审查其许可证。

网络食品交易第三方平台提供者发现入网食品经营者有违反本法规定行为的，应当及时制止并立即报告所在地县级人民政府食品安全监督管理部门；发现严重违法行为的，应当立即停止提供网络交易平台服务。

(25) 国家建立食品召回制度。食品生产者发现其生产的食品不符合食品安全标准或者有证据证明可能危害人体健康的，应当立即停止生产，召回已经上市销售的食品，通知相关生产经营者和消费者，并记录召回和通知情况。

(26) 食用农产品批发市场应当配备检验设备和检验人员或者委托符合本法规定的食品检验机构，对进入该批发市场销售的食用农产品进行抽样检验；发现不符合食品安全标准的，应当要求销售者立即停止销售，并向食品安全监督管理部门报告。

(27) 食用农产品销售者应当建立食用农产品进货查验记录制度，如实记录食用农产品的名称、数量、进货日期以及供货者名称、地址、联系方式等内容，并保存相关凭证。记录和凭证保存期限不得少于六个月。

6. 标签、说明书和广告

(1) 预包装食品的包装上应当有标签。标签应当标明的事项如下所述。

①名称、规格、净含量、生产日期。

②成分或者配料表。

③生产者的名称、地址、联系方式。

④保质期。

⑤产品标准代号。

⑥贮存条件。

⑦所使用的食品添加剂在国家标准中的通用名称。

⑧生产许可证编号。

⑨法律、法规或者食品安全标准规定应当标明的其他事项。

专供婴幼儿和其他特定人群的主辅食品，其标签还应当标明主要营养成分及其含量。

食品安全国家标准对标签标注事项另有规定的，从其规定。

（2）食品经营者销售散装食品，应当在散装食品的容器、外包装上标明食品的名称、生产日期或者生产批号、保质期以及生产经营者名称、地址、联系方式等内容。

（3）生产经营转基因食品应当按照规定显著标示。

（4）食品添加剂应当有标签、说明书和包装。标签、说明书应当载明本法规定的事项，以及食品添加剂的使用范围、用量、使用方法，并在标签上载明“食品添加剂”字样。

（5）食品和食品添加剂的标签、说明书，不得含有虚假内容，不得涉及疾病预防、治疗功能。生产经营者对其提供的标签、说明书的内容负责。

7. 特殊食品

（1）国家对保健食品、特殊医学用途配方食品和婴幼儿配方食品等特殊食品实行严格监督管理。

（2）保健食品声称保健功能，应当具有科学依据，不得对人体产生急性、亚急性或者慢性危害。

保健食品原料目录和允许保健食品声称的保健功能目录，由国务院食品安全监督管理部门会同国务院卫生行政部门、国家中医药管理部门制定、调整并公布。

保健食品原料目录应当包括原料名称、用量及其对应的功效；列入保健食品原料目录的原料只能用于保健食品生产，不得用于其他食品生产。

（3）使用保健食品原料目录以外原料的保健食品和首次进口的保健食品应当经国务院食品安全监督管理部门注册。但是，首次进口的保健食品中属于补充维生素、矿物质等营养物质的，应当报国务院食品安全监督管理部门备案。其他保健食品应当报省、自治区、直辖市人民政府食品安全监督管理部门备案。

进口的保健食品应当是出口国（地区）主管部门准许上市销售的产品。

（4）依法应当注册的保健食品，注册时应当提交保健食品的研发报告、产品配方、生产工艺、安全性和保健功能评价、标签、说明书等材料及样品，并提供相关证明文件。国务院食品安全监督管理部门经组织技术审评，对符合安全和功能声称要求的，准予注册；对不符合要求的，不予注册并书面说明理由。对使用保健食品原料目录以外原料的保健食品作出准予注册决定的，应当及时将该原料纳入保健食品原料目录。

依法应当备案的保健食品，备案时应当提交产品配方、生产工艺、标签、说明书以及表明产品安全性和保健功能的材料。

（5）保健食品的标签、说明书不得涉及疾病预防、治疗功能，内容应当真实，与注册或者备案的内容相一致，载明适宜人群、不适宜人群、功效成分或者标志性成分及其含量等，并声明“本品不能代替药物”。保健食品的功能和成分应当与标签、说明书相一致。

（6）保健食品还应当声明“本品不能代替药物”；其内容应当经生产企业所在

的省、自治区、直辖市人民政府食品安全监督管理部门审查批准，取得保健食品广告批准文件。省、自治区、直辖市人民政府食品安全监督管理部门应当公布并及时更新已经批准的保健食品广告目录以及批准的广告内容。

(7) 特殊医学用途配方食品应当经国务院食品安全监督管理部门注册。注册时，应当提交产品配方、生产工艺、标签、说明书以及表明产品安全性、营养充足性和特殊医学用途临床效果的材料。

特殊医学用途配方食品广告适用《中华人民共和国广告法》和其他法律、行政法规关于药品广告管理的规定。

(8) 婴幼儿配方食品生产企业应当实施从原料进厂到成品出厂的全过程质量控制，对出厂的婴幼儿配方食品实施逐批检验，保证食品安全。

生产婴幼儿配方食品使用的生鲜乳、辅料等食品原料、食品添加剂等，应当符合法律、行政法规的规定和食品安全国家标准，保证婴幼儿生长发育所需的营养成分。

婴幼儿配方食品生产企业应当将食品原料、食品添加剂、产品配方及标签等事项向省、自治区、直辖市人民政府食品安全监督管理部门备案。

婴幼儿配方乳粉的产品配方应当经国务院食品安全监督管理部门注册。注册时，应当提交配方研发报告和其他表明配方科学性、安全性的材料。

不得以分装方式生产婴幼儿配方乳粉，同一企业不得用同一配方生产不同品牌的婴幼儿配方乳粉。

(9) 保健食品、特殊医学用途配方食品、婴幼儿配方乳粉的注册人或者备案人应当对其提交材料的真实性负责。

省级以上人民政府食品安全监督管理部门应当及时公布注册或者备案的保健食品、特殊医学用途配方食品、婴幼儿配方乳粉目录，并对注册或者备案中获知的企业商业秘密予以保密。

保健食品、特殊医学用途配方食品、婴幼儿配方乳粉生产企业应当按照注册或者备案的产品配方、生产工艺等技术要求组织生产。

(10) 生产保健食品，特殊医学用途配方食品、婴幼儿配方食品和其他专供特定人群的主辅食品的企业，应当按照良好生产规范的要求建立与所生产食品相适应的生产质量管理体系，定期对该体系的运行情况进行自查，保证其有效运行，并向所在地县级人民政府食品安全监督管理部门提交自查报告。

8. 食品检验

(1) 食品检验机构按照国家有关认证认可的规定取得资质认定后，方可从事食品检验活动。但是，法律另有规定的除外。

食品检验机构的资质认定条件和检验规范，由国务院食品安全监督管理部门规定。

符合本法规定的食品检验机构出具的检验报告具有同等效力。

县级以上人民政府应当整合食品检验资源，实现资源共享。

（2）食品检验由食品检验机构指定的检验人独立进行。检验人应当依照有关法律、法规的规定，并按照食品安全标准和检验规范对食品进行检验，尊重科学，恪守职业道德，保证出具的检验数据和结论客观、公正，不得出具虚假检验报告。

（3）食品检验实行食品检验机构与检验人负责制。食品检验报告应当加盖食品检验机构公章，并有检验人的签名或者盖章。食品检验机构和检验人对出具的食品检验报告负责。

（4）县级以上人民政府食品安全监督管理部门应当对食品进行定期或者不定期的抽样检验，并依据有关规定公布检验结果，不得免检。进行抽样检验，应当购买抽取的样品，委托符合本法规定的食品检验机构进行检验，并支付相关费用；不得向食品生产经营者收取检验费和其他费用。

（5）对依照本法规定实施的检验结论有异议的，食品生产经营者可以自收到检验结论之日起七个工作日内向实施抽样检验的食品安全监督管理部门或者其上一级食品安全监督管理部门提出复检申请，由受理复检申请的食品安全监督管理部门在公布的复检机构名录中随机确定复检机构进行复检。复检机构出具的复检结论为最终检验结论。复检机构与初检机构不得为同一机构。复检机构名录由国务院认证认可监督管理、食品安全监督管理、卫生行政、农业行政等部门共同公布。

采用国家规定的快速检测方法对食用农产品进行抽查检测，被抽查人对检测结果有异议的，可以自收到检测结果时起四小时内申请复检。复检不得采用快速检测方法。

（6）食品生产企业可以自行对所生产的食品进行检验，也可以委托符合本法规定的食品检验机构进行检验。

食品行业协会和消费者协会等组织、消费者需要委托食品检验机构对食品进行检验的，应当委托符合本法规定的食品检验机构进行。

（7）食品添加剂的检验，适用本法有关食品检验的规定。

9. 食品进出口

（1）国家出入境检验检疫部门对进出口食品安全实施监督管理。

（2）进口的食品、食品添加剂、食品相关产品应当符合我国食品安全国家标准。

进口的食品、食品添加剂应当经出入境检验检疫机构依照进出口商品检验相关法律、行政法规的规定检验合格。

进口的食品、食品添加剂应当按照国家出入境检验检疫部门的要求随附合格证明材料。

（3）进口尚无食品安全国家标准的食品，由境外出口商、境外生产企业或者其委托的进口商向国务院卫生行政部门提交所执行的相关国家（地区）标准或者国际标准。国务院卫生行政部门对相关标准进行审查，认为符合食品安全要求的，决定暂予适用，并及时制定相应的食品安全国家标准。进口利用新的食品原料生产的食品或者进口食品添加剂新品种、食品相关产品新品种，依照本法第三十七条的规定办理。

出入境检验检疫机构按照国务院卫生行政部门的要求，对前款规定的食品、食品添加剂、食品相关产品进行检验。检验结果应当公开。

(4) 境外出口商、境外生产企业应当保证向我国出口的食品、食品添加剂、食品相关产品符合本法以及我国其他有关法律、行政法规的规定和食品安全国家标准的要求，并对标签、说明书的内容负责。

进口商应当建立境外出口商、境外生产企业审核制度，重点审核前款规定的内容；审核不合格的，不得进口。

发现进口食品不符合我国食品安全国家标准或者有证据证明可能危害人体健康的，进口商应当立即停止进口，并依照本法第六十三条的规定召回。

(5) 境外发生的食品安全事件可能对我国境内造成影响，或者在进口食品、食品添加剂、食品相关产品中发现严重食品安全问题的，国家出入境检验检疫部门应当及时采取风险预警或者控制措施，并向国务院食品安全监督管理、卫生行政、农业行政部门通报。接到通报的部门应当及时采取相应措施。

县级以上人民政府食品安全监督管理部门对国内市场上销售的进口食品、食品添加剂实施监督管理。发现存在严重食品安全问题的，国务院食品安全监督管理部门应当及时向国家出入境检验检疫部门通报。国家出入境检验检疫部门应当及时采取相应措施。

(6) 向我国境内出口食品的境外出口商或者代理商、进口食品的进口商应当向国家出入境检验检疫部门备案。向我国境内出口食品的境外食品生产企业应当经国家出入境检验检疫部门注册。已经注册的境外食品生产企业提供虚假材料，或者因其自身的原因致使进口食品发生重大食品安全事故的，国家出入境检验检疫部门应当撤销注册并公告。

国家出入境检验检疫部门应当定期公布已经备案的境外出口商、代理商、进口商和已经注册的境外食品生产企业名单。

(7) 进口的预包装食品、食品添加剂应当有中文标签；依法应当有说明书的，还应当有中文说明书。标签、说明书应当符合本法以及我国其他有关法律、行政法规的规定和食品安全国家标准的要求，并载明食品的原产地以及境内代理商的名称、地址、联系方式。预包装食品没有中文标签、中文说明书或者标签、说明书不符合本条规定的，不得进口。

(8) 进口商应当建立食品、食品添加剂进口和销售记录制度，如实记录食品、食品添加剂的名称、规格、数量、生产日期、生产或者进口批号、保质期、境外出口商和购货者名称、地址及联系方式、交货日期等内容，并保存相关凭证。记录和凭证保存期限应当符合本法第五十条第二款的规定。

(9) 国家出入境检验检疫部门可以对向我国境内出口食品的国家（地区）的食品安全管理体系和食品安全状况进行评估和审查，并根据评估和审查结果，确定相应检验检疫要求。

10. 食品安全事故处置

(1) 国务院组织制定国家食品安全事故应急预案。食品安全事故应急预案应当对食品安全事故分级、事故处置组织指挥体系与职责、预防预警机制、处置程序、应急保障措施等作出规定。

食品生产经营企业应当制定食品安全事故处置方案，定期检查本企业各项食品安全防范措施的落实情况，及时消除事故隐患。

(2) 发生食品安全事故的单位应当立即采取措施，防止事故扩大。事故单位和接收病人进行治疗的单位应当及时向事故发生地县级人民政府食品安全监督管理、卫生行政部门报告。

县级以上人民政府农业行政等部门在日常监督管理中发现食品安全事故或者接到事故举报，应当立即向同级食品安全监督管理部门通报。

发生食品安全事故，接到报告的县级人民政府食品安全监督管理部门应当按照应急预案的规定向本级人民政府和上级人民政府食品安全监督管理部门报告。县级人民政府和上级人民政府食品安全监督管理部门应当按照应急预案的规定上报。

任何单位和个人不得对食品安全事故隐瞒、谎报、缓报，不得隐匿、伪造、毁灭有关证据。

(3) 医疗机构发现其接收的病人属于食源性疾病病人或者疑似病人的，应当按照规定及时将相关信息向所在地县级人民政府卫生行政部门报告。县级人民政府卫生行政部门认为与食品安全有关的，应当及时通报同级食品安全监督管理部门。

县级以上人民政府卫生行政部门在调查处理传染病或者其他突发公共卫生事件中发现与食品安全相关的信息，应当及时通报同级食品安全监督管理部门。

(4) 县级以上人民政府食品安全监督管理部门接到食品安全事故的报告后，应当立即会同同级卫生行政、农业行政等部门进行调查处理，并采取措施，防止或者减轻社会危害。

发生食品安全事故需要启动应急预案的，县级以上人民政府应当立即成立事故处置指挥机构，启动应急预案，依照前款和应急预案的规定进行处置。

发生食品安全事故，县级以上疾病预防控制机构应当对事故现场进行卫生处理，并对与事故有关的因素开展流行病学调查，有关部门应当予以协助。县级以上疾病预防控制机构应当向同级食品安全监督管理、卫生行政部门提交流行病学调查报告。

（5）调查食品安全事故，应当坚持实事求是、尊重科学的原则，及时、准确查清事故性质和原因，认定事故责任，提出整改措施。

调查食品安全事故，除了查明事故单位的责任，还应当查明有关监督管理部门、食品检验机构、认证机构及其工作人员的责任。

（6）食品安全事故调查部门有权向有关单位和个人了解与事故有关的情况，并要求提供相关资料和样品。有关单位和个人应当予以配合，按照要求提供相关资料和样品，不得拒绝。

任何单位和个人不得阻挠、干涉食品安全事故的调查处理。

11. 监督管理

（1）县级以上人民政府食品安全监督管理部门根据食品安全风险监测、风险评估结果和食品安全状况等，确定监督管理的重点、方式和频次，实施风险分级管理。

（2）县级以上人民政府食品安全监督管理部门履行食品安全监督管理职责，对生产经营者遵守本法的情况进行监督检查。

（3）对食品安全风险评估结果证明食品存在安全隐患，需要制定、修订食品安全标准的，在制定、修订食品安全标准前，国务院卫生行政部门应当及时会同国务院有关部门规定食品中有害物质的临时限量值和临时检验方法，作为生产经营和监督管理的依据。

（4）县级以上人民政府食品安全监督管理部门在食品安全监督管理工作中可以采用国家规定的快速检测方法对食品进行抽查检测。

（5）县级以上人民政府食品安全监督管理部门应当建立食品生产经营者食品安全信用档案，记录许可颁发、日常监督检查结果、违法行为查处等情况，依法向社会公布并实时更新；对有不良信用记录的食品生产经营者增加监督检查频次，对违法行为情节严重的食品生产经营者，可以通报投资主管部门、证券监督管理机构和有关的金融机构。

（6）食品生产经营过程中存在食品安全隐患，未及时采取措施消除的，县级以上人民政府食品安全监督管理部门可以对食品生产经营者的法定代表人或者主要负责人进行责任约谈。食品生产经营者应当立即采取措施，进行整改，消除隐患。责任约谈情况和整改情况应当纳入食品生产经营者食品安全信用档案。

（7）县级以上人民政府食品安全监督管理等部门应当公布本部门的电子邮件地址或者电话，接受咨询、投诉、举报。接到咨询、投诉、举报，对属于本部门职责的，应当受理并在法定期限内及时答复、核实、处理；对不属于本部门职责的，应当移交有权处理的部门并书面通知咨询、投诉、举报人。有权处理的部门应当在法定期限内及时处理，不得推诿。对查证属实的举报，给予举报人奖励。

有关部门应当对举报人的信息予以保密，保护举报人的合法权益。举报人举报所在企业的，该企业不得以解除、变更劳动合同或者其他方式对举报人进行打击报复。

（8）县级以上人民政府食品安全监督管理等部门应当加强对执法人员食品安全法律、法规、标准和专业知识与执法能力等的培训，并组织考核。不具备相应知识和能力的，不得从事食品安全执法工作。

（9）县级以上人民政府食品安全监督管理等部门未及时发现食品安全系统性风险，未及时消除监督管理区域内的食品安全隐患的，本级人民政府可以对其主要负责人进行责任约谈。

（10）国家建立统一的食品安全信息平台，实行食品安全信息统一公布制度。国家食品安全总体情况、食品安全风险警示信息、重大食品安全事故及其调查处理信息和国务院确定需要统一公布的其他信息由国务院食品安全监督管理部门统一公布。食品安全风险警示信息和重大食品安全事故及其调查处理信息的影响限于特定区域的，也可以由有关省、自治区、直辖市人民政府食品安全监督管理部门公布。未经授权不得发布上述信息。

（11）县级以上地方人民政府食品安全监督管理、卫生行政、农业行政部门获知本法规定需要统一公布的信息，应当向上级主管部门报告，由上级主管部门立即报告国务院食品安全监督管理部门；必要时，可以直接向国务院食品安全监督管理部门报告。县级以上人民政府食品安全监督管理、卫生行政、农业行政部门应当相互通报获知的食品安全信息。

（12）任何单位和个人不得编造、散布虚假食品安全信息。

（13）县级以上人民政府食品安全监督管理等部门发现涉嫌食品安全犯罪的，应当按照有关规定及时将案件移送公安机关。对移送的案件，公安机关应当及时审查；认为有犯罪事实需要追究刑事责任的，应当立案侦查。

二、《中华人民共和国产品质量法》

《中华人民共和国产品质量法》（以下简称《产品质量法》），是指调整产品的生产者、销售者、用户及消费者以及政府有关行政管理部门之间，因产品质量问题而形成的权利义务关系的法律规范的总称。

该法于 1993 年 2 月 22 日第七届全国人民代表大会常务委员会第三十次会议通过；根据 2000 年 7 月 8 日第九届全国人民代表大会常务委员会第十六次会议《关于修改〈中华人民共和国产品质量法〉的决定》第一次修正；根据 2009 年 8 月 27 日第十一届全国人民代表大会常务委员会第十次会议《关于修改部分法律的决定》第二次修正；根据 2018 年 12 月 29 日第十三届全国人民代表大会常务委员会第七次会议《关于修改〈中华人民共和国产品质量法〉等五部法律的决定》第三次修正。

《产品质量法》属于产品质量基本法，是我国产品质量法律体系的基础，是全面、系统地规范产品质量问题的重要经济法，是一部包含产品质量监督管理和产品质量责任两大范畴的基本法律。

(一)《产品质量法》的立法目的和意义

1. 加强产品质量的监督管理，提高产品质量水平

《产品质量法》的制定和实施，有利于促进生产者、经营者改善经营管理，增强竞争能力。市场经济要求生产者、经营者改善和加强企业经营管理，提高产品质量，以高质量的产品树立企业形象，服务人民大众。

2. 明确产品质量责任，维护社会经济秩序

《产品质量法》明确了生产者、经营者在产品质量安全方面的责任和国家对产品质量的管理职能，有利于维护产品生产经营的正常秩序，从而保证市场经济的健康发展。

3. 保护消费者的合法权益的有效法律武器

产品质量问题涉及千家万户，目前侵害消费者合法权益的行为大量存在，维护用户和消费者的利益，就必须完善有关产品质量的法律制度。严格执行《产品质量法》，将有利于保护消费者的合法权益。

(二)《产品质量法》的调整对象和适用范围

1. 调整对象

(1) 产品质量监督管理关系　产品质量监督管理关系是指产品质量监督管理中，执行监督管理的行政机关等主体与被监督管理的对象——产品生产者、销售者发生的社会关系。通过国家采用法规形式，规范一系列关于产品质量方面的宏观管理措施。为此，产品质量法确立了质量认证制度、产品质量监督检查制度、产品质量社会监督制度、产品质量奖励制度等宏观管理措施。

(2) 产品质量的民事关系　产品质量的民事关系是指产品质量民事活动中，产品的生产者、销售者与产品用户、消费者和产品受害人发生的社会关系。这种平等主体之间因产品质量发生的社会关系，主要体现在财产关系和人身关系两个方面。为此，产品质量法确立因产品存在瑕疵，销售者必须向用户、消费者承担瑕疵担保责任；因产品存在缺陷，造成产品受害人人身、财产损害，缺陷产品的生产者、销售者必须承担侵权损害赔偿责任。

2. 适用范围

(1) 适用的主体　《产品质量法》适用的主体为我国境内的公民、法人和社会组织。凡是在中国境内从事产品生产、销售活动的公民、企业、事业单位、机关、社会组织以及个体工商业经营者，必须遵守产品质量法的规定。

(2) 适用的社会经济关系　《产品质量法》主要调整产品生产和销售两个环节。即主要调整在产品生产、销售活动中所发生的权利、义务和责任关系，重点解决生产、销售两个环节中的质量问题。也就是要从生产、销售两个重要环节能

够根治假冒伪劣产品，保证和提高我国的产品质量。

（3）适用的具体产品范围　《产品质量法》中的产品是一个特定的概念，有特定的范围，它仅是指经过加工、制作，用于销售的产品。这里所称的产品有两个特点：一是经过加工制作，也就是将原材料、半成品经过加工、制作，改变其形状、性质，成为成品，而未经加工的农产品、狩猎品等不在其列；二是用于出售，也就是进入市场用于交换的商品，不用于销售仅是自己为自己加工制作所用的物品不在其列。建设工程，包括房屋、公路、桥梁、隧道等工程不适用于本法规定；但是，建设工程使用的建筑材料，建筑构配件和设备，属于产品范围的，使用本法规定。

3. 产品质量法与专门法的关系

并不是经过加工、制作和用于销售的产品都由《产品质量法》调整，另有法律规定的则分别由有关法律进行调整，主要的有：食品安全由《食品安全法》进行调整，药品质量由《药品管理法》进行调整，建筑质量由《建筑法》进行调整，此外还有一些法律涉及特定产品的质量，则按有关法律的规定办理。《产品质量法》是产品质量普通法，而产品质量特别法是指调整某些特殊产品的专门法律，如《食品安全法》《药品管理法》《进出口商品检验法》等。

《产品质量法》与其他产品质量专门法存在的法律关系，在适用时一般根据特别法优于普通法的原则、后法优于前法的原则。所谓特别法优先原则，是指特别法有规定的应当首先适用特别法，如《食品安全法》对食品安全卫生和监督管理规定了一系列制度，对食品的监督管理，应当首先适用《食品安全法》的规定。所谓后法优于前法的原则，是指对同一种行为，前后两种法律的规定不一致，且二者均为现行有效的法律，那么，在适用法律时，一般要首先适用后来颁布的法律的规定。

除此之外，在实施的众多产品质量法中，还经常碰到同一问题而其法律、法规、规章的规定不一致的情况，适用时就要按照效力等级原则和规章、法规不得与法律相抵触原则来掌握。

（三）产品质量国家宏观管理制度

为加强质量，通过立法的形式，确立了我国对产品质量宏观调控的措施，主要有：工业产品生产许可证制度、质量认证制度、产品质量监督检查制度和产品质量社会监督制度。

1. 工业产品生产许可证制度

工业产品许可证制度是指由国家特定的行政机关，根据国家的产业政策，为保证国家需要控制的重要工业产品的质量，经过对企业质量体系检查和对产品质量检验，对符合要求的企业，以颁发证书的形式批准其生产的一种许可制度。国家对保护国家安全、保护人类健康或安全、保护动植物生命或健康、保护环境等重要工业产品实施生产许可证制度。

2. 质量认证制度

质量认证包括企业质量体系认证和产品质量认证制度。

企业质量体系认证是指由国家有关部门认可的认证机构，依据国际通用的“质量管理和质量保证标准”，按照规定的程序，对企业的质量保证体系，包括企业的质量管理制度、企业的生产、技术条件等保证产品质量的诸因素进行全面的评审，对符合条件要求的，通过颁发认证证明书的形式，证明企业的质量保证能力符合相应标准要求的活动。这里所说的“国际通用的质量标准”，主要是指国际标准化组织指定的并已经为许多国家普遍采用的ISO9000质量管理体系系列国际标准，即GB/T 19000《质量管理和质量保证标准》。

产品质量认证，是由依法取得产品质量认证资格的认证机构，依据有关的产品标准和要求，按照规定的程序，对申请认证的产品进行工厂审查和产品检验，对符合条件要求的，通过颁发认证书和认证标志以证明该项产品符合相应标准要求的活动。推行产品质量认证制度的目的，是通过对符合认证标准的产品颁发认证证书和认证标志，便于消费者识别，同时又利于提高经认证合格的企业和产品的市场信誉，增强产品的市场竞争能力，以激励企业加强质量管理，提高产品质量水平。

3. 产品质量监督检查制度

产品质量法规定国家对产品质量实行基本监督制度；明确规定生产者、销售者不得拒绝产品质量监督部门依法对其产品质量进行监督检查，对拒绝检查的有关产品质量按不合格论处。

产品质量监督检查，是指县级以上人民政府技术监督行政部门及法律规定的其他部门，依据国家法律、法规的规定，遵循各级人民政府赋予的职权，代表政府履行职责、执行公务，对生产领域、流通领域的产品质量实施监督的一种具体行政行为。它既是一项强制性的行政措施，又是一项强化产品质量监督的法制手段。

4. 产品质量社会监督制度

社会监督是指除国家权力机关以外的民间监督，包括来自个人、企事业单位、社会团体及其他组织的民间监督。用户和消费者具有查询权和申诉权。保护消费者权益的社会组织对产品质量进行社会监督，既是履行保护消费者合法权益的职责的具体体现，又是消费者行使产品质量监督权的具体方式。

（四）生产者的法定产品质量义务

产品质量义务是指法律、法规所规定的产品质量法律关系主体必须做出或者不得做出一定行为的要求。《产品质量法》规定的产品质量义务根据产品质量法律规范产生，并以国家强制力保障履行。《产品质量法》规定生产者的产品质量义务主要有：保证产品内在质量符合规定，保证产品标识符合要求，产品包装必须符合规定的要求，禁止生产假冒伪劣产品等。

（五）销售者的法定产品质量义务

《产品质量法》规定销售者四个方面的产品质量义务：①严格执行进货检查验收制度，验明产品合格证；②采取措施，保持销售产品的原有质量；③保证销售产品的标识符合法律规定；④严禁销售假冒伪劣产品，即不得销售失效、变质产品，不得伪造产地，不得伪造或者冒用他人的厂名、厂址，不得伪造或者冒用认证标志、名优标志等质量标志，不得在产品中掺杂、掺假，不得以次充好，不得以不合格产品冒充合格产品等。

（六）产品质量的民事责任

本法第四章对有关产品质量的民事责任问题作了规定，包括两类：一类是有关产品质量问题的合同责任。产品的出售和购买，在销售者和购买者之间构成买卖合同关系，不论这种合同关系式以事先订立书面合同的形式出现，还是以销售者与零售商之间用即时清结方式买卖商品的形式出现。在商品买卖合同关系中，销售者应在合理范围内，对其出售商品的质量向购买者承担合理的保证责任。违反这一责任的，构成买卖合同中的产品质量违约行为，应依照本法第四十条的规定及合同法的有关规定承担包括修理、更换、退货及赔偿损失的违约责任。另一类是因产品存在缺陷给他人人身、财产造成损害的侵权责任，即通常所说的产品责任。

（七）产品质量的行政责任

行政责任一般分为行政处罚和行政处分两类。行政处罚是对有行政违法的单位或个人给予的行政制裁。按照行政处罚法的规定，行政处罚的种类包括警告、罚款、没收财产、责令停止生产或停止营业、吊销营业执照等。行政处分是对国家机关工作人员及由国家机关委派到企业单位任职的人员的违法行为由所在单位或者其上级主管机关所给与的一种制裁性处理。按照行政监察法及国务院的有关规定，行政处分的种类包括警告、记过、降级、降职、撤职、开除等。

在产品质量法中，分别对包庇、放纵产品生产、销售中的违反本法规定行为的国家机关工作人员，对产品质量监督部门在产品质量监督抽查中超过规定索取样品或者向被抽查者收取检验费用的行为负有直接责任的主管人员和其他直接责任人员，对产品质量监督部门或者其他国家机关违反法律规定向社会推荐产品或者以监制、监销等方式参与产品经营活动的行为负有直接责任的主管人员和其他直接责任人员，以及产品质量监督部门或者工商行政管理部门的工作人员不依法履行对产品质量的监督职责，滥用职权、玩忽职守、徇私舞弊，但尚未构成犯罪的行为，应依法给予行政处分。

（八）产品质量的刑事责任

刑事责任是指依照刑法规定构成犯罪的严重违法行为所应承担的法律后果。追究刑事责任的方式，是依照刑法的规定给予刑事制裁。刑法的第三章第一节，对生产、销售伪劣商品构成犯罪的行为的刑事责任做了具体规定。

三、《中华人民共和国农产品质量安全法》

《中华人民共和国农产品质量安全法》（以下简称《农产品质量安全法》）经2006年4月29日第十届全国人民代表大会常务委员会第二十一次会议通过，中华人民共和国主席令（第四十九号）公布，2018年10月26日第十三届全国人民代表大会常务委员会第六次会议修正，2022年9月2日第十三届全国人民代表大会常务委员会第三十六次会议修订，2023年1月1日正式实施。

（一）修订《农产品质量安全法》的背景及意义

《农产品质量安全法》是2006年制定的，2018年对个别条款进行了修正，对规范农产品生产经营活动、保障农产品质量安全发挥了重要作用。近年来，我国食品安全和农产品质量安全整体形势不断好转，主要农产品例行监测合格率稳定保持在97%以上。但是，农产品质量安全还存在一些问题和短板，人民群众对农产品农兽药残留超标、重金属超标、非法添加有毒有害物质等问题非常关心。2018年，全国人大常委会进行《农产品质量安全法》执法检查，在充分肯定现行法公布实施以来取得显著成效的同时，也指出一些条款已明显不适应当前农产品质量安全监管形势，操作性不强、实施难度大，存在处罚过轻、违法成本太低等问题，建议抓紧修订《农产品质量安全法》。修改《农产品质量安全法》列入十三届全国人大常委会立法规划和2021年度立法工作计划。2022年9月2日，全国人大常委会第三十六次会议表决全票通过了修订后的《农产品质量安全法》。2023年1月1日起，正式施行。修订后的《农产品质量安全法》贯彻落实党中央决策部署，按照“四个最严”（最严谨的标准、最严格的监管、最严厉的处罚、最严肃的问责）的要求，完善农产品质量安全监督管理制度，做好与《食品安全法》的衔接，实现从田间地头到百姓餐桌的全过程、全链条监管，确保人民群众“舌尖上的安全”。

（二）新修订《农产品质量安全法》的主要内容

新修订的《农产品质量安全法》主要包括总则、农产品质量安全风险管理和标准制定、农产品产地、农产品生产、农产品销售、监督管理、法律责任、附则，共八章八十一条，比原法新增了二十五条，进一步明确了各级政府、有关部门和各类主体法律责任，优化完善农产品质量安全风险管理与标准制定，建立健全产地环境管控、承诺达标合格证、农产品追溯、责任约谈等管理制度，并加大了对违法行为的处罚力度。

1. 压实农产品质量安全各方责任

把农户、农民专业合作社、农业生产企业及收储运环节等都纳入监管范围，明确农产品生产经营者应当对其生产经营的农产品质量安全负责，落实主体责任；针对出现的新业态和农产品销售的新形式，规定了网络平台销售农产品的生产经营者、从事农产品冷链物流的生产经营者的质量安全责任，还规定了农产品批发市场、农产品销售企业、食品生产者等的检测、合格证明查验等义务，明确各环节的责任。同时，地方人民政府应当对本行政区域的农产品质量安全工作负责，对农产品质量安全工作不力、问题突出的地方人民政府，上级人民政府可以对其主要负责人进行责任约谈、要求整改，落实地方属地责任。

2. 强化农产品质量安全风险管理和标准制定、实施

农产品质量安全工作实行源头治理、风险管理、全程控制的原则，在具体制度上，通过农产品质量安全风险监测计划和实施方案、评估制度等，加强对重点区域、重点农产品品种的风险管理。适应农产品质量安全全过程监管需要，进一步明确农产品质量安全标准的范围、内容，确保农产品质量安全标准作为国家强制执行的标准的严格实施。

3. 完善农产品生产经营全过程管控措施

一是加强农产品产地环境调查、监测和评价，划定特定农产品禁止生产区域。二是对农药、肥料、农用薄膜等农业投入品及其包装物和废弃物的处置作了规定，防止对产地造成污染。三是对农产品生产企业和农民专业合作社、农业社会化服务组织作出针对性规定，建立农产品质量安全管理制度，鼓励建立、实施危害分析和关键控制点体系，实施良好农业规范。四是建立农产品承诺达标合格证制度，要求农产品生产企业、农民专业合作社、从事农产品收购的单位或者个人按照规定开具承诺达标合格证，承诺不使用禁用的农药、兽药及其他化合物且使用的常规农药、兽药残留不超标等。同时，明确农产品批发市场应当建立健全农产品承诺达标合格证查验等制度。五是对列入农产品质量安全追溯名录的农产品实施追溯管理。鼓励具备条件的农产品生产经营者采集、留存生产经营信息，逐步实现生产记录可查询、产品流向可追踪、责任主体可明晰。

4. 增强农产品质量安全监督管理的实效

一是明确农业农村主管部门、市场监督管理部门按照“三前”“三后”（以是否进入批发、零售市场或者生产加工企业划分）分阶段监管，在此基础上，强调农业农村主管部门和市场监督管理部门加强农产品质量安全监管的协调配合和执法衔接。二是，明确农业农村主管部门建立健全随机抽查机制，按照农产品质量安全监督抽查计划开展监督抽查。三是，加强农产品生产日常检查，重点检查产地环境、农业投入品，建立农产品生产经营者信用记录制度。四是，推动建立社会共治体系，鼓励基层群众性自治组织建立农产品质量安全信息员工作制度协助开展有关工作，鼓励消费者协会和其他单位或个人对农产品质量安全进行社会监督，对农产品质量安全监督管理工作提出意见建议；新闻媒体应当开展农产品质量安全法律法规和知识的公益宣传，对违法行为进行舆论监督。

5. 加大对违法行为的处罚力度

与《食品安全法》相衔接，提高在农产品生产经营过程中使用国家禁止使用

的农业投入品或者其他有毒有害物质，销售农药、兽药等化学物质残留或者含有的重金属等有毒有害物质超标的农产品的罚款处罚额度；构成犯罪的，依法追究刑事责任。同时，考虑到我国国情、农情，对农户的处罚与其他农产品生产经营者相比，相对较轻。

四、《中华人民共和国标准化法》

《中华人民共和国标准化法》（以下简称《标准化法》）由中华人民共和国第七届全国人民代表大会常务委员会第五次会议于 1988 年 12 月 29 日通过，2017 年 11 月 4 日第十二届全国人民代表大会常务委员会第三十次会议修订，自 2018 年 1 月 1 日起施行。

（一）《标准化法》的立法目的和意义

为了发展社会主义市场经济，促进技术进步，改进产品质量，提高社会主义经济效益，维护国家和人民的利益，国家制定了《标准化法》，通过标准化立法，使标准化工作适应社会主义现代化建设和发展对外经济关系的需要。

（二）《标准化法》的内容体系

《标准化法》共六章四十五条，包括标准化工作的管理、标准化的制定、标准化的实施与监督及法律责任等内容。

国务院标准化行政主管部门统一管理全国标准化工作，国务院有关行政主管部门分工管理本部门、本行业的标准化工作，省、自治区、直辖市人民政府标准化行政主管部门统一管理本行政区域的标准化工作。

国家鼓励采用国际标准化和国外新近标准化，积极参与制定国际标准化。

标准依据适用范围分为国家标准、行业标准、地方标准化和企业标准。国家标准、行业标准分为强制性标准和推荐性标准。

强制性标准包括：药品标准、食品卫生标准、兽药标准；产品及产品生产、储运和使用中的安全、卫生标准，劳动安全、卫生标准，运输安全标准；工程建设的质量、安全、卫生标准及国家需要控制的其他工程建设标准；环境保护的污染物排放标准和环境质量标准；重要的通用技术术语、符号、代号和制图方法；通用的试验、检验方法标准；互换配合标准；国家需要控制的重要产品质量标准。

强制性标准以外的标准是推荐性标准。

五、《中华人民共和国商标法》

1982 年 8 月 23 日第五届全国人民代表大会常务委员会第二十四次会议通过根据 1993 年 2 月 22 日第七届全国人民代表大会常务委员会第三十次会议《关于修改〈中华人民共和国商标法〉的决定》第一次修正；根据 2001 年 10 月 27 日第九届

全国人民代表大会常务委员会第二十四次会议《关于修改〈中华人民共和国商标法〉的决定》第二次修正；根据2013年8月30日第十二届全国人民代表大会常务委员会第四次会议《关于修改〈中华人民共和国商标法〉的决定》第三次修正；2019年4月23日第十三届全国人民代表大会常务委员会第十次会议第四次修正。

《中华人民共和国商标法》（以下简称《商标法》）对于加强商标管理，保护商标专用权，促使生产者保证商品质量和维护商标信誉，保障消费者利益，促进社会主义商品经济的发展，有举足轻重的意义。

《商标法》共八章七十三条，主要规定了商标法调整的范围、法的基本原则，商标注册的申请，商标注册的审查和核准，注册商标的续展、转让和使用许可，注册商标争议的裁定，商标使用的管理，注册商标专用权的保护。

国家严厉禁止侵犯注册商标专用权，违法者依其情节和后果，处以相应处罚。

六、《中华人民共和国计量法》

《中华人民共和国计量法》（以下简称《计量法》）于1985年9月6日第六届全国人民代表大会常务委员会第十二次会议通过。根据2009年8月27日第十一届全国人民代表大会常务委员会第十次会议《关于修改部分法律的决定》第一次修正；根据2013年12月28日第十二届全国人民代表大会常务委员会第六次会议《关于修改〈中华人民共和国海洋环境保护法〉等七部法律的决定》第二次修正；根据2015年4月24日第十二届全国人民代表大会常务委员会第十四次会议《关于修改〈中华人民共和国计量法〉等五部法律的决定》第三次修正；根据2017年12月27日第十二届全国人民代表大会常务委员会第三十一次会议《关于修改〈中华人民共和国招标投标法〉、〈中华人民共和国计量法〉的决定》第四次修正。

《计量法》是我国建立计量法律制度的依据，自实施以来，在加强计量监督管理、保障国家计量单位制度的统一和量值的准确可靠、促进生产、贸易和科学技术的发展、适应社会进步和国民经济建设的需要、维护国家和人民的利益等方面做出了巨大的贡献。

（一）调整范围和对象

《计量法》调整的地域是中华人民共和国境内。调整对象，一是机关、团体、部队、企事业单位和个人在建立计量基准和标准器具，进行计量检定、制造、修理、销售、使用计量器具等方面的各种法律关系；二是使用计量单位，实施计量监督管理等方面发生的各种法律关系。

（二）我国的法定计量单位

国家采用国际单位制单位。国家法定计量单位包括国际单位制单位、国家规定的其他计量单位或由以上两种单位构成的组合单位。

（三）计量监督管理

为保障国家计量单位统一和量值准确可靠，《计量法》规定建立计量监督管理制度。我国的计量监督管理实行统一领导、分级负责的监督管理体制。从全国整体看，国家、部门、企事业单位三者的计量监督是相辅相成的，各有侧重，互为补充，从而构成了一个协调有序的计量监督网络。

（四）计量器具监督管理的具体规定

对计量器具管理，实行制造（或修理）计量器具许可证制度。县级以上人民政府计量行政部门根据需要可设计量监督员和计量检定机构。

计量器具是指能用以直接或间接测出被测对象量值的装置、仪器仪表、量具和用于统一量值的最高依据。计量器具是实施全国量值统一的重要手段，也是计量监督管理的重点。

七、《中华人民共和国进出口商品检验法》

《中华人民共和国进出口商品检验法》（以下简称《进出口商品检验法》）1989年2月21日第七届全国人民代表大会常务委员会第六次会议通过。根据2002年4月28日第九届全国人民代表大会常务委员会第二十七次会议《关于修改〈中华人民共和国进出口商品检验法〉的决定》第一次修正；根据2021年4月29日第十三届全国人民代表大会常务委员会第二十八次会议通过的《全国人民代表大会常务委员会关于修改〈中华人民共和国道路交通安全法〉等八部法律的决定》第五次修正。《进出口商品检验法》共有六章三十九条，其要点和基本规范如下所述。

（一）立法目的

制定《进出口商品检验法》的目的是为了规范进出口商品检验行为，使中国商检法制度更明确地发挥规范作用，以利于在法治的轨道上加强中国的进出口商品检验工作，建立、健全商检法治，增强商检活动中的法制观念，保证实现商检立法维护社会共同利益，维护进出口贸易有关各方合法权益，促进对外经济贸易顺利发展。

（二）法定体系

中国进出口商品检验的体质是由法律确定的，在这个体制中机构的设置或取得认可以及各自的地位和职责都由法律规定。这一体制分为三个层次：一是国务院设立进出口商品检验部门，主管全国进出口商品检验工作；二是国家商检部门在各地设立商检机构，管理各所辖地区的进出口商品检验工作；三是经国家商检部门许可的检验机构，可以接受对外贸易关系人或者外国检验机构的委托，办理进出口商品检验鉴定业务。

（三）商品检验的内容和根据

1. 商品检验的内容在法律上被界定为合格评定活动

合格评定活动是指直接或者间接地确定必须实施检验的进出口商品是否满足

国家技术规范的强制性要求的活动。合格评定程序是指直接或者间接地确定必须实施检验的进出口商品是否满足国家技术法规的强制性要求的程序。合格评定程序包括：抽样、检验和检查；评估、验证和合格保证；注册、认可和批准以及各项的组合。

2. 确定了列入目录的进出口商品，按照国家技术规范的强制性要求进行检验

这里所表述的国家技术规范的强制性要求，是与《技术性贸易壁垒协定》中表述的技术法规、中国标准化法中表述的强制性标准相对应的，即相同的内容不同的表述，所以如此表述，实质上是为了做好衔接。

3. 进口商品的检验

在《进出口商品检验法》中，对进口商品的检验与出口商品的检验分别做出规定，因为两者各有一些特殊性。至于共同的规则，都集中在这部法律的总则和监督管理两章中做出规定。

关于进口商品的检验，《进出口商品检验法》对有关事项主要做如下规定。

（1）属于法定检验的进口商品，其收货人或者其代理人，应当向报关地的商检机构报检。

（2）属于法定检验的进口商品，其收货人或者其代理人，应当在商检机构规定的地点和期限内，接受商检机构对该商品的检验。

（3）商检机构应当在国家商检部门统一规定的期限内检验完毕，并出具检验单证。

（4）海关凭商检机构签发的货物通关证明验放。

（5）法定检验以外的进口商品的收货人，发现进口商品质量不合格或者残损短缺，需要由商检机构出证索赔的，应当向商检机构申请检验出证。

（6）重要的进口商品和大型的成套设备，在出口国进行预检验、监造或者监装，商检机构可以根据需要派出检验人员参加。

4. 出口商品的检验

《进出口商品检验法》对出口商品也是根据对进出口商品检验的合法目标的规定进行检验，除在这部法律的总则中所做规定外还有以下几项规定。

（1）法定检验的出口商品，其发货人或者代理人，应当按照规定的地点和期限向商检机构报检。

（2）检验机构按规定期限检验完毕，并出具检验单证。

（3）属于商检法规定必须实施检验的出口商品，海关凭商检机构签发的货物通关证明验收。

（4）经商检机构检验合格发给检验单证的出口商品，应在其规定期限内报关出口，超过期限的重新报检。

（5）为出口危险货物生产包装容器的企业，必须申请商检机构进行包装容器的性能鉴定；生产出口危险货物的企业，必须申请商检机构进行包装容器的使用

鉴定；使用经鉴定合格的包装容器的危险货物，不准出口。

（6）对装运出口易腐烂变质食品的船舱和集装箱，承运人或者装箱单位必须在装前申请检验，未经检验合格的不准装运。

5. 监督管理制度

（1）抽查检验　这是指商检法所规定的，商检机构对法定检验的商品以外的进出口商品，根据国家规定实施抽查检验；国家商检部门可以公布抽查检验结果或者向有关部门通报抽查检验状况。之所以采取这种处置方式，是因为抽查检验的进出口商品不是法定检验的进出口商品，不采用由商检机构签发货物通关证明的方式。

（2）出厂前的质量监督管理和检验　这是指《进出口商品检验法》中为便利对外贸易的需要，支持出口商品生产者提高质量，适应出口商品的法定检验目标而规定由商检机构实施的一项特定的制度，即可以按照国家规定对列入目录的出口商品进行出厂前的质量监督管理和检验。

（3）报检代理人的管理　在修改后的商检法中，报检代理人具有了合法的地位，因而对其管理也做出了相应的、制度性的规定，即为进出口货物的收发货人办理报检手续的代理人应当在商检机构进行注册登记；办理报检手续时应当向商检机构提交授权委托书。

（4）对经许可的检验机构的监督管理　在这方面主要有两项基本规定：一是管理方面的，即国家商检部门可以按照国家有关规定，通过考核，许可符合条件的国内外商检机构承担委托的进出口商品检验鉴定义务；二是监督方面的，即国家商检部门和商检机构依法对经许可的商品检验鉴定业务活动进行监督，可以对其检验的商品抽查检验。

（5）使用质量认证标志　这是一种特定的认证，并根据认证的结果做出标示。《进出口商品检验法》的规定是：商检机构可获根据国家商检部门同外国有关机构签订的协议或者接受外国有关机构的委托进行进出口商品质量认证工作，准许在认证合格的进出口商品上使用质量认证标志。

（6）验证管理　这是《进出口商品检验法》修改后所规定的一项管理制度，也包含着监督的内容，它的具体内容是，商检机构依照《进出口商品检验法》对实施许可制度的进出口商品实行验证管理，查验单证，核对证货是否相符。

（7）加施商检标志、封识　这是一种监督管理的措施，明确商检机构根据需要，对检验合格的进出口商品，可加施商检标志或者封识。应当加以区别的是，商检标志或者封识，只是加施的性质，并不是代替进出口商品上的其他标志、封识。法律上对此有明确界定，确定了这种标志或封识的特定作用。

（8）复验、复议、诉讼　这是三个不同的概念，在《进出口商品检验法》中反映了不同的法律关系，有不同的规范，具体有以下几个方面。

①复验：这是指进出口商品的报检人对商检机构做出的检验结论有异议的，

可以向原商检机构或者其上级商检机构以至国家商检部门申请复验，由受理复验的商检机构或者国家商检部门及时做出复验结论。

②行政复议：这是在复验之后或者受到行政处罚之后提出的，具体就是当事人对商检机构、国家商检部门做出的复验结论不服或者对商检机构做出的处罚决定不服的，可以依法申请行政复议。

③提起诉讼：这是指当事人对商检机构、国家商检部门做出的复验结论不服或者对商检机构做出的处罚决定不服的，可以直接向人民法院提起诉讼，不必将申请复议作为法定的前置条件，这样可以使当事人的合法权益得到更充分的保护。

6. 执法机构、执法人员的行为规范

对于商检部门和商检机构的工作人员，《进出口商品检验法》不但为其规定了行为规范，而且还规定了违反法定的行为规范而应承担的法律责任，只有这样，行为规范才是有威力的，执法活动才能遵循法制的轨道。规定的两项内容具体如下所述。

（1）国家商检部门、商检机构的工作人员违反商检法规定，泄露所知悉的商业秘密的，依法给予行政处分，有违法所得的，没收违法所得；构成犯罪的，依法追究刑事责任。

（2）国家商检部门、商检机构的工作人员滥用职权，故意刁难的，徇私舞弊，伪造检验结果的，或者玩忽职守，延误检验出证的，依法给予行政处分；构成犯罪的，依法追究刑事责任。

7. 关于法律责任

《进出口商品检验法》的法律责任共有六条，其内容在前面都已经述及。其立法目的在于通过依法追究责任，惩处违法行为，维护进出口商品检验的法律秩序，规范执法行为，使中国的商检在社会经济发展和对外开放中发挥更为积极有效的作用。

八、《中华人民共和国专利法》

《中华人民共和国专利法》（以下简称《专利法》）是调整因发明创造的归属和实施而产生的各种社会关系的法律。《专利法》于 1984 年 3 月 12 日第六届全国人民代表大会常务委员会第四次会议通过，根据 1992 年 9 月 4 日第七届全国人民代表大会常务委员会第二十七次会议《关于修改〈中华人民共和国专利法〉的决定》第一次修正，根据 2020 年 10 月 17 日第十三届全国人民代表大会常务委员会第二十二次会议《关于修改〈中华人民共和国专利法〉的决定》第四次修正，修订后自 2021 年 6 月 1 日起施行。

《专利法》共八章八十二条，主要内容包括：授予专利权的条件、专利的申请和审查批准程序，专利权归属人的权利和义务，专利权的期限、终止和无效，专利实施的强制许可和专利权的保护等。

(一) 总则

(1) 本法所称的发明创造是指发明、实用新型和外观设计。

(2) 国务院专利行政部门负责管理全国的专利工作；统一受理和审查专利申请，依法授予专利权。

(3) 执行本单位的任务或者主要是利用本单位的物质技术条件所完成的发明创造为职务发明创造。职务发明创造申请专利的权利属于该单位；申请被批准后，该单位为专利权人。

非职务发明创造，申请专利的权利属于发明人或者设计人；申请被批准后，该发明人或者设计人为专利权人。

利用本单位的物质技术条件所完成的发明创造，单位与发明人或者设计人订有合同，对申请专利的权利和专利权的归属作出约定的，从其约定。

(4) 专利申请权和专利权可以转让。

(二) 授予专利权的条件

(1) 授予专利权的发明和实用新型，应当具备新颖性、创造性和实用性。

(2) 申请专利的发明创造在申请日以前六个月内，有下列情形之一的，不丧失新颖性：

①在中国政府主办或者承认的国际展览会上首次展出的。

②在规定的学术会议或者技术会议上首次发表的。

③他人未经申请人同意而泄露其内容的。

(三) 专利的申请

(1) 申请发明或者实用新型专利的，应当提交请求书、说明书及其摘要和权利要求书等文件。申请外观设计专利的，应当提交请求书、该外观设计的图片或者照片以及对该外观设计的简要说明等文件。

(2) 申请人要求优先权的，应当在申请的时候提出书面声明，并且在三个月内提交第一次提出的专利申请文件的副本；未提出书面声明或者逾期未提交专利申请文件副本的，视为未要求优先权。

(3) 申请人可以对其专利申请文件进行修改，但是，对发明和实用新型专利申请文件的修改不得超出原说明书和权利要求书记载的范围，对外观设计专利申请文件的修改不得超出原图片或者照片表示的范围。

(四) 专利申请的审查和批准

(1) 国务院专利行政部门收到发明专利申请后，经初步审查认为符合本法要求的，自申请日起满十八个月，即行公布。

(2) 发明专利申请自申请日起三年内，国务院专利行政部门可以根据申请人随时提出的请求，对其申请进行实质审查。

(3) 实用新型和外观设计专利申请经初步审查没有发现驳回理由的，由国务院专利行政部门作出授予实用新型专利权或者外观设计专利权的决定，发给相应的专利证书，同时予以登记和公告。实用新型专利权和外观设计专利权自公告之日起生效。

（五）专利权的期限、终止和无效

（1）发明专利权的期限为二十年，实用新型专利权和外观设计专利权的期限为十年，均自申请日起计算。

（2）专利权人应当自被授予专利权的当年开始缴纳年费。

（3）有下列情形之一的，专利权在期限届满前终止：

①没有按照规定缴纳年费的。

②专利权人以书面声明放弃其专利权的。

（4）自国务院专利行政部门公告授予专利权之日起，任何单位或者个人认为该专利权的授予不符合本法有关规定的，可以请求专利复审委员会宣告该专利权无效。

（六）专利权的保护

（1）发明或者实用新型专利权的保护范围以其权利要求的内容为准，说明书及附图可以用于解释权利要求的内容。

（2）外观设计专利权的保护范围以表示在图片或者照片中的该产品的外观设计为准，简要说明可以用于解释图片或者照片所表示的该产品的外观设计。

（3）未经专利权人许可，实施其专利，即侵犯其专利权，引起纠纷的，由当事人协商解决；不愿协商或者协商不成的，专利权人或者利害关系人可以向人民法院起诉，也可以请求管理专利工作的部门处理。

（4）专利侵权纠纷涉及新产品制造方法的发明专利的，制造同样产品的单位或者个人应当提供其产品制造方法不同于专利方法的证明。

（5）在专利侵权纠纷中，被控侵权人有证据证明其实施的技术或者设计属于现有技术或者现有设计的，不构成侵犯专利权。

（6）违反本法第二十条规定向外国申请专利，泄露国家秘密的，由所在单位或者上级主管机关给予行政处分；构成犯罪的，依法追究刑事责任。

（7）从事专利管理工作的国家机关工作人员以及其他有关国家机关工作人员玩忽职守、滥用职权、徇私舞弊，构成犯罪的，依法追究刑事责任；尚不构成犯罪的，依法给予行政处分。

九、《中华人民共和国进出境动植物检疫法》

《中华人民共和国进出境动植物检疫法》（以下简称《动植物检疫法》）于1991年经第七届全国人大常委会第二十二次会议审议通过，根据2009年中华人民共和国第十一届全国人民代表大会常务委员会第十次会议《全国人民代表大会常务委员会关于修改部分法律的决定》进行修正。《动植物检疫法》共八章五十条。

《动植物检疫法》是中国颁布的第一部动植物检疫法律，是中国动植物检疫史上一个重要的里程碑，它以法律的形式明确了动植物检疫的宗旨、性质、任务，为口岸动植物检疫工作提供了法律依据和保证。

（一）总则

进出境的动植物、动植物产品和其他检疫物，装载动植物、动植物产品和其他检疫物的装载容器、包装物，以及来自动植物疫区的运输工具，依法实施检疫。禁止下列各物进境：动植物病原体（包括菌种、毒种等）、害虫及其他有害生物；动植物疫情流行的国家和地区的有关动植物、动植物产品和其他检疫物；动物尸体。国务院农业行政主管部门主管全国进出境动植物检疫工作；口岸动植物检疫机关实施检疫的职责。

（二）进境检疫

输入动物、动物产品、植物种子、种苗、其他繁殖材料及部分粮食类必须提出申请，办理检疫审批手续，应当在进境口岸实施检疫；未经口岸动植物检疫机关的同意，不得卸离运输工具；输入动植物、动植物产品和其他检疫物，经检验合格的，准予进境；输入动植物、动植物产品和其他检疫物，需调离海关监管区检疫的，海关凭口岸动植物检疫机关签发的《检疫调离通知单》验放。

（三）出境检疫

动植物、动植物产品和其他检疫物，由口岸动植物检疫机关实施检疫，经检疫合格或者经除害处理合格的，准予出境。经检疫合格的动植物、动植物产品和其他检疫物，若更改输入国家或者地区，在该国家或者地区又有不同检疫要求的；改换包装或者后来拼装的；超过检疫规定有效期的，货主或者其代理人应当重新报验。

（四）过境检疫

要求运输动植物过境的，必须事先征得中国国家动植物检疫机关同意，并按照指定口岸和路线过境。

（五）运输工具检疫

来自动植物疫区的船舶、飞机、火车抵达口岸时，由口岸动植物检疫机关实施检疫。发现有本法第十八条规定名录所列病虫害的，作不准带离运输工具、除害、封存或者销毁处理。

（六）《动植物检疫法》的法律责任

根据《中华人民共和国国境卫生检疫法》及其实施细则、《中华人民共和国进出境动植物检疫法》及其实施条例的规定，凡具有下列情形的，将被检验检疫机关处以最高可达50000元人民币的罚款，情节严重者将被追究刑事责任：①携带动植物、动植物产品、废旧产品、微生物、人体组织、生物制品、血液及其制品入境，未主动申报或未依法办理检疫审批手续或未按检疫审批执行的；②拒绝接受检疫或者抵制卫生监督，拒不接受卫生处理的；③不如实申报疫情，伪造或者涂改检疫单证的；④隐瞒疫情或者伪造情节的。

动植物检疫机关检疫人员滥用职权，徇私舞弊，伪造检疫结构，或者玩忽职守，延误检疫出证，构成犯罪的，依法追究刑事责任；不构成犯罪的，给予行政处分。

项目二
中国食品法规

一、卫生监督管理制度

我国实行食品卫生工作的监督制度。国务院卫生行政部门主管全国卫生监督工作；县级以上地方人民政府卫生行政部门在辖内行使食品卫生监督职责；铁道、交通行政主管部门设立的食品卫生监督机构，行使国务院卫生行政部门会同国务院有关部门规定的食品卫生监督职责。其代表国家对食品生产经营者的制造、销售过程和食品的安全卫生进行监督，对违法者施行行政裁决。该制度具有强制性和权威性。

（一）许可证制度

国家授权各级卫生行政部门在审查、认定食品生产经营单位的生产、卫生条件、产品工艺、配方等，符合保证消费者健康和生命安全的条件下，方可颁发“食品卫生许可证”。没有取得食品卫生许可证的企业，不得生产和经营该产品。

（二）安全性监督制度

国家授权食品卫生监督机构负责本辖区的食品卫生和安全监督工作。具体有：①对食品生产经营单位的预防性卫生监督（即审查厂址选择、设备、布局的设计历程是否符合要求等）；②食品卫生的监督、监测、宣传、培训；③对食物中毒、食品污染事故进行调查处理；④执行《中华人民共和国食品安全法》规定的行政处罚等。

（三）实行安全性证明和有效证明的原则

利用新资源生产的食品、食品添加剂的新品种，利用新的原材料生产的食品容器、包装材料和食品用工具、设备的新品种，在投产前，厂方必须按规定提出资料，按法定程序报批。

食品添加剂由主管部门会同同级卫生部门定点生产，不准经营使用非指定工厂生产的食品添加剂，不准经营使用不符合卫生标准和卫生管理办法的食品添加剂、食品容器、包装材料、食品用工具和设备。

采购食品时，应按规定索取检验合格证或化验单。

（四）对商标标志和广告的卫生管理

某些产品（如婴幼儿食品和特殊营养食品）等标志要先经批准后才能用，对其他标志要抽查、监督，对广告宣传中的虚假、夸大内容要严格禁止。

（五）违法者造成健康危害的应承担法律责任

违法者造成健康危害的应视情节和后果予以行政处罚，并依法处理受害者的损害赔偿要求；对构成犯罪的，由司法机关处理，并积极协助查清事实。

二、 产品质量监督抽查制度

《产品质量监督抽查管理暂行办法》于2019年11月8日经国家市场监督管理总局2019年第14次局务会议审议通过，自2020年1月1日起施行。

本办法所称监督抽查，是指市场监督管理部门为监督产品质量，依法组织对在中华人民共和国境内生产、销售的产品进行抽样、检验，并进行处理的活动。监督抽查分为由国家市场监督管理总局组织的国家监督抽查和县级以上地方市场监督管理部门组织的地方监督抽查。

国家市场监督管理总局负责统筹管理、指导协调全国监督抽查工作，组织实施国家监督抽查，汇总、分析全国监督抽查信息。省级市场监督管理部门负责统一管理本行政区域内地方监督抽查工作，组织实施本级监督抽查，汇总、分析本行政区域监督抽查信息。市级、县级市场监督管理部门负责组织实施本级监督抽查，汇总、分析本行政区域监督抽查信息，配合上级市场监督管理部门在本行政区域内开展抽样工作，承担监督抽查结果处理工作。

监督抽查所需样品的抽取、购买、运输、检验、处置以及复查等工作费用，按照国家有关规定列入同级政府财政预算。

生产者、销售者应当配合监督抽查，如实提供监督抽查所需材料和信息，不得以任何方式阻碍、拒绝监督抽查。

同一市场监督管理部门不得在六个月内对同一生产者按照同一标准生产的同一商标、同一规格型号的产品进行两次以上监督抽查，被抽样生产者、销售者在抽样时能够证明同一产品在六个月内经上级市场监督管理部门监督抽查的，下级市场监督管理部门不得重复抽查（对监督抽查发现的不合格产品的跟踪抽查和为应对突发事件开展的监督抽查除外）。

监督抽查实行抽检分离制度。除现场检验外，抽样人员不得承担其抽样产品的检验工作。

组织监督抽查的市场监督管理部门应当按照法律、行政法规有关规定公开监督抽查结果。未经组织监督抽查的市场监督管理部门同意，任何单位和个人不得擅自公开监督抽查结果。

三、《定量包装商品计量监督管理办法》

定量包装商品因其方便、卫生、存放时间长等特点，备受广大消费者的欢迎，市场占有份额越来越大。据不完全统计，目前市场上销售的商品中，大约有70%都是定量包装。由于企业素质、包装设备水平和计量管理能力参差不齐，导致定量包装商品净含量水平差异较大，从而引发了不少计量纠纷，需要尽快完善规章，加大和强化监管力度。为此，国家质检总局颁布了《定量包装商品计量监督管理办法》，并于2006年1月1日强制施行。

《定量包装商品计量监督管理办法》的实施标志着我国定量包装商品计量监督管理开始与相关国际规则接轨，计量监督更加规范、科学、合理、公平。《定量包装商品计量监督管理办法》对抽样检验环节的修正补偿、监督检查环节的行政处罚等各个方面均进行了补充和完善。

四、《食品生产许可管理办法》

《食品生产许可管理办法》是国家市场监督管理总局为规范食品、食品添加剂生产许可活动，加强食品生产监督管理，保障食品安全而制定的部门规章。2019年12月23日，经国家市场监督管理总局2019年第18次局务会议审议通过，2020年1月2日由国家市场监督管理总局令24号发布，自2020年3月1日起施行。

对公众来说最直观的变化是，食品包装袋上印制的"QS"标识（全国工业产品生产许可证），将被"SC"（食品生产许可证）替代。"QS"体现的是由政府部门担保的食品安全，"SC"则体现了食品生产企业在保证食品安全方面的主体地位，而监管部门则从单纯发证，变成了事前事中事后的持续监管。

（一）总则

第一条　为规范食品、食品添加剂生产许可活动，加强食品生产监督管理，保障食品安全，根据《中华人民共和国行政许可法》《中华人民共和国食品安全法》《中华人民共和国食品安全法实施条例》等法律法规，制定本办法。

第二条　在中华人民共和国境内，从事食品生产活动，应当依法取得食品生产许可。

食品生产许可的申请、受理、审查、决定及其监督检查，适用本办法。

第三条　食品生产许可应当遵循依法、公开、公平、公正、便民、高效的原则。

第四条　食品生产许可实行一企一证原则，即同一个食品生产者从事食品生产活动，应当取得一个食品生产许可证。

第五条　市场监督管理部门按照食品的风险程度对食品生产实施分类许可。

第六条　国家市场监督管理总局负责监督指导全国食品生产许可管理工作。

县级以上地方市场监督管理部门负责本行政区域内的食品生产许可管理工作。

第七条　省、自治区、直辖市市场监督管理部门可以根据食品类别和食品安全风险状况，确定市、县级市场监督管理部门的食品生产许可管理权限。

保健食品、特殊医学用途配方食品、婴幼儿配方食品的生产许可由省、自治区、直辖市市场监督管理部门负责。

第八条　国家市场监督管理总局负责制定食品生产许可审查通则和细则。

省、自治区、直辖市市场监督管理部门可以根据本行政区域食品生产许可审查工作的需要，对地方特色食品等食品制定食品生产许可审查细则，在本行政区域内实施，并报国家市场监督管理总局备案。国家市场监督管理总局制定公布相关食品生产许可审查细则后，地方特色食品等食品生产许可审查细则自行废止。

县级以上地方市场监督管理部门实施食品生产许可审查，应当遵守食品生产许可审查通则和细则。

第九条　县级以上市场监督管理部门应当加快信息化建设，在行政机关的网站上公布生产许可事项，方便申请人采取数据电文等方式提出生产许可申请，提高办事效率。

（二）申请与受理

（1）申请人资格　申请食品生产许可，应当先行取得营业执照等合法主体资格。

企业法人、合伙企业、个人独资企业、个体工商户等，以营业执照载明的主体作为申请人。

（2）生产许可的食品范围　申请食品生产许可，应当按照以下食品类别提出：粮食加工品，食用油、油脂及其制品，调味品，肉制品，乳制品，饮料，方便食品，饼干，罐头，冷冻饮品，速冻食品，薯类和膨化食品，糖果制品，茶叶及相关制品，酒类，蔬菜制品，水果制品，炒货食品及坚果制品，蛋制品，可可及焙烤咖啡产品，食糖，水产制品，淀粉及淀粉制品，糕点，豆制品，蜂产品，保健食品，特殊医学用途配方食品，婴幼儿配方食品，特殊膳食食品，其他食品等。

国家市场监督管理总局可以根据监督管理工作需要对食品类别进行调整。

（3）食品生产许可申请条件

①具有与生产的食品品种、数量相适应的食品原料处理和食品加工、包装、贮存等场所，保持该场所环境整洁，并与有毒、有害场所以及其他污染源保持规定的距离。

②具有与生产的食品品种、数量相适应的生产设备或者设施，有相应的消毒、

更衣、盥洗、采光、照明、通风、防腐、防尘、防蝇、防鼠、防虫、洗涤以及处理废水、存放垃圾和废弃物的设备或者设施；保健食品生产工艺有原料提取、纯化等前处理工序的，需要具备与生产的品种、数量相适应的原料前处理设备或者设施。

③有专职或者兼职的食品安全管理人员和保证食品安全的规章制度。

④具有合理的设备布局和工艺流程，防止待加工食品与直接入口食品、原料与成品交叉污染，避免食品接触有毒物、不洁物。

⑤法律、法规规定的其他条件。

（4）申请食品生产许可应提交的材料

①食品生产许可申请书；

②食品生产设备布局图和食品生产工艺流程图；

③食品生产主要设备、设施清单；

④专职或者兼职的食品安全专业技术人员、食品安全管理人员信息和食品安全管理制度。

（5）申请保健食品、特殊医学用途配方食品、婴幼儿配方食品的生产许可，还应当提交与所生产食品相适应的生产质量管理体系文件以及相关注册和备案文件。

（6）申请食品添加剂生产许可，应当向申请人所在地县级以上地方市场监督管理部门提交下列材料：

①食品添加剂生产许可申请书；

②食品添加剂生产设备布局图和生产工艺流程图；

③食品添加剂生产主要设备、设施清单；

④专职或者兼职的食品安全专业技术人员、食品安全管理人员信息和食品安全管理制度。

（7）县级以上地方市场监督管理部门对申请人提出的食品生产许可申请，应当根据下列情况分别作出处理：

①申请事项依法不需要取得食品生产许可的，应当即时告知申请人不受理。

②申请事项依法不属于市场监督管理部门职权范围的，应当即时作出不予受理的决定，并告知申请人向有关行政机关申请。

③申请材料存在可以当场更正的错误的，应当允许申请人当场更正，由申请人在更正处签名或者盖章，注明更正日期。

④申请材料不齐全或者不符合法定形式的，应当当场或者在5个工作日内一次告知申请人需要补正的全部内容。当场告知的，应当将申请材料退回申请人；在5个工作日内告知的，应当收取申请材料并出具收到申请材料的凭据。逾期不告知的，自收到申请材料之日起即为受理。

⑤申请材料齐全、符合法定形式，或者申请人按照要求提交全部补正材料的，应当受理食品生产许可申请。

（三）审查与决定

1. 审查

县级以上地方市场监督管理部门应当对申请人提交的申请材料进行审查。需要对申请材料的实质内容进行核实的，应当进行现场核查。

市场监督管理部门在食品生产许可现场核查时，可以根据食品生产工艺流程等要求，核查试制食品检验合格报告。在食品添加剂生产许可现场核查时，可以根据食品添加剂品种特点，核查试制食品添加剂检验合格报告、复配食品添加剂组成等。

现场核查应当由符合要求的核查人员进行。核查人员不得少于2人。核查人员应当出示有效证件，填写食品生产许可现场核查表，制作现场核查记录，经申请人核对无误后，由核查人员和申请人在核查表和记录上签名或者盖章。申请人拒绝签名或者盖章的，核查人员应当注明情况。

申请保健食品、特殊医学用途配方食品、婴幼儿配方乳粉生产许可，在产品注册时经过现场核查的，可以不再进行现场核查。

市场监督管理部门可以委托下级市场监督管理部门，对受理的食品生产许可申请进行现场核查。

核查人员应当自接受现场核查任务之日起5个工作日内，完成对生产场所的现场核查。

除可以当场作出行政许可决定的外，县级以上地方市场监督管理部门应当自受理申请之日起10个工作日内作出是否准予行政许可的决定。因特殊原因需要延长期限的，经本行政机关负责人批准，可以延长5个工作日，并应当将延长期限的理由告知申请人。

2. 决定

县级以上地方市场监督管理部门应当根据申请材料审查和现场核查等情况，对符合条件的，作出准予生产许可的决定，并自作出决定之日起5个工作日内向申请人颁发食品生产许可证；对不符合条件的，应当及时作出不予许可的书面决定并说明理由，同时告知申请人依法享有申请行政复议或者提起行政诉讼的权利。

食品添加剂生产许可申请符合条件的，由申请人所在地县级以上地方市场监督管理部门依法颁发食品生产许可证，并标注食品添加剂。

3. 许可证期限

食品生产许可证发证日期为许可决定作出的日期，有效期为5年。

（四）许可证管理

（1）食品生产许可证分为正本、副本。正本、副本具有同等法律效力。

国家市场监督管理总局负责制定食品生产许可证正本、副本式样。省、自治区、直辖市市场监督管理部门负责本行政区域食品生产许可证的印制、发放等管理工作。

（2）食品生产许可证应当载明：生产者名称、社会信用代码（个体生产者为身份证号码）、法定代表人（负责人）、住所、生产地址、食品类别、许可证编号、有效期、日常监督管理机构、日常监督管理人员、投诉举报电话、发证机关、签发人、发证日期和二维码。

副本还应当载明食品明细和外设仓库（包括自有和租赁）具体地址。生产保健食品、特殊医学用途配方食品、婴幼儿配方食品的，还应当载明产品注册批准文号或者备案登记号；接受委托生产保健食品的，还应当载明委托企业名称及住所等相关信息。

（3）食品生产许可证编号由SC（“生产”的汉语拼音字母缩写）和14位阿拉伯数字组成。数字从左至右依次为：3位食品类别编码、2位省（自治区、直辖市）代码、2位市（地）代码、2位县（区）代码、4位顺序码、1位校验码。

（五）变更、延续、补办与注销

1. 变更申请

食品生产许可证有效期内，现有工艺设备布局和工艺流程、主要生产设备设施、食品类别等事项发生变化，需要变更食品生产许可证载明的许可事项的，食品生产者应当在变化后10个工作日内向原发证的市场监督管理部门提出变更申请。

生产场所迁出原发证的市场监督管理部门管辖范围的，应当重新申请食品生产许可。

食品生产许可证副本载明的同一食品类别内的事项、外设仓库地址发生变化的，食品生产者应当在变化后10个工作日内向原发证的市场监督管理部门报告。

2. 申请变更应当提交的材料

（1）食品生产许可变更申请书；

（2）与变更食品生产许可事项有关的其他材料。

3. 延续

食品生产者需要延续依法取得的食品生产许可的有效期的，应当在该食品生产许可有效期届满30个工作日前，向原发证的市场监督管理部门提出申请。

食品生产者申请延续食品生产许可，应当提交下列材料。

（1）食品生产许可延续申请书；

（2）与延续食品生产许可事项有关的其他材料。

保健食品、特殊医学用途配方食品、婴幼儿配方食品的生产企业申请延续食品生产许可的，还应当提供生产质量管理体系运行情况的自查报告。

4. 审查

县级以上地方市场监督管理部门应当根据被许可人的延续申请，在该食品生产许可有效期届满前作出是否准予延续的决定。

县级以上地方市场监督管理部门应当对变更或者延续食品生产许可的申请材料进行审查。

申请人声明生产条件未发生变化的，县级以上地方市场监督管理部门可以不再进行现场核查。

申请人的生产条件发生变化，可能影响食品安全的，市场监督管理部门应当就变化情况进行现场核查。保健食品、特殊医学用途配方食品、婴幼儿配方食品注册或者备案的生产工艺发生变化的，应当先办理注册或者备案变更手续。

原发证的市场监督管理部门决定准予延续的，应当向申请人颁发新的食品生产许可证，许可证编号不变，有效期自市场监督管理部门作出延续许可决定之日起计算。

不符合许可条件的，原发证的市场监督管理部门应当作出不予延续食品生产许可的书面决定，并说明理由。

5. 补办

食品生产许可证遗失、损坏的，应当向原发证的市场监督管理部门申请补办，并提交下列材料：

（1）食品生产许可证补办申请书；

（2）食品生产许可证遗失的，申请人应当提交在县级以上地方市场监督管理部门网站或者其他县级以上主要媒体上刊登遗失公告的材料；食品生产许可证损坏的，应当提交损坏的食品生产许可证原件。

材料符合要求的，县级以上地方市场监督管理部门应当在受理后 20 个工作日内予以补发。

因遗失、损坏补发的食品生产许可证，许可证编号不变，发证日期和有效期与原证书保持一致。

6. 注销

食品生产者申请注销食品生产许可的，应当向原发证的市场监督管理部门提交食品生产许可注销申请书。食品生产许可被注销的，许可证编号不得再次使用。

有下列情形之一，食品生产者未按规定申请办理注销手续的，原发证的市场监督管理部门应当依法办理食品生产许可注销手续，并在网站进行公示：

（1）食品生产许可有效期届满未申请延续的；

（2）食品生产者主体资格依法终止的；

（3）食品生产许可依法被撤回、撤销或者食品生产许可证依法被吊销的；

（4）因不可抗力导致食品生产许可事项无法实施的；

（5）法律法规规定的应当注销食品生产许可的其他情形。

（六）监督检查

（1）县级以上地方市场监督管理部门应当依据法律法规规定的职责，对食品生产者的许可事项进行监督检查。

（2）县级以上地方市场监督管理部门应当建立食品许可管理信息平台，便于公民、法人和其他社会组织查询。

县级以上地方市场监督管理部门应当将食品生产许可颁发、许可事项检查、日常监督检查、许可违法行为查处等情况记入食品生产者食品安全信用档案，并依法向社会公布；对有不良信用记录的食品生产者应当增加监督检查频次。

（3）县级以上地方市场监督管理部门日常监督管理人员负责所管辖食品生产者许可事项的监督检查，必要时，应当依法对相关食品仓储、物流企业进行检查。

日常监督管理人员应当按照规定的频次对所管辖的食品生产者实施全覆盖检查。

（4）县级以上地方市场监督管理部门及其工作人员履行食品生产许可管理职责，应当自觉接受食品生产者和社会监督。

接到有关工作人员在食品生产许可管理过程中存在违法行为的举报，食品药品监督管理部门应当及时进行调查核实。情况属实的，应当立即纠正。

（5）县级以上地方市场监督管理部门应当建立食品生产许可档案管理制度，将办理食品生产许可的有关材料、发证情况及时归档。

（6）国家市场监督管理总局可以定期或者不定期组织对全国食品生产许可工作进行监督检查；省、自治区、直辖市市场监督管理部门可以定期或者不定期组织对本行政区域内的食品生产许可工作进行监督检查。

五、《无公害农产品标志管理办法》

为加强对无公害农产品标志的管理，保证无公害农产品的质量，维护生产者、经营者和消费者的合法权益，根据《无公害农产品管理办法》，农业部、国家认证认可监督管理委员会联合制定了《无公害农产品标志管理办法》，于2002年11月25日公布并于公布之日起实施。

（一）无公害农产品标志

无公害农产品标志是全国统一的无公害农产品认证标志，是加施于获得无公害农产品认证的产品或者其包装上的证明性标记。

农业部和国家认证认可监督管理委员会（以下简称国家认监委）对全国统一的无公害农产品标志实行统一监督管理。无公害农产品标志基本图案如图3－1所示，规格如表3－1所示，颜色由绿色和橙色组成。

图3－1　无公害农产品标志基本图案

（二）无公害农产品标志的使用与管理

根据《无公害农产品管理办法》的规定，

获得无公害农产品认证资格的认证机构（以下简称认证机构），负责无公害农产品标志的申请受理、审核和发放工作。

获得无公害农产品认证证书的单位和个人，可以在证书规定的产品或者其包装上加施无公害农产品标志，用以证明产品符合无公害农产品标准。

使用无公害农产品标志的单位和个人，应当在无公害农产品认证证书规定的产品范围和有效期内使用，不得超范围和逾期使用，不得买卖和转让。

无公害农产品标志的印制单位，不得向具有无公害农产品认证资格的认证机构以外的任何单位和个人转让无公害农产品标志。

表 3－1　　无公害农产品标志规格

规格	1 号	2 号	3 号	4 号	5 号
尺寸/mm	10	15	20	30	60

（三）违规处罚

伪造、变造、盗用、冒用、买卖和转让无公害农产品标志以及违反本办法规定的，按照国家有关法律法规的规定，予以行政处罚；构成犯罪的，依法追究其刑事责任；从事无公害农产品标志管理的工作人员滥用职权、徇私舞弊、玩忽职守，由所在单位或者所在单位的上级行政主管部门给予行政处分；构成犯罪的，依法追究刑事责任。

六、《绿色食品标志管理办法》

为加强绿色食品标志使用管理，确保绿色食品信誉，促进绿色食品事业健康发展，维护生产经营者和消费者合法权益，根据《中华人民共和国农业法》《中华人民共和国食品安全法》《中华人民共和国农产品质量安全法》和《中华人民共和国商标法》，制定《绿色食品标志管理办法》，2012 年 7 月 30 日农业部令 2012 年第 6 号公布，2019 年 4 月 25 日农业农村部令 2019 年第 2 号、2022 年 1 月 7 日农业农村部令 2022 年第 1 号修订。

（一）标志申请的产品要求

绿色食品，是指产自优良生态环境，按照绿色食品标准生产，实行全程质量控制并获得绿色食品标志使用权的安全、优质食用农产品及相关产品。申请绿色食品标志的产品或产品原料产地环境符合绿色食品产地环境质量标准；农药、肥料、饲料、兽药等投入品使用符合绿色食品投入品使用准则；产品质量及包装必须符合绿色食品生产的相关标准。

中国绿色食品发展中心负责全国绿色食品标志使用申请的审查、颁证和颁证后跟踪检查工作。省级人民政府农业行政主管部门所属绿色食品工作机构（以下简称省级工作机构）负责本行政区域绿色食品标志使用申请的受理、初审和颁证后跟踪检查工作。

（二）绿色食品标志申请的程序

申请人应当向省级工作机构提出申请，并提交标志使用申请书、资质证明材料、产品生产技术规程和质量控制规范、预包装产品包装标签或其设计样张、中国绿色食品发展中心规定提交的其他证明材料。

省级工作机构应当自收到申请之日起十个工作日内完成材料审查。符合要求的，予以受理，并在产品及产品原料生产期内组织有资质的检查员完成现场检查；不符合要求的，不予受理，书面通知申请人并告知理由。现场检查合格的，省级工作机构应当书面通知申请人，由申请人委托符合第七条规定的检测机构对申请产品和相应的产地环境进行检测；现场检查不合格的，省级工作机构应当退回申请并书面告知理由。

检测机构接受申请人委托后，应当及时安排现场抽样，并自产品样品抽样之日起二十个工作日内、环境样品抽样之日起三十个工作日内完成检测工作，出具产品质量检验报告和产地环境监测报告，提交省级工作机构和申请人。检测机构应当对检测结果负责。

省级工作机构应当自收到产品检验报告和产地环境监测报告之日起二十个工作日内提出初审意见。初审合格的，将初审意见及相关材料报送中国绿色食品发展中心。初审不合格的，退回申请并书面告知理由。省级工作机构应当对初审结果负责。

中国绿色食品发展中心应当自收到省级工作机构报送的申请材料之日起三十个工作日内完成书面审查，并在二十个工作日内组织专家评审。必要时，应当进行现场核查。

中国绿色食品发展中心应当根据专家评审的意见，在五个工作日内作出是否颁证的决定。同意颁证的，与申请人签订绿色食品标志使用合同，颁发绿色食品标志使用证书，并公告；不同意颁证的，书面通知申请人并告知理由。

（三）绿色食品标志的使用

绿色食品标志使用证书有效期三年。证书有效期满，需要继续使用绿色食品标志的，标志使用人应当在有效期满三个月前向省级工作机构书面提出续展申请。省级工作机构应当在四十个工作日内组织完成相关检查、检测及材料审核。初审合格的，由中国绿色食品发展中心在十个工作日内作出是否准予续展的决定。准予续展的，与标志使用人续签绿色食品标志使用合同，颁发新的绿色食品标志使用证书并公告；不予续展的，书面通知标志使用人并告知理由。

（四）违规处罚

标志使用人如有违反办法第二十六条情况之一的，由中国绿色食品发展中心取消其标志使用权，收回标志使用证书。标志使用人依照前款规定被取消标志使用权的，三年内中国绿色食品发展中心不再受理其申请；情节严重的，永久不再受理其申请。

七、《新食品原料安全性审查管理办法》

《新食品原料安全性审查管理办法》是为规范新食品原料安全性评估材料审查工作而制定的法规，经2013年2月5日中华人民共和国卫生部部务会审议通过，2013年5月31日国家卫生和计划生育委员会令第1号公布，自2013年10月1日起施行，2017年12月26日国家卫生和计划生育委员会令第18号修订。《新食品原料安全性审查管理办法》共包括二十四条。

（一）新食品原料的范围

新食品原料是指在我国无传统食用习惯的动物、植物和微生物；从动物、植物、微生物中分离的在我国无食用习惯的食品原料；原有结构发生改变的食品成分；其他新研制的食品原料。

新食品原料应当具有食品原料的特性，符合应当有的营养要求，且无毒、无害，对人体健康不造成任何急性、亚急性、慢性或者其他潜在性危害。

新食品原料应当经过国家卫生计生委安全性审查后，方可用于食品生产经营。

国家卫生计生委负责新食品原料安全性评估材料的审查和许可工作。

（二）新食品原料的申请

拟从事新食品原料生产、使用或者进口的单位或者个人（以下简称申请人），应当提出申请并提交以下材料。

（1）申请表；

（2）新食品原料研制报告；

（3）安全性评估报告；

（4）生产工艺；

（5）执行的相关标准（包括安全要求、质量规格、检验方法等）；

（6）标签及说明书；

（7）国内外研究利用情况和相关安全性评估资料；

（8）有助于评审的其他资料。

另附未启封的产品样品1件或者原料30克。

申请进口新食品原料的，除提交第六条规定的材料外，还应当提交以下材料。

（1）出口国（地区）相关部门或者机构出具的允许该产品在本国（地区）生产或者销售的证明材料；

（2）生产企业所在国（地区）有关机构或者组织出具的对生产企业审查或者认证的证明材料。

（三）新食品原料的办理

国家卫生计生委自受理新食品原料申请之日起60日内，应当组织专家对新食品原料安全性评估材料进行审查，作出审查结论。

审查过程中需要补充资料的，应当及时书面告知申请人，申请人应当按照要求及时补充有关资料。

审查过程中需要对生产工艺进行现场核查的，可以组织专家对新食品原料研制及生产现场进行核查，并出具现场核查意见，专家对出具的现场核查意见承担责任。省级卫生监督机构应当予以配合。

新食品原料安全性评估材料审查和许可的具体程序按照《行政许可法》《卫生行政许可管理办法》等有关法律法规规定执行。国家卫生计生委根据新食品原料的安全性审查结论，对符合食品安全要求的，准予许可并予以公告；对不符合食品安全要求的，不予许可并书面说明理由。

根据新食品原料的不同特点，公告可以包括以下内容。

（1）名称；

（2）来源；

（3）生产工艺；

（4）主要成分；

（5）质量规格要求；

（6）标签标识要求；

（7）其他需要公告的内容。

新食品原料生产单位应当按照新食品原料公告要求进行生产，保证新食品原料的食用安全。食品中含有新食品原料的，其产品标签标识应当符合国家法律、法规、食品安全标准和国家卫生计生委公告要求。

（四）新食品原料的处罚

违反本办法规定，生产或者使用未经安全性评估的新食品原料的，按照《食品安全法》的有关规定处理。

申请人隐瞒有关情况或者提供虚假材料申请新食品原料许可的，国家卫生计生委不予受理或者不予许可，并给予警告，且申请人在一年内不得再次申请该新食品原料许可。

以欺骗、贿赂等不正当手段通过新食品原料安全性评估材料审查并取得许可的，国家卫生计生委将予以撤销许可。

八、《保健食品管理办法》

保健食品系指表明具有特定保健功能的食品。即适宜于特定人群食用，具有调节机体功能，不以治疗疾病为目的的食品。为加强保健食品的监督管理，保证保健食品质量，1996 年 3 月 15 日卫生部第 46 号令发布了《保健食品管理办法》。

（一）保健食品的要求

保健食品必须具备下列要求：①经必要的动物和/或人群功能试验，证明其具有明确、稳定的保健作用；②各种原料及其产品必须符合食品卫生要求，对人体不产生任何急性、亚急性或慢性危害；③配方的组成及用量必须具有科学依据，具有明确的功效成分。如在现有技术条件下不能明确功能成分，应确定与保健功能有关的主要原料名称；④标签、说明书及广告不得宣传疗效作用。

（二）保健食品的审批程序

1. 申请《保健食品批准证书》提交的资料

（1）保健食品申请表；

（2）保健食品的配方、生产工艺及质量标准；

（3）毒理学安全性评价报告；

（4）保健功能评价报告；

（5）保健食品的功效成分名单，以及功效成分的定性和/或定量检验方法、稳定性试验报告。因在现有技术条件下，不能明确功效成分的，则须提交食品中与保健功能相关的主要原料名单；

（6）产品的样品及其卫生学检验报告；

（7）标签及说明书（送审样）；

（8）国内外有关资料；

（9）根据有关规定或产品特性应提交的其他材料。

2. 申请程序

卫生部和省级卫生行政部门应分别成立评审委员会承担技术评审工作，委员会应由食品卫生、营养、毒理、医学及其他相关专业的专家组成。

卫生部评审委员会每年举行四次评审会，一般在每季度的最后一个月召开。经初审合格的全部材料必须在每季度第一个月底前寄到卫生部。卫生部根据评审意见，在评审后的30个工作日内，作出是否批准的决定。

卫生部评审委员会对申报的保健食品认为有必要复验的，由卫生部指定的检验机构进行复验。复验费用由保健食品申请者承担。

由两个或两个以上合作者共同申请同一保健食品时，《保健食品批准证书》共同署名，但证书只发给所有合作者共同确定的负责者。申请者，除提交本办法所列各项资料外，还应提交由所有合作者签章的负责者推荐书。

进口保健食品时，进口商或代理人必须向卫生部提出申请。申请时，除提供第六条所需的材料外，还要提供出产国（地区）或国际组织的有关标准，以及生产、销售国（地区）有关卫生机构出具的允许生产或销售的证明。

卫生部对审查合格的进口保健食品发放《进口保健食品批准证书》，取得《进口保健食品批准证书》的产品必须在包装上标注批准文号和卫生部规定的保健食品标志。口岸进口食品卫生监督检验机构凭《进口保健食品批准证书》进行检验，合格后放行。

（三）保健食品的生产经营

在生产保健食品前，食品生产企业必须向所在地的省级卫生行政部门提出申请，经省级卫生行政部门审查同意并在申请者的卫生许可证上加注“××保健食品”的许可项目后方可进行生产。

保健食品生产者必须按照批准的内容组织生产，不得改变产品的配方、生产工艺、企业产品质量标准以及产品名称、标签、说明书等。保健食品的生产过程、生产条件必须符合相应的食品生产企业卫生规范或其他有关卫生要求。选用的工艺应能保持产品的功效成分的稳定性，加工过程中功效成分不损失，不破坏，不转化和不产生有害的中间体。

保健食品经营者采购保健食品时，必须索取卫生部发放的《保健食品批准证书》复印件和产品检验合格证。

采购进口保健食品应索取《进口保健食品批准证书》复印件及口岸进口食品卫生监督检验机构的检验合格证。

（四）保健食品标签、说明书及广告宣传

保健食品标签和说明书必须符合国家有关标准和要求，并标明保健作用和适宜人群、食用方法和适宜的食用量、贮藏方法、功效成分的名称及含量、保健食品批准文号、保健食品标志等内容。

保健食品的名称应当准确、科学，不得使用人名、地名、代号及夸大容易误解的名称，不得使用产品中非主要功效成分的名称。保健食品的标签、说明书和广告内容必须真实，符合其产品质量要求，不得有暗示可使疾病痊愈的宣传。

九、《有机产品认证管理办法》

有机食品是指生产环境无污染，在原料的生产和加工过程中不使用农药、化肥、生长激素和色素等化学合成物质，不采用基因工程技术，应用天然物质和环境无害的方式生产、加工形成的环保型安全食品。为了加强有机食品的管理，2004年11月5日国家质量监督检验检疫总局正式发布了《有机产品认证管理办法》，2005年4月1日起施行。2015年8月25日国家质量监督检验检疫总局令第166号第一次修订，2022年9月29日国家市场监督管理总局令第61号第二次修订。该办法共七章四十六条。

（一）总则

《有机产品认证管理办法》规定国家认证认可监督管理委员会负责有机产品认证活动的统一管理、综合协调和监督工作，地方质量技术监督部门和各地出入境检验检疫机构按照各自的职责依法对所辖区域内有机产品认证活动实施监督检查。

（二）认证实施

本办法规定了有机产品的申请需要提供的书面材料有：①申请人名称、地址和联系方式；②产品产地（基地）区域范围，生产、加工规模；③产品生产、

加工或者销售计划；④产地（基地）、加工或者销售场所的环境说明；⑤符合有机产品生产、加工要求的质量管理体系文件；⑥有关专业技术和管理人员的资质证明材料；⑦保证执行有机产品标准、技术规范和其他特殊要求的声明；⑧其他材料。

（三）认证证书和标志

国家认监委规定有机产品认证证书的基本格式和有机产品认证标志的式样。有机产品认证标志分为中国有机产品认证标志和中国有机转换产品认证标志。

中国有机产品认证标志标有中文“中国有机产品”字样和相应英文（ORGANIC）。

在有机产品转换期内生产的产品或者以转换期内生产的产品为原料的加工产品，应当使用中国有机转换产品认证标志。该标志标有中文“中国有机转换产品”字样和相应英文（CONVERSION TO ORGANIC）。

有机产品的加工产品其有机配料不得低于95%。加工产品的有机配料低于95%且等于高于70%的加工产品，可以在产品或者产品包装上及标签标注“有机配料生产”字样。有机配料含量低于70%的加工产品，只能在产品成分表中注明某种配料为“有机”字样。有机配料也应获得有机产品认证。有机产品的认证证书有效期为一年。

（四）罚则

对违反本办法相关规定的，按照第六章进行相应的罚款。对伪造、冒用、买卖、转让有机产品认证证书、认证标志等其他违法行为，依照有关法律、行政法规、部门规章的规定予以处罚。

有机产品认证机构、有机产品检测机构以及从事有机产品认证活动的人员出具虚假认证结论或者出具的认证结论严重失实的，按照《中华人民共和国认证认可条例》第六章的规定予以处罚。

十、《中华人民共和国进出口食品安全管理办法》

为了保障进出口食品安全，保护人类、动植物生命和健康，根据《中华人民共和国食品安全法》及其实施条例、《中华人民共和国海关法》《中华人民共和国进出口商品检验法》及其实施条例、《中华人民共和国进出境动植物检疫法》及其实施条例、《中华人民共和国国境卫生检疫法》及其实施细则、《中华人民共和国农产品质量安全法》和《国务院关于加强食品等产品安全监督管理的特别规定》等法律、行政法规的规定，制定《中华人民共和国进出口食品安全管理办法》，于2021年3月12日经海关总署署务会议审议通过，2021年4月12日公布，自2022年1月1日起实施。

《中华人民共和国进出口食品安全管理办法》共6章79条，包括我国进出口食品安全监管的一般要求、食品进口管理、食品出口管理、进出口食品的监督管理和法律责任等内容。从事进出口食品生产经营活动、海关对进出口食品生产经营者及其进出口食品安全实施监督管理，应当遵守本办法。

进出口食品安全工作坚持安全第一、预防为主、风险管理、全程控制、国际共治的原则。进出口食品生产经营者对其生产经营的进出口食品安全负责。海关总署主管全国进出口食品安全监督管理工作，各级海关负责所辖区域进出口食品安全监督管理工作。

项目三
食品违法的法律责任与处罚

一、《中华人民共和国食品安全法》的法律责任与违法处罚

（一）未经许可从事食品生产经营活动等的法律责任

违反本法规定，未取得食品生产经营许可从事食品生产经营活动，或者未取得食品添加剂生产许可从事食品添加剂生产活动的，由县级以上人民政府食品安全监督管理部门没收违法所得和违法生产经营的食品、食品添加剂以及用于违法生产经营的工具、设备、原料等物品；违法生产经营的食品、食品添加剂货值金额不足一万元的，并处五万元以上十万元以下罚款；货值金额一万元以上的，并处货值金额十倍以上二十倍以下罚款。

明知从事前款规定的违法行为，仍为其提供生产经营场所或者其他条件的，由县级以上人民政府食品安全监督管理部门责令停止违法行为，没收违法所得，并处五万元以上十万元以下罚款；使消费者的合法权益受到损害的，应当与食品、食品添加剂生产经营者承担连带责任。

（二）六类严重违法食品生产经营行为的法律责任

违反本法规定，有下列情形之一，尚不构成犯罪的，由县级以上人民政府食品安全监督管理部门没收违法所得和违法生产经营的食品，并可以没收用于违法生产经营的工具、设备、原料等物品；违法生产经营的食品货值金额不足一万元的，并处十万元以上十五万元以下罚款；货值金额一万元以上的，并处货值金额十五倍以上三十倍以下罚款；情节严重的，吊销许可证，并可以由公安机关对其直接负责的主管人员和其他直接责任人员处五日以上十五日以下拘留。

（1）用非食品原料生产食品、在食品中添加食品添加剂以外的化学物质和其他可能危害人体健康的物质，或者用回收食品作为原料生产食品，或者经营上述食品。

（2）生产经营营养成分不符合食品安全标准的专供婴幼儿和其他特定人群的主辅食品。

（3）经营病死、毒死或者死因不明的禽、畜、兽、水产动物肉类，或者生产

经营其制品。

（4）经营未按规定进行检疫或者检疫不合格的肉类，或者生产经营未经检验或者检验不合格的肉类制品。

（5）生产经营国家为防病等特殊需要明令禁止生产经营的食品。

（6）生产经营添加药品的食品。

明知从事前款规定的违法行为，仍为其提供生产经营场所或者其他条件的，由县级以上人民政府食品安全监督管理部门责令停止违法行为，没收违法所得，并处十万元以上二十万元以下罚款；使消费者的合法权益受到损害的，应当与食品生产经营者承担连带责任。

违法使用剧毒、高毒农药的，除依照有关法律、法规规定给予处罚外，可以由公安机关依照第一款规定给予拘留。

（三）九类违法生产经营行为的法律责任

违反本法规定，有下列情形之一，尚不构成犯罪的，由县级以上人民政府食品安全监督管理部门没收违法所得和违法生产经营的食品、食品添加剂，并可以没收用于违法生产经营的工具、设备、原料等物品；违法生产经营的食品、食品添加剂货值金额不足一万元的，并处五万元以上十万元以下罚款；货值金额一万元以上的，并处货值金额十倍以上二十倍以下罚款；情节严重的，吊销许可证。

（1）生产经营致病性微生物，农药残留、兽药残留、生物毒素、重金属等污染物质以及其他危害人体健康的物质含量超过食品安全标准限量的食品、食品添加剂。

（2）用超过保质期的食品原料、食品添加剂生产食品、食品添加剂，或者经营上述食品、食品添加剂。

（3）生产经营超范围、超限量使用食品添加剂的食品。

（4）生产经营腐败变质、油脂酸败、霉变生虫、污秽不洁、混有异物、掺假掺杂或者感官性状异常的食品、食品添加剂。

（5）生产经营标注虚假生产日期、保质期或者超过保质期的食品、食品添加剂。

（6）生产经营未按规定注册的保健食品、特殊医学用途配方食品、婴幼儿配方乳粉，或者未按注册的产品配方、生产工艺等技术要求组织生产。

（7）以分装方式生产婴幼儿配方乳粉，或者同一企业以同一配方生产不同品牌的婴幼儿配方乳粉。

（8）利用新的食品原料生产食品，或者生产食品添加剂新品种，未通过安全性评估。

（9）食品生产经营者在食品安全监督管理部门责令其召回或者停止经营后，仍拒不召回或者停止经营。

除前款和本法第一百二十三条、第一百二十五条规定的情形外，生产经营不符合法律、法规或者食品安全标准的食品、食品添加剂的，依照前款规定给予处罚。

生产食品相关产品新品种，未通过安全性评估，或者生产不符合食品安全标准的食品相关产品的，由县级以上人民政府食品安全监督管理部门依照第一款规定给予处罚。

（四）四类违法生产经营行为的法律责任

违反本法规定，有下列情形之一的，由县级以上人民政府食品安全监督管理部门没收违法所得和违法生产经营的食品、食品添加剂，并可以没收用于违法生产经营的工具、设备、原料等物品；违法生产经营的食品、食品添加剂货值金额不足一万元的，并处五千元以上五万元以下罚款；货值金额一万元以上的，并处货值金额五倍以上十倍以下罚款；情节严重的，责令停产停业，直至吊销许可证。

（1）生产经营被包装材料、容器、运输工具等污染的食品、食品添加剂。

（2）生产经营无标签的预包装食品、食品添加剂或者标签、说明书不符合本法规定的食品、食品添加剂。

（3）生产经营转基因食品未按规定进行标示。

（4）食品生产经营者采购或者使用不符合食品安全标准的食品原料、食品添加剂、食品相关产品。

生产经营的食品、食品添加剂的标签、说明书存在瑕疵但不影响食品安全且不会对消费者造成误导的，由县级以上人民政府食品安全监督管理部门责令改正；拒不改正的，处二千元以下罚款。

（五）生产经营过程违法行为的法律责任

违反本法规定，有下列情形之一的，由县级以上人民政府食品安全监督管理部门责令改正，给予警告；拒不改正的，处五千元以上五万元以下罚款；情节严重的，责令停产停业，直至吊销许可证。

（1）食品、食品添加剂生产者未按规定对采购的食品原料和生产的食品、食品添加剂进行检验。

（2）食品生产经营企业未按规定建立食品安全管理制度，或者未按规定配备或者培训、考核食品安全管理人员。

（3）食品、食品添加剂生产经营者进货时未查验许可证和相关证明文件，或者未按规定建立并遵守进货查验记录、出厂检验记录和销售记录制度。

（4）食品生产经营企业未制定食品安全事故处置方案。

（5）餐具、饮具和盛放直接入口食品的容器，使用前未经洗净、消毒或者清洗消毒不合格，或者餐饮服务设施、设备未按规定定期维护、清洗、校验。

（6）食品生产经营者安排未取得健康证明或者患有国务院卫生行政部门规定

的有碍食品安全疾病的人员从事接触直接入口食品的工作。

(7) 食品经营者未按规定要求销售食品。

(8) 保健食品生产企业未按规定向食品安全监督管理部门备案，或者未按备案的产品配方、生产工艺等技术要求组织生产。

(9) 婴幼儿配方食品生产企业未将食品原料、食品添加剂、产品配方、标签等向食品安全监督管理部门备案。

(10) 特殊食品生产企业未按规定建立生产质量管理体系并有效运行，或者未定期提交自查报告。

(11) 食品生产经营者未定期对食品安全状况进行检查评价，或者生产经营条件发生变化，未按规定处理。

(12) 学校、托幼机构、养老机构、建筑工地等集中用餐单位未按规定履行食品安全管理责任。

(13) 食品生产企业、餐饮服务提供者未按规定制定、实施生产经营过程控制要求。

餐具、饮具集中消毒服务单位违反本法规定用水，使用洗涤剂、消毒剂，或者出厂的餐具、饮具未按规定检验合格并随附消毒合格证明，或者未按规定在独立包装上标注相关内容的，由县级以上人民政府卫生行政部门依照前款规定给予处罚。

食品相关产品生产者未按规定对生产的食品相关产品进行检验的，由县级以上人民政府食品安全监督管理部门依照第一款规定给予处罚。

(六) 食品加工小作坊、摊贩等违法行为的法律责任

对食品生产加工小作坊、食品摊贩等的违法行为的处罚，依照省、自治区、直辖市制定的具体管理办法执行。

(七) 事故单位违法行为的法律责任

违反本法规定，事故单位在发生食品安全事故后未进行处置、报告的，由有关主管部门按照各自职责分工责令改正，给予警告；隐匿、伪造、毁灭有关证据的，责令停产停业，没收违法所得，并处十万元以上五十万元以下罚款；造成严重后果的，吊销许可证。

(八) 进出口食品违法行为的法律责任

违反本法规定，有下列情形之一的，由出入境检验检疫机构依照本法第一百二十四条的规定给予处罚。

(1) 提供虚假材料，进口不符合我国食品安全国家标准的食品、食品添加剂、食品相关产品。

(2) 进口尚无食品安全国家标准的食品，未提交所执行的标准并经国务院卫生行政部门审查，或者进口利用新的食品原料生产的食品或者进口食品添加剂新品种、食品相关产品新品种，未通过安全性评估。

（3）未遵守本法的规定出口食品。

（4）进口商在有关主管部门责令其依照本法规定召回进口的食品后，仍拒不召回。

违反本法规定，进口商未建立并遵守食品、食品添加剂进口和销售记录制度、境外出口商或者生产企业审核制度的，由出入境检验检疫机构依照本法前款规定给予处罚。

（九）集中交易市场违法行为的法律责任

违反本法规定，集中交易市场的开办者、柜台出租者、展销会的举办者允许未依法取得许可的食品经营者进入市场销售食品，或者未履行检查、报告等义务的，由县级以上人民政府食品安全监督管理部门责令改正，没收违法所得，并处五万元以上二十万元以下罚款；造成严重后果的，责令停业，直至由原发证部门吊销许可证；使消费者的合法权益受到损害的，应当与食品经营者承担连带责任。

食用农产品批发市场违反本法第六十四条规定的，依照前款规定承担责任。

（十）网络食品交易违法行为的法律责任

违反本法规定，网络食品交易第三方平台提供者未对入网食品经营者进行实名登记、审查许可证，或者未履行报告、停止提供网络交易平台服务等义务的，由县级以上人民政府食品安全监督管理部门责令改正，没收违法所得，并处五万元以上二十万元以下罚款；造成严重后果的，责令停业，直至由原发证部门吊销许可证；使消费者的合法权益受到损害的，应当与食品经营者承担连带责任。

消费者通过网络食品交易第三方平台购买食品，其合法权益受到损害的，可以向入网食品经营者或者食品生产者要求赔偿。网络食品交易第三方平台提供者不能提供入网食品经营者的真实名称、地址和有效联系方式的，由网络食品交易第三方平台提供者赔偿。网络食品交易第三方平台提供者赔偿后，有权向入网食品经营者或者食品生产者追偿。网络食品交易第三方平台提供者作出更有利于消费者承诺的，应当履行其承诺。

（十一）屡次违法的法律责任

食品生产经营者在一年内累计三次因违反本法规定受到责令停产停业、吊销许可证以外处罚的，由食品安全监督管理部门责令停产停业，直至吊销许可证。

（十二）严重违法犯罪者的从业禁止

被吊销许可证的食品生产经营者及其法定代表人、直接负责的主管人员和其他直接责任人员自处罚决定作出之日起五年内不得申请食品生产经营许可，或者从事食品生产经营管理工作、担任食品生产经营企业食品安全管理人员。

因食品安全犯罪被判处有期徒刑以上刑罚的，终身不得从事食品生产经营管理工作，也不得担任食品生产经营企业食品安全管理人员。

食品生产经营者聘用人员违反前两款规定的，由县级以上人民政府食品安全监督管理部门吊销许可证。

（十三）提供虚假食品安全风险检测、评估信息的法律责任

违反本法规定，承担食品安全风险监测、风险评估工作的技术机构、技术人员提供虚假监测、评估信息的，依法对技术机构直接负责的主管人员和技术人员给予撤职、开除处分；有执业资格的，由授予其资格的主管部门吊销执业证书。

（十四）虚假检验报告的法律责任

违反本法规定，食品检验机构、食品检验人员出具虚假检验报告的，由授予其资质的主管部门或者机构撤销该食品检验机构的检验资质，没收所收取的检验费用，并处检验费用五倍以上十倍以下罚款，检验费用不足一万元的，并处五万元以上十万元以下罚款；依法对食品检验机构直接负责的主管人员和食品检验人员给予撤职或者开除处分；导致发生重大食品安全事故的，对直接负责的主管人员和食品检验人员给予开除处分。

违反本法规定，受到开除处分的食品检验机构人员，自处分决定作出之日起十年内不得从事食品检验工作；因食品安全违法行为受到刑事处罚或者因出具虚假检验报告导致发生重大食品安全事故受到开除处分的食品检验机构人员，终身不得从事食品检验工作。食品检验机构聘用不得从事食品检验工作的人员的，由授予其资质的主管部门或者机构撤销该食品检验机构的检验资质。

食品检验机构出具虚假检验报告，使消费者的合法权益受到损害的，应当与食品生产经营者承担连带责任。

（十五）虚假认证的法律责任

违反本法规定，认证机构出具虚假认证结论，由认证认可监督管理部门没收所收取的认证费用，并处认证费用五倍以上十倍以下罚款，认证费用不足一万元的，并处五万元以上十万元以下罚款；情节严重的，责令停业，直至撤销认证机构批准文件，并向社会公布；对直接负责的主管人员和负有直接责任的认证人员，撤销其执业资格。

认证机构出具虚假认证结论，使消费者的合法权益受到损害的，应当与食品生产经营者承担连带责任。

（十六）虚假宣传和违法推荐食品的法律责任

违反本法规定，在广告中对食品作虚假宣传，欺骗消费者，或者发布未取得批准文件、广告内容与批准文件不一致的保健食品广告的，依照《中华人民共和国广告法》的规定给予处罚。

广告经营者、发布者设计、制作、发布虚假食品广告，使消费者的合法权益受到损害的，应当与食品生产经营者承担连带责任。

社会团体或者其他组织、个人在虚假广告或者其他虚假宣传中向消费者推荐食品，使消费者的合法权益受到损害的，应当与食品生产经营者承担连带责任。

违反本法规定，食品安全监督管理等部门、食品检验机构、食品行业协会以广告或者其他形式向消费者推荐食品，消费者组织以收取费用或者其他牟取利益的方式向消费者推荐食品的，由有关主管部门没收违法所得，依法对直接负责的主管人员和其他直接责任人员给予记大过、降级或者撤职处分；情节严重的，给予开除处分。

对食品作虚假宣传且情节严重的，由省级以上人民政府食品安全监督管理部门决定暂停销售该食品，并向社会公布；仍然销售该食品的，由县级以上人民政府食品安全监督管理部门没收违法所得和违法销售的食品，并处二万元以上五万元以下罚款。

（十七）编造、散布虚假信息的法律责任

违反本法规定，编造、散布虚假食品安全信息，构成违反治安管理行为的，由公安机关依法给予治安管理处罚。

媒体编造、散布虚假食品安全信息的，由有关主管部门依法给予处罚，并对直接负责的主管人员和其他直接责任人员给予处分；使公民、法人或者其他组织的合法权益受到损害的，依法承担消除影响、恢复名誉、赔偿损失、赔礼道歉等民事责任。

（十八）政府不作为的法律责任

违反本法规定，县级以上地方人民政府有下列行为之一的，对直接负责的主管人员和其他直接责任人员给予警告、记过或者记大过处分；造成严重后果的，给予降级或者撤职处分。

（1）未确定有关部门的食品安全监督管理职责，未建立健全食品安全全程监督管理工作机制和信息共享机制，未落实食品安全监督管理责任制。

（2）未制定本行政区域的食品安全事故应急预案，或者发生食品安全事故后未按规定立即成立事故处置指挥机构、启动应急预案。

（十九）监管部门有关法律责任

违反本法规定，县级以上人民政府食品安全监督管理、卫生行政、农业行政等部门有下列行为之一的，对直接负责的主管人员和其他直接责任人员给予记大过处分；情节较重的，给予降级或者撤职处分；情节严重的，给予开除处分；造成严重后果的，其主要负责人还应当引咎辞职：

（1）隐瞒、谎报、缓报食品安全事故。

（2）未按规定查处食品安全事故，或者接到食品安全事故报告未及时处理，造成事故扩大或者蔓延。

（3）经食品安全风险评估得出食品、食品添加剂、食品相关产品不安全结论后，未及时采取相应措施，造成食品安全事故或者不良社会影响。

（4）对不符合条件的申请人准予许可，或者超越法定职权准予许可。

（5）不履行食品安全监督管理职责，导致发生食品安全事故。

违反本法规定，县级以上人民政府食品安全监督管理、卫生行政、农业行政等部门有下列行为之一，造成不良后果的，对直接负责的主管人员和其他直接责任人员给予警告、记过或者记大过处分；情节较重的，给予降级或者撤职处分；情节严重的，给予开除处分。

（1）在获知有关食品安全信息后，未按规定向上级主管部门和本级人民政府报告，或者未按规定相互通报。

（2）未按规定公布食品安全信息。

（3）不履行法定职责，对查处食品安全违法行为不配合，或者滥用职权、玩忽职守、徇私舞弊。

（二十）行政检测和行政强制法律责任

食品安全监督管理等部门在履行食品安全监督管理职责过程中，违法实施检查、强制等执法措施，给生产经营者造成损失的，应当依法予以赔偿，对直接负责的主管人员和其他直接责任人员依法给予处分。

（二十一）民事责任优先原则

违反本法规定，造成人身、财产或者其他损害的，依法承担赔偿责任。生产经营者财产不足以同时承担民事赔偿责任和缴纳罚款、罚金时，先承担民事赔偿责任。

（二十二）首负责任制和惩罚性赔偿

消费者因不符合食品安全标准的食品受到损害的，可以向经营者要求赔偿损失，也可以向生产者要求赔偿损失。接到消费者赔偿要求的生产经营者，应当实行首负责任制，先行赔付，不得推诿；属于生产者责任的，经营者赔偿后有权向生产者追偿；属于经营者责任的，生产者赔偿后有权向经营者追偿。

生产不符合食品安全标准的食品或者经营明知是不符合食品安全标准的食品，消费者除要求赔偿损失外，还可以向生产者或者经营者要求支付价款十倍或者损失三倍的赔偿金；增加赔偿的金额不足一千元的，为一千元。但是，食品的标签、说明书存在不影响食品安全且不会对消费者造成误导的，瑕疵的除外。

（二十三）刑事责任

违反本法规定，构成犯罪的，依法追究刑事责任。

二、《中华人民共和国农产品质量安全法》的法律责任与违法处罚

（一）法律责任

《农产品质量安全法》第六十二条规定：违反本法规定，地方各级人民政府未

确定有关部门的农产品质量安全监督管理工作职责，未建立健全农产品质量安全工作机制，或者未落实农产品质量安全监督管理责任；未制定本行政区域的农产品质量安全突发事件应急预案，或者发生农产品质量安全事故后未按照规定启动应急预案。对直接负责的主管人员和其他直接责任人员给予警告、记过、记大过处分；造成严重后果的，给予降级或者撤职处分。

《农产品质量安全法》第六十三条规定：违反本法规定，县级以上人民政府农业农村等部门，隐瞒、谎报、缓报农产品质量安全事故或者隐匿、伪造、毁灭有关证据；未按照规定查处农产品质量安全事故，或者接到农产品质量安全事故报告未及时处理，造成事故扩大或者蔓延；发现农产品质量安全重大风险隐患后，未及时采取相应措施，造成农产品质量安全事故或者不良社会影响；不履行农产品质量安全监督管理职责，导致发生农产品质量安全事故。对直接负责的主管人员和其他直接责任人员给予记大过处分；情节较重的，给予降级或者撤职处分；情节严重的，给予开除处分；造成严重后果的，其主要负责人还应当引咎辞职。

《农产品质量安全法》第六十四条规定：县级以上地方人民政府农业农村、市场监督管理等部门在履行农产品质量安全监督管理职责过程中，违法实施检查、强制等执法措施，给农产品生产经营者造成损失的，应当依法予以赔偿，对直接负责的主管人员和其他直接责任人员依法给予处分。

《农产品质量安全法》第六十七条规定：违反本法第二十三条规定，由县级以上地方人民政府农业农村主管部门依照有关法律、法规的规定处理、处罚。

（二）违法处罚

《农产品质量安全法》第六十五条规定：农产品质量安全检测机构、检测人员出具虚假检测报告的，由县级以上人民政府农业农村主管部门没收所收取的检测费用，检测费用不足一万元的，并处五万元以上十万元以下罚款，检测费用一万元以上的，并处检测费用五倍以上十倍以下罚款；对直接负责的主管人员和其他直接责任人员处一万元以上五万元以下罚款；使消费者的合法权益受到损害的，农产品质量安全检测机构应当与农产品生产经营者承担连带责任。

《农产品质量安全法》第六十六条规定：违反本法第二十一条规定，由县级以上地方人民政府农业农村主管部门责令停止违法行为，没收农产品和违法所得，并处违法所得一倍以上三倍以下罚款。

《农产品质量安全法》第六十八条规定：违反本法第二十三条规定，由县级以上地方人民政府农业农村主管部门责令限期改正；逾期不改正的，处五千元以上五万元以下罚款。

《农产品质量安全法》第六十九条规定：违反本法第二十六条规定，由县级以上地方人民政府农业农村主管部门责令限期改正；逾期不改正的，处二千元以上二万元以下罚款。

《农产品质量安全法》第七十条规定：违反本法第二十九条、第三十六条规定，尚不构成犯罪的，由县级以上地方人民政府农业农村主管部门责令停止生产经营、追回已经销售的农产品，对违法生产经营的农产品进行无害化处理或者予以监督销毁，没收违法所得，并可以没收用于违法生产经营的工具、设备、原料等物品；违法生产经营的农产品货值金额不足一万元的，并处十万元以上十五万元以下罚款，货值金额一万元以上的，并处货值金额十五倍以上三十倍以下罚款；对农户，并处一千元以上一万元以下罚款；情节严重的，有许可证的吊销许可证，并可以由公安机关对其直接负责的主管人员和其他直接责任人员处五日以上十五日以下拘留。明知农产品生产经营者从事前款规定的违法行为，仍为其提供生产经营场所或者其他条件的，由县级以上地方人民政府农业农村主管部门责令停止违法行为，没收违法所得，并处十万元以上二十万元以下罚款；使消费者的合法权益受到损害的，应当与农产品生产经营者承担连带责任。

《农产品质量安全法》第七十一条规定：违反本法第三十六条第二项、第三项、第六项规定，尚不构成犯罪的，由县级以上地方人民政府农业农村主管部门责令停止生产经营、追回已经销售的农产品，对违法生产经营的农产品进行无害化处理或者予以监督销毁，没收违法所得，并可以没收用于违法生产经营的工具、设备、原料等物品；违法生产经营的农产品货值金额不足一万元的，并处五万元以上十万元以下罚款，货值金额一万元以上的，并处货值金额十倍以上二十倍以下罚款；对农户，并处五百元以上五千元以下罚款。

《农产品质量安全法》第七十二条规定：违反本法第三十条、第三十五规定，由县级以上地方人民政府农业农村主管部门责令停止生产经营、追回已经销售的农产品，对违法生产经营的农产品进行无害化处理或者予以监督销毁，没收违法所得，并可以没收用于违法生产经营的工具、设备、原料等物品；违法生产经营的农产品货值金额不足一万元的，并处五千元以上五万元以下罚款，货值金额一万元以上的，并处货值金额五倍以上十倍以下罚款；对农户，并处三百元以上三千元以下罚款。

《农产品质量安全法》第七十三条规定：违反本法第三十九规定，由县级以上地方人民政府农业农村主管部门按照职责给予批评教育，责令限期改正；逾期不改正的，处一百元以上一千元以下罚款。

《农产品质量安全法》第七十四条规定：违反本法第四十二规定，由县级以上地方人民政府农业农村主管部门按照职责责令改正，没收违法所得；违法生产经营的农产品货值金额不足五千元的，并处五千元以上五万元以下罚款，货值金额五千元以上的，并处货值金额十倍以上二十倍以下罚款。

《农产品质量安全法》第七十五条规定：违反本法第四十一规定，由县级以上地方人民政府农业农村主管部门按照职责责令限期改正；逾期不改正的，可以处一万元以下罚款。

《农产品质量安全法》第七十六条规定：违反本法第五十三规定，由有关主管部门按照职责责令停产停业，并处二千元以上五万元以下罚款；构成违反治安管理行为的，由公安机关依法给予治安管理处罚。

三、《中华人民共和国产品质量法》的法律责任与违法处罚

（一）法律责任

1. 行政责任

《产品质量法》第六十五条至第六十八条规定：

（1）从事产品质量监督管理的国家工作人员滥用职权玩忽职守、徇私舞弊，构成犯罪的，依法追究刑事责任；不构成犯罪的，给予行政处分。

（2）各级政府工作人员和其他国家机关工作人员有下列情形之一的，依法给予行政处分；构罪的，依法追究刑事责任：①包庇、放纵产品生产、销售中违反《产品质量法》规定行为的；②向从事违反《产品质量法》规定的生产、销售活动的当事人通风报信，帮助其逃避查处的；③阻挠、干预产品质量监督部门或者工商行政管理部门依法对产品生产、销售中违反产品质量法的行为进行查处，造成严重后果的。

2. 民事责任

《产品质量法》第六十四条规定：违反本法规定，应当承担民事赔偿责任和缴纳罚款、罚金，其财产不足以同时支付时，先承担民事赔偿责任。

3. 刑事责任

《产品质量法》第六十五条规定：各级人民政府工作人员和其他国家机关工作人员、产品质量监督部门或者工商行政管理部门的工作人员违犯本法规定的，构成犯罪的，依法追刑事责任。

（二）违法处罚

1. 行政处罚

《产品质量法》第六十五条规定：各级人民政府工作人员和其他国家机关工作人员、产品质量监督部门或者工商行政管理部门的工作人员违犯本法规定的，对直接负责的主管人员和其他直接责任人员依法给予行政处分。

产品质量检验机构的违法行为，由产品质量监督部门责令改正，消除影响；情节严重的，撤销其质量检验资格。

2. 经济处罚

（1）生产者、销售者的法律责任　生产、销售不符合保障人体健康，人身、财产安全的国家标准和行业标准的产品，责令停止生产、销售，没收违法生产、销

售的产品，并处违法生产、销售产品（包括已售出和未售出的产品，下同）货值金额等值以上3倍以下的罚款；有违法所得的，并没收违法所得；情节严重的，吊销营业执照；构成犯罪的，依法追究刑事责任的。

在产品中掺杂、掺假、以假充真、以次充好或者以不合格产品冒充合格产品的，责令停止生产、销售，没收违法生产、销售的产品，并处违法生产、销售产品货值金额50%以上3倍以下的罚款；有违法所得的，并处没收违法所得；情节严重的，吊销营业执照。

生产国家明令淘汰的产品的，销售国家命令淘汰并停止销售的产品的，责令停止生产、销售，没收违法生产、销售的产品，并处以违法生产、销售产品货值金额等值以下的罚款；有违法所得的，并处以没收违法所得；情节严重的，吊销营业执照。

销售失效、变质的产品的，责令停止销售，没收违法销售的产品，并处违法销售货值金额2倍以下的罚款；有违法所得，并处没收违法所得；情节严重的，吊销营业执照；构成犯罪的，依法追究刑事责任。

伪造产品的产地的，伪造或者冒用他人的厂名、厂址的，伪造或者冒用认证标志、名优标志等质量标志的，责令改正，没收违法生产、销售的产品，并处以违法生产、销售货值金额等值以下的罚款；有违法所得，并处没收违法所得；情节严重的，吊销营业执照；构成犯罪的，依法追究刑事责任。

产品标识不符合《产品质量法》要求的，责令改正；有包装的产品标识不符合《产品质量法》规定，情节严重的，责令停止生产、销售，并处以违法生产、销售产品货值金额以下的罚款；有违法所得，并处没收违法所得。

（2）产品质量检验机构、认证机构和其他社会中介机构的法律责任　产品质量检验机构、认证机构伪造检验结果或者出具虚假证明的，责令改正，对单位处以5万元以上10万元以下的罚款，对直接责任人员处1万元以上5万元以下的罚款；有违法所得，并处没收违法所得；情节严重的，取消其检验资格、认证资格；构成犯罪的，依法追究刑事责任。

产品质量检验机构、认证机构出具的检验结果或者证明不实，造成损失的，应当承担相应的赔偿责任；造成重大损失的，撤销其检验、认证资格。

产品质量认证机构违反产品质量法规定，对不符合认证标准而使用认证标志的产品，未依法要求其改正或者取消其使用认证标志的，对因产品不符合认证标志给消费者造成损失的，与产品的生产者、销售者承担连带责任；情节严重的，撤销其认证资格。

社会团体、社会中介机构对产品质量做出承诺、保证，而该产品不符合其承诺、保证的质量要求，给消费者造成损失的，与产品的生产者、销售者承担连带责任。

在广告中对产品质量做虚假宣传，欺骗和误导消费者的，依照广告法的规定追究法律责任。

小　结

本章节主要讲述了《食品安全法》《农产品质量安全法》《产品质量法》等食品法律和《卫生监督管理制度》《产品质量监督抽查制度》《餐饮服务许可制度》《绿色食品标志管理办法》等食品法规的基本内容。文中所给法律法规均为最新版本，内容选择以应用为目的，以必要、够用为原则，要求学生熟练掌握相关法律法规，并且能够利用所学知识分析食品安全问题。

复习思考题

1. 名词解释

（1）食品。

（2）预包装食品。

（3）不安全食品。

（4）食品添加剂。

（5）食品流通。

（6）食品摊贩。

（7）良好生产规范。

（8）危害分析与关键控制点体系。

（9）食品安全风险评估。

（10）保质期。

（11）食品安全。

（12）食源性疾病。

（13）食品安全事故。

（14）食物中毒。

（15）危险性评估。

2. 判断题

（1）军工产品质量监督管理依据《中华人民共和国产品质量法》。(　　)

（2）食品安全是指食品无毒无害，符合应当有的营养要求，对人体健康不造成急性、亚急性或者慢性危害。(　　)

（3）食品和食品添加剂与其标签、说明书所载的内容不符的，不得上市销售。(　　)

(4) 食品检验实行食品检验机构与检验人负责制度。(　　)

(5) 食品安全监督管理部门根据情况可以对食品实施免检。(　　)

(6) 县级以上食品安全监督管理部门有权查封违法从事食品产生经营活动的场所。(　　)

(7) 食品安全监管部门对有不良记录的食品生产经营者可以增加监督检查频次。(　　)

(8) 违反《食品安全法》规定，应当承担民事赔偿责任和缴纳罚款、罚金，其财产不足以支付时，应当先缴纳罚款、罚金。(　　)

(9) 名人、明星在虚假广告中向消费者推荐食品，使消费者的合法权益受到损害的，应当与食品生产经营者承担连带责任。(　　)

(10) 上级人民政府所属部门在下级行政区域设置的机构应当在所在地人民政府的统一组织、协调下，依法做好食品安全监管工作。(　　)

(11)《食品安全法》施行后，食品生产经营者之前已经取得的许可证一律无效。(　　)

(12) 食品生产经营企业不能自行对所生产的食品进行检验，只能委托符合《食品安全法》规定的食品检验机构进行检验。(　　)

(13) 食品添加剂应当在技术上确有必要且经过风险评估证明安全可靠，方可列入允许使用的范围。(　　)

(14) 食品行业协会、消费者协会可以向消费者推荐优质食品。(　　)

(15) 患有活动性肺结核疾病的人不得从事食品生产经营工作。(　　)

(16)《食品安全法》公布实施后，现行的食用农产品质量安全标准、食品卫生标准、食品质量标准等自行作废。(　　)

(17) 农民个人销售其自产的食用农产品不需要取得食品流通的许可。(　　)

(18) 取得食品生产许可的食品生产者在其生产场所销售其生产的食品，不需要取得食品流通的许可；取得餐饮服务许可的餐饮服务提供者在其餐饮服务场所出售其制作加工的食品，不需要取得食品生产和流通的许可。(　　)

(19) 县级以上食品安全监督管理部门应当对食品进行定期或者不定期的抽样检验。进行抽样检验，应当购买抽取的样品，不收取检验费和其他任何费用。(　　)

(20) 发生重大食品安全事故，设区的市级以上人民政府纪检监察部门应当立即会同有关部门进行事故责任调查，督促有关部门履行职责，向本级人民政府提出事故责任调查处理报告。(　　)

(21) 直接入口的食品应当有小包装或者使用无毒、清洁的包装材料、餐具。(　　)

(22) 食品广告的内容应当真实合法，不得含有虚假、夸大的内容，可以

涉及疾病预防、治疗功能。(　　)

(23) 保质期，指预包装食品在标签指明的贮存条件下保持品质的期限。(　　)

(24) 生产经营的食品中不得添加药品，但是可以添加按照传统既是食品又是中药材的物质。(　　)

(25) 餐饮服务提供者取得的《餐饮服务许可证》，不得转让、涂改、出借、倒卖、出租。(　　)

(26) 餐饮企业的卫生等级一经评定后，就不再发生变化，不会有升降级。(　　)

(27) 食品添加剂，指为改善食品品质和色、香、味以及为防腐、保鲜和加工工艺的需要而加入食品中的人工合成或者天然物质。(　　)

(28) 对餐饮服务提供者主要责任人进行约谈的主要目的，是要求其认真落实餐饮服务食品安全责任，立即采取有效措施，及时消除食品安全隐患，切实提高食品安全保障水平。(　　)

3. 单项选择题

(1) 在中国境内从事（　　）活动，应当遵守《食品安全法》。

A. 食品生产和加工，食品流通和餐饮服务

B. 食品添加剂的生产经营

C. 食品生产经营者使用食品添加剂、食品相关产品

D. 以上都正确

(2) 公民发现食品商店销售的食品有质量问题，应当向（　　）部门投诉。

A. 食品药品监督部门　　B. 工商行政管理部门

C. 质量技术监督部门　　D. 食品安全委员会

(3) 国务院卫生行政部门承担食品安全综合协调职责，负责（　　），并且负责食品检验机构的资质认定条件和检验规范的制定，组织查处食品安全重大事故。

A. 食品安全风险评估　　B. 食品安全标准制定

C. 食品安全信息公布　　D. 以上都正确

(4) 依据《食品安全法》的规定，（　　）应当开展食品安全法律、法规以及食品安全标准和知识的公益宣传，并对违反《食品安全法》的行为进行舆论监督。

A. 新闻媒体　　B. 社会团体

C. 消费者协会　　D. 街道办事处

(5)（　　）是制定、修订食品安全标准和对食品安全实施监督管理的科学依据。

A. 食品安全风险方案　　B. 食品安全风险评估结果

C. 食品安全风险评估制度　　D. 食品安全风险计划

(6) 食品安全国家标准由（　　）制定、公布，国务院标准化行政部门提供国家标准编号。

A. 国务院食品安全委员会　　B. 国务院卫生行政部门

C. 国家质检总局　　D. 国务院标准化行政部门

(7)《农产品质量安全法》中所称的农产品，是指来源于农业的初级产品，即在农业活动中获得的（　　）。

A. 植物及其产品　　B. 动物及其产品

C. 植物．动物及其产品　　D. 植物、动物、微生物及其产品

(8) 食品生产经营人员（　　）应当进行健康检查，取得健康证明后方可参加工作。

A. 每年　　B. 每两年

C. 每三年　　D. 每四年

(9) 对通过良好生产规范、危害分析与关键控制点体系认证的食品生产经营企业，认证机构应当依法实施跟踪调查。认证机构实施跟踪调查（　　）。

A. 不收取任何费用　　B. 收取部分费用

C. 收取所有费用　　D. 以上都不正确

(10) 申请利用新的食品原料从事食品生产或者从事食品添加剂新品种、食品相关产品新品种生产活动的单位或者个人，应当向（　　）提交相关产品的安全性评估材料。

A. 国务院卫生行政部门　　B. 工商行政管理部门

C. 食品安全监督管理部门　　D. 质量监督管理部门

(11) 声称具有特定保健功能的食品不得对人体产生急性、亚急性或者慢性危害，其标签、说明书不得涉及（　　）。

A. 疾病预防．治疗功能　　B. 材料用量

C. 保存方式　　D. 保质期

(12) 食品生产许可、食品流通许可和餐饮服务许可的有效期为（　　）年。

A. 1　　B. 2

C. 3　　D. 4

(13) 农产品生产企业、农民专业合作经济组织以及从事农产品收购的单位或者个人销售的农产品，使用添加剂的，应当按照规定标明添加剂的（　　）。

A. 剂量　　B. 成分

C. 名称　　D. 性质

(14) 销售的农产品必须符合农产品质量安全标准，生产者（　　）申请使用无公害农产品标志。农产品质量符合国家规定的有关优质农产品标准的，

生产者（　　）申请使用相应的农产品质量标志。

A. 应当；可以　　B. 应当；应当

C. 可以；可以　　D. 可以；应当

(15) 食品生产经营者在《食品安全法》施行前已经取得相应许可证的，该许可证（　　）。

A. 继续有效　　B. 重新申请

C. 有效期两年　　D. 重新复核

(16) 下列（　　）不受《食品安全法》的调整。

A. 转基因食品　　B. 生猪屠宰

C. 军队专用食品　　D. 乳品

(17) 以下有关食品添加剂的表述正确的是（　　）。

A. 天然的食品添加剂比人工化学食品添加剂合成的安全

B. 添加剂对身体有害，应该一概禁止

C. 三聚氰胺、苏丹红、“瘦肉精”都是食品非法添加物，根本不是食品添加剂

D. 发达国家允许使用的食品添加剂我国就可以使用

(18) 以下有关绿色食品的表述正确的是（　　）。

A. 绿色食品就是绿色的食品

B. 绿色食品就是不放化肥和农药的食品

C. 绿色食品一律不得使用化学合成生产资料

D. 绿色食品标准分为两个技术等级，即AA级绿色食品标准和A级绿色食品标准

(19) 下面哪种物质是国家允许作为食品添加剂的（　　）?

A. 吊白块　　B. 硫黄

C. 过氧化苯甲酰　　D. 都不允许

(20) 以下有关食品添加剂的表述正确的是（　　）。

A. 天然食品添加剂比人工化学合成食品添加剂更安全

B. 食品添加剂对身体有害，应该一概禁止使用

C. 三聚氰胺、苏丹红、“瘦肉精”都是食品非法添加物，根本不是食品添加剂

D. 发达国家允许使用的食品添加剂我国就可以使用

4. 多项选择题

(1) 国家建立食品安全风险监测制度，对（　　）进行监测。

A. 食源性疾病　　B. 人群健康状况

C. 食品污染　　D. 食品中的有害因素

(2) 食品安全风险评估专家委员会一般包括（　　）方面的专家。

A. 医学　　B. 农业

C. 食品　　D. 营养

(3) 国家建立食品安全风险评估制度，对食品、食品添加剂中（　　）危害进行风险评估。

A. 物理性　　B. 化学性

C. 致病性　　D. 生物性

(4) 国务院卫生行政部门应当组织食品安全风险评估工作的情形有（　　）。

A. 为制定或者修订食品安全国家标准提供科学依据需要进行风险评估的

B. 为确定监督管理的重点领域、重点品种需要进行风险评估的

C. 发现新的可能危害食品安全的因素的

D. 需要判断某一因素是否构成食品安全隐患的

(5) 下列哪些从业人员不得从事接触直接入口食品的工作（　　）?

A. 患有痢疾、伤寒、病毒性肝炎等消化道传染病的人员

B. 患有活动性肺结核、化脓性疾病的人员

C. 患有渗出性皮肤病疾病的人员

D. 患有轻微腰疼疾病的人员

(6) 食品经营者贮存散装食品，应当在贮存位置标明食品的（　　）。

A. 名称　　B. 生产日期

C. 保质期　　D. 生产者名称及联系方式

(7) 食品广告的内容（　　）。

A. 应当真实合法　　B. 不得含有虚假、夸大的内容

C. 不得涉及疾病预防、治疗功能　　D. 可以涉及具体疗效

(8) 依法需要实施检疫的动植物及其产品，应当附具（　　）。

A. 检疫合格标志　　B. 免检证明

C. 质量合格标志　　D. 检疫合格证明

(9) 农产品质量标志是指国家有关部门制定并发布，加施于获得特定质量认证农产品的证明标识，包括（　　）。

A. 无公害农产品　　B. 绿色食品

C. 名牌农产品　　D. 有机食品的标志

(10) 保健食品与一般食品有什么区别?（　　）

A. 保健食品含有一定量的功效成分，能调节人体的机能，具有特定的功能；而一般食品不强调特定功能（食品的第三功能）。

B. 保健食品一般有特定的食用范围（特定人群），而一般食品无特定的食用范围。

C. 保健食品一般都具有规定的每日服用量，而一般食品无规定。

D. 都够有良好的治疗效果。

(11) 患有下列（　　）等消化道传染病的人员，以及患有活动性肺结核、化脓性或者渗出性皮肤病等有碍食品安全的疾病的人员，不得从事接触直接入口食品的工作。

A. 痢疾　　B. 伤寒

C. 病毒性肝炎　　D. 蛔虫病

(12) 蔬菜生产企业或合作社应当建立生产记录，应如实记载农业投入品的下列（　　）事项。

A. 名称　　B. 用量

C. 用法　　D. 使用时间

(13) 食品安全监管部门或者承担食品检验职责的机构、食品行业协会、消费者协会以广告或者其他形式向消费者推荐食品的，由有关主管部门没收违法所得，依法对（　　）给予记大过、降级或者撤职的处分。

A. 主要领导　　B. 直接负责的主管人员

C. 其他直接责任人员　　D. 领导班子成员

(14)《餐饮服务食品安全监督管理办法》规定，县级以上食品安全监督管理部门应依法公布下列日常监督管理信息。(　　)

A. 餐饮服务行政许可情况

B. 餐饮服务食品安全监督检查和抽检的结果

C. 查处餐饮服务提供者违法行为的情况

D. 餐饮服务专项检查工作情况及其他餐饮服务食品安全监督管理信息

(15) 接触直接入口食品的操作人员在下列情形时应洗手。(　　)

A. 处理食物前，处理生食物后

B. 处理弄污的设备或饮食用具后

C. 咳嗽、打喷嚏或擤鼻子后

D. 触摸耳朵、鼻子、头发、口腔或身体其他部位后

5. 填空题

(1)《中华人民共和国食品安全法》于2015年4月24日第十二届全国人民代表大会常务委员会修订，自________实施。

(2) 国家对食品生产经营实行____制度。从事食品生产、食品流通、餐饮服务，应当依法取得食品生产许可、食品流通许可、餐饮服务许可。

(3) ______组织制定国家食品安全事故应急预案。

(4) 被吊销食品生产、流通或者餐饮服务许可证的单位，其直接负责的主管人员自处罚决定作出之日起____年内不得从事食品生产经营管理工作。

(5) 制定《中华人民共和国食品安全法》的目的是为了保证食品安全，

保障公众和________。

(6) 食品进货查验记录应当真实，保存期限不得少于____年，食品出厂检验记录应当真实，保存期限不得少于____年。

(7) 生产不符合食品安全标准的食品，消费者除要求赔偿损失外，还可以向生产者要求支付价款____倍的赔偿金。

(8) 食品安全监督管理部门对食品不得实施______。

(9) 食品生产经营者聘用不得从事食品生产经营管理工作的人员从事工作的，由______吊销许可证。

(10) 违反《食品安全法》规定，受到刑事处罚的人员，自刑罚执行完毕起____年内不得从事食品检验工作。

(11) 国家建立食品安全风险监测制度，对____________、__________、__________进行监测。

(12) 国家建立食品安全风险评估制度，对食品、食品添加剂中________、________、________危害进行风险评估。

(13) 新资源食品安全性评价采用________、________等原则。

(14) __________应当设立由有关方面专家组成的农产品质量安全风险评估专家委员会，对可能影响农产品质量安全的潜在危害进行风险分析和评估。

(15) 保健食品标准和功能评价方法由________制订并批准颁布。

6. 简述题

(1)《中华人民共和国食品安全法》的基本内容是什么?

(2)《中华人民共和国食品安全法》立法背景和意义是什么?

(3)《中华人民共和国产品质量法》的基本内容是什么?

(4) 违反《中华人民共和国食品安全法》的法律责任是什么?

(5)《中华人民共和国农产品质量安全法》的基本内容是什么?

(6) 我国食品市场准入制度的主要内容是什么?

模块四

国际与部分国家的食品法律、法规体系

【学习目标】

知识目标

1. 了解美国、加拿大、日本、澳大利亚和欧盟的食品安全法律、法规。
2. 理解国际食品法律、法规的意义。
3. 掌握国际食品标准组织。

技能目标

1. 会办理相关的食品法律条款。
2. 能处理具体的食品安全事件。
3. 能运用食品安全法律、法规对食品事件进行分析。

项目一 国际食品标准组织

一、世界卫生组织（WHO）

（一）世界卫生组织简介

世界卫生组织（世卫组织，World Health Organization，WHO）是联合国下属的一个专门机构，其前身可以追溯到1907年成立于巴黎的国际公共卫生局和1920年成立于日内瓦的国际联盟卫生组织。战后，经联合国经济及社会理事会决定，64个国家的代表于1946年7月在纽约举行了一次国际卫生会议，签署了《世界卫生组织组织法》。1948 年 4 月 7 日，该法得到 28 个联合国会员国批准后生效，世界卫生组织宣告成立。每年的 4 月 7 日也就成为全球性的“世界卫生日”。同年 6 月 24 日，世界卫生组织在日内瓦召开的第一次世界卫生大会上正式成立，总部设在瑞士的日内瓦。世界卫生组织的宗旨是使全世界人民获得尽可能高水平的健康。该组织的主要职能包括：促进流行病和地方病的防治；改善公共卫生；推动确定生物制品的国际标准等。

（二）世界卫生组织总部

世界卫生大会是世卫组织的最高权力机构，每年召开一次。主要任务是审议总干事的工作报告、规划预算、接纳新会员和讨论其他重要议题。执行委员会是世界卫生大会的执行机构，负责执行大会的决议、政策和委托的任务，它由 32 位有资格的卫生领域的技术专家组成，每位成员均由其所在的成员国选派，由世界卫生大会批准，任期三年，每年改选三分之一。

根据世界卫生组织的君子协定，联合国安理会 5 个常任理事国是必然的执委成员国，但席位第三年后轮空一年。常设机构秘书处下设非洲、美洲、欧洲、东地中海、东南亚、西太平洋 6 个地区办事处。执行委员会为 WHO 最高执行机构，每年举行两次全体会议。秘书处为 WHO 常设机构。

（三）世界卫生组织会徽

世界卫生组织会徽是由 1948 年第一届世界卫生大会选定的。该会徽由一条蛇盘绕的权杖所覆盖的联合国标志组成，如图 4 – 1 所示。

图 4 – 1　WHO 会徽

希腊是蛇徽的发源地，从古到今，蛇徽遍布希腊各地。到了近代，美国、英国、加拿大、德国以及联合国世界卫生组织都用蛇徽作为自己的医学标志。20 世纪 50 年代前中国中华医学会的会徽上也有蛇徽。1948 年 4 月出版的《中华医学杂志》，封面就是一个赫然醒目的蛇徽。直到现在，蛇在西方仍是医务工作者的标记。一些医科学校的校徽上有蛇的形象，便是缘于此。

二、联合国粮农组织（FAO）

（一）联合国粮农组织简介

联合国粮农组织又称为联合国粮食及农业组织，先于联合国本身成立。第二次世界大战爆发后，经当时的美国总统罗斯福倡议，45 个国家的代表于 1943 年 5

月18日至6月3日在美国弗吉尼亚州的温泉城举行了同盟国粮食和农业会议。会议决定建立一个粮食和农业方面的永久性国际组织，并起草了《粮食及农业组织章程》。1945年10月16日，粮食及农业组织第1届大会在加拿大的魁北克城召开，45个国家的代表与会，并确定这天为该组织的成立之日。至11月1日第1届大会结束时，42个国家成为创始成员国。1946年12月16日与联合国签署协定，从而正式成为联合国的一个专门机构。截至1985年年底，该组织共有158个成员国。中国是该组织的创始成员国之一。1973年，中华人民共和国在该组织的合法席位得到恢复，并从同年召开的第17届大会起一直为理事国。

该组织的最高权力机构为大会，每两年召开1次。常设机构为理事会，由大会推选产生理事会独立主席和理事国。至1985年年底，理事会下已设有计划、财政、章程及法律事务、商品、渔业、林业、农业、世界粮食安全、植物遗传资源9个办事机构。该组织的执行机构为秘书处，其行政首脑为总干事。秘书处下设总干事办公室和7个经济技术事务部。总部自1951年起迁往意大利罗马，此外还在非洲、亚洲和太平洋、拉丁美洲和加勒比、近东和欧洲等5个地区设有区域办事处，在北美（美国华盛顿）和联合国（美国纽约和瑞士日内瓦）分别设有联络处。

（二）联合国粮农组织主要职能

（1）搜集、整理、分析和传播世界粮农生产和贸易信息。

（2）向成员国提供技术援助，动员国际社会进行投资，并执行国际开发和金融机构的农业发展项目。

（3）向成员国提供粮农政策和计划的咨询服务。

（4）讨论国际粮农领域的重大问题，制定有关国际行为准则和法规，谈判制定粮农领域的国际标准和协议，加强成员国之间的磋商和合作。

可以说，粮农组织是一个信息中心，是一个开发机构，是一个咨询机构，是一个国际讲坛，还是一个制定粮农国际标准的中心。

三、国际食品法典委员会（CAC）

（一）国际食品法典委员会简介

国际食品法典委员会（CAC）是由联合国粮农组织（FAO）和世界卫生组织（WHO）共同建立，以保障消费者的健康和确保食品贸易公平为宗旨的一个制定国际食品标准的政府间组织。自1961年第11届粮农组织大会和1963年第16届世界卫生大会分别通过了创建CAC的决议以来，已有173个成员国和1个成员国组织（欧盟）加入该组织，覆盖全球99%的人口。CAC下设秘书处、执行委员会、6个地区协调委员会、21个专业委员会和1个政府间特别工作组。所有国际食品法典标准都主要在其各下属委员会中讨论和制定，然后经CAC大会审议后通过。

(二) 国际食品法典委员会工作程序

该委员会的主要工作是通过执委会下属的三个法典委员会及其分支机构进行的。

(1) 产品法典委员会　指食品及食品类别的分委会。它垂直地管理各种食品。

(2) 一般法典委员会　是与各种食品、各个产品委员会都有关的基本领域中的特殊项目，包括食品添加剂、农药残留、标签、检验和出证体系以及分析和采样等。

(3) 地区法典委员会　负责处理区域性事务。

工作程序：第一步：大会批准新的工作，成立制标小组。第二步：制标小组拟订草案初稿。第三步：送交有关政府征求意见。第四步：委员会审议草案初稿和反馈意见。第五步：大会采纳拟议的草案。第六步：再次送交有关政府征求意见。第七步：委员会再次审议草案和反馈意见。第八步：大会批准，并以法典标准公布。

(三) 国际食品法典委员会工作内容

质量控制是CAC所有工作的核心内容，CAC标准对发展中国家和发达国家的食品生产商和加工商的利益是同等对待的。制定CAC标准、准则或规范的关键因素是采用危险性分析的方法，这包括危险性评估、危险性管理和危险性信息。CAC要求所有的分委会介绍他们使用的危险性分析方法，这些资料是所有未来标准的基础。质量保证体系已成为CAC工作的重点，CAC最近通过了应用HACCP体系的指南，把HACCP看作是评估危害和建立强调预防措施（而非依赖于最终产品的检测）的管理体系的一种工具，CAC非常强调和推荐HACCP与GMP的联合使用。

1962—1999年CAC已制定的标准、规范数目：食品产品标准237个；卫生或技术规范41个；评价的农药185个；农药残留限量2374个；污染物准则25个；评价的食品添加剂1005个；评价的兽药54个。已出版的食品法典共13卷，内容涉及食品中农残；食品中兽药；水果蔬菜；果汁；谷、豆及其制品；鱼、肉及其制品；油、脂及其制品；乳及其制品；糖、可可制品、巧克力；分析和采样方法等诸多方面。

对食品原料加工和生产中应用生物技术的问题进行认真的研究工作已经开始，CAC不断地研究与食品安全和保护消费者预防健康危害有关的新概念和系统，这些议题的研究引导CAC未来的工作方向。

(四) 国际食品法典委员会的作用

国际食品法典委员会已成为全球消费者、食品生产和加工者、各国食品管理机构和国际食品贸易重要的基本参照标准。法典对食品生产、加工者的观念以及消费者的意识已产生了巨大影响，并对保护公众健康和维护公平食品贸易做出了不可估量的贡献。

国际食品法典委员会对保护消费者健康的重要作用已在1985年联合国第39/248号决议中得到强调，为此国际食品法典委员会指南采纳并加强了消费者保护政策的应用。该指南提醒各国政府应充分考虑所有消费者对食品安全的需要，并尽可能地支持和采纳国际食品法典委员会的标准。

国际食品法典委员会与国际食品贸易关系密切，针对业已增长的全球市场，特别是作为保护消费者而普遍采用的统一食品标准，国际食品法典委员会具有明显的优势。因此，实施卫生与植物卫生措施协议（SPS）和技术性贸易壁垒协议（TBT）均鼓励采用协调一致的国际食品标准。作为乌拉圭回合多边贸易谈判的产物，SPS协议引用了法典标准、指南及推荐技术标准，以此作为促进国际食品贸易的措施。因此，法典标准已成为在乌拉圭回合协议法律框架内衡量一个国家食品措施和法规是否一致的基准。

四、世界动物卫生组织（OIE）

（一）世界动物卫生组织简介

世界动物卫生组织（OIE），也称“国际兽疫局”，是1924年建立的一个国际组织。2007年6月，OIE有169个成员国家。截至2011年1月，其成员国及地区已达到178个。它的总部在法国巴黎。该组织是在1920年比利时牛瘟兽疫之后创建的。该病发端于印度，对其传播的担心导致了1921年3月巴黎召开的国际会议。28个国家1924年1月25日签署一项协议。

（二）世界动物卫生组织主要职能

（1）向各国政府通告全世界范围内发生的动物疫情以及疫情的起因，并通告控制这些疾病的方法。

（2）在全球范围内，就动物疾病的监测和控制进行国际研究。

（3）协调各成员国在动物和动物产品贸易方面的法规和标准。

（4）帮助成员国完善兽医工作制度，提升工作能力。

（5）促进动物福利，提供食品安全技术支撑。

（三）世界动物卫生组织颁布的国际标准

世界动物卫生组织发布的国际标准有：动物卫生法典（Animal Health Code）——哺乳动物、鸟类及蜜蜂的国际动物卫生法典；诊断与预防接种（Diagnostics & Vaccines）——诊断检验及预防接种标准手册，1996年第三版；水生动物法典（Aquatic Code）——国际水生动物法典；水生动物手册（Aquatic Manual）——水生动物疾病诊断手册；试剂（Reagents）——国际参考标准试剂；国际动物卫生组织动物疾病名单：A类动物疾病（List A）、B类动物疾病（List B）等。

五、国际植物保护公约（IPPC）

国际植物保护公约（International Plant Protection Convention，IPPC）是1951年联合国粮食和农业组织（FAO）通过的一个有关植物保护的多边国际协议，1952年生效。1979年和1997年，FAO分别对IPPC进行了2次修改，1997年新修订的植物保护公约尚未生效。国际植物保护公约由设在粮农组织植物保护处的IPPC秘书处负责执行和管理，目前，签约国为111个，中国尚未加入该公约。

国际植物保护公约的目的是确保全球农业安全，并采取有效措施防止有害生物随植物和植物产品传播和扩散，促进有害生物控制措施。国际植物保护公约为区域和国家植物保护组织提供了一个国际合作、协调一致和技术交流的框架和论坛。由于认识到IPPC在植物卫生方面所起的重要作用，WTO/SPS协议规定IPPC为影响贸易的植物卫生国际标准（植物检疫措施国际标准）的制定机构，并在植物卫生领域起着重要的协调一致的作用。

六、国际标准化组织（ISO）

（一）国际标准化组织简介

国际标准化组织（International Organization for Standardization，ISO）是世界上最大的非政府性标准化专门机构，是国际标准化领域中一个十分重要的组织。国际标准化组织的前身是国家标准化协会国际联合会和联合国标准协调委员会。1946年10月，25个国际标准化机构的代表在伦敦召开大会，决定成立新的国际标准化机构，定名为ISO。大会起草了ISO的第一个章程和议事规则，并认可通过了该章程草案。1947年2月23日，国际标准化组织正式成立。ISO的任务是促进全球范围内的标准化及其有关活动，以利于国际间产品与服务的交流，以及在知识、科学、技术和经济活动中发展国际间的相互合作。ISO是一个国际标准化组织，其成员由来自世界上100多个国家的国家标准化团体组成，代表中国参加ISO的国家机构是国家质量监督检验检疫总局。

（二）国际标准化组织的工作内容

国际标准的内容涉及广泛，从基础的紧固件、轴承各种原材料到半成品和成品，其技术领域涉及信息技术、交通运输、农业、保健和环境等。每个工作机构都有自己的工作计划，该计划列出需要制订的标准项目（试验方法、术语、规格、性能要求等）。

ISO的主要功能是为人们制订国际标准达成一致意见提供一种机制。其主要机构及运作规则都在一本名为ISO/IEC技术工作导则的文件中予以规定，其技术结构在ISO是有800个技术委员会和分委员会，它们各有一个主席和一个秘书处。秘书处是由各成员国分别担任，目前承担秘书国工作的成员团体有30个。各秘书处与位于日内瓦的ISO中央秘书处保持直接联系。

国际标准由技术委员会（TC）和分技术委员会（SC）经过六个阶段形成：申请阶段、预备阶段、委员会阶段、审查阶段、批准阶段、发布阶段。

通过这些工作机构，ISO已经发布了17000多个国际标准，如ISO公制螺纹、ISO的A4纸张尺寸、ISO的集装箱系列（目前世界上95%的海运集装箱都符合ISO标准）、ISO的胶片速度代码、ISO的开放系统互联（OS2）系列（广泛用于信息技术领域）和有名的ISO9000质量管理系列标准。与食品技术相关的标准，绝大部分是由ISO/TC34制定的。其下设14个分技术委员会：TC34/SC2油料种子和果实；TC34/SC3水果和蔬菜制品；TC34/SC4谷物和豆类；TC34/SC5乳和乳制品；TC34/SC6肉和肉制品；TC34/SC7香料和调味品；TC34/SC8茶；TC34/SC9微生物等。

七、世界贸易组织与实施动植物卫生检疫措施协议（SPS）和技术性贸易壁垒协议（TBT）

（一）世界贸易组织与实施动植物卫生检疫措施协议（WTO/SPS）

世界贸易组织（World Trade Organization，WTO），简称世贸组织，1994年4月15日，在摩洛哥的马拉喀什市举行的关贸总协定乌拉圭回合部长会议决定成立更具全球性的世界贸易组织，以取代成立于1947年的关贸总协定（GATT）。世界贸易组织是当代最重要的国际经济组织之一，目前拥有157个成员，成员贸易总额达到全球的97%，有“经济联合国”之称。

SPS协议全称为《实施动植物卫生检疫措施的协议》，是世界贸易组织（WTO）在长达8年之久的乌拉圭回合谈判的一个重要的国际多边协议成果。随着国际贸易的发展和贸易自由化程度的提高，各国实行动植物检疫制度对贸易的影响已越来越大，某些国家尤其是一些发达国家为了保护本国农畜产品市场，多利用非关税壁垒措施来阻止国外尤其是发展中国家农畜产品进入本国市场，其中动植物检疫就是一种隐蔽性很强的技术壁垒措施。由于GATT和TBT对动植物卫生检疫措施约束力不够，要求不具体，为此，在乌拉圭回合谈判中，许多国家提议制定了SPS协议，它对国际贸易中的动植物检疫提出了具体的严格的要求，它是WTO协议原则渗透的动植物检疫工作的产物。

SPS协议的内容包括14条42款及3个附件，其内容丰富，涉及面广。

（二）世界贸易组织与技术性贸易壁垒协议（WTO/TBT）

《技术性贸易壁垒协议》（Agreement on Technical Barriers to Trade，TBT），是世界贸易组织管辖的一项多边贸易协议，是在关贸总协定东京回合同名协议的基础上修改和补充的。它由前言和15条及3个附件组成。主要条款有：总则、技术法规和标准、符合技术法规和标准、信息和援助、机构、磋商和争端解决、最后条款。协议适用于所有产品，包括工业品和农产品，但涉及卫生与植物卫生措施，由《实施卫生与植物卫生措施协议》进行规范，政府采购实体制定的采购规则不受本协议的约束。

WTO/TBT 的宗旨：为使国际贸易自由化和便利化，在技术法规、标准、合格评定程序以及标签标识制度等技术要求方面开展国际协调，遏制以带有歧视性的技术要求为主要表现形式的贸易保护主义，最大限度地减少和消除国际贸易中的技术堡垒，为世界经济全球化服务。

WTO/TBT 的原则：避免不必要的贸易堡垒原则、非歧视原则、协调原则、等效和相互承认原则、透明度原则。

协议对成员中央政府机构、地方政府机构、非政府机构在制定、采用和实施技术法规、标准或合格评定程序分别作出了规定和不同的要求。协议的宗旨是，规范各成员实施技术性贸易法规与措施的行为，指导成员制定、采用和实施合理的技术性贸易措施，鼓励采用国际标准和合格评定程序，保证包括包装、标记和标签在内的各项技术法规、标准和是否符合技术法规和标准的评定程序不会对国际贸易造成不必要的障碍，减少和消除贸易中的技术性贸易壁垒。合法目标主要包括维护国家基本安全，保护人类生命、健康或安全，保护动植物生命或健康，保护环境，保证出口产品质量，防止欺诈行为等。技术性措施是指为实现合法目标而采取的技术法规、标准、合格评定程序等。

《技术性贸易壁垒协议》附件 1 为《本协议下的术语及其定义》，对技术法规、标准、合格评定程序、国际机构或体系、区域机构或体系、中央政府机构、地方政府机构、非政府机构 8 个术语作了定义。附件 2 是《技术专家小组》。附件 3 是《关于制定、采用和实施标准的良好行为规范》，要求世界贸易组织成员的中央政府、地方政府和非政府机构的标准化机构以及区域性标准化机构接受该《规范》，并使其行为符合该规范。

八、 国际乳品业联合会 （IDF）

IDF 是国际乳品联合会缩写，是一个独立的乳品行业国际组织。国际乳品联合会成立于 1903 年，办公地点设在布鲁塞尔，是唯一能代表乳品行业利益的、独立的、非营利性的世界级组织，为世界各国乳业发展提供权威、独立的专业意见。IDF 现有 49 个成员国，这 49 个国家覆盖了全球 73% 牛乳产量。中国于 1995 年正式加入 IDF，成为该组织的正式成员单位。IDF 每年召开一次年会，每四年举办一次世界乳业大会。历届 IDF 世界乳业大会均受到世界各国乳品企业、乳业界人士、学术界人士和政府部门的高度关注，是世界乳品业的最重要的国际会议。

2002 年 9 月在法国巴黎召开的世界乳业大会上，中国正式向 IDF 总秘书处提出承办 2006 年世界乳业大会、年会的申请。2003 年 9 月 9 日召开的 IDF 理事会上，中国国家委员会经过一系列的陈述、说明，理事会表决一致同意，2006 年 IDF 年会和第 27 届世界乳业大会在中国上海举办。

九、国际谷类加工食品科学技术协会（ICC）

国际谷类加工食品科学技术协会是由国际标准化组织确认并公布的国际组织。其主要对国际间的谷类加工制定相关的标准，从而更有利于谷类加工产品在国际上的流通。

十、国际葡萄与葡萄酒局（OIV）

国际葡萄与葡萄酒局（OIV）是一个由符合一定标准的葡萄及葡萄酒生产国组成的政府间的国际组织，主要任务是协调各成员国之间的葡萄酒贸易，讨论科研成果，制定符合国际葡萄酒发展潮流的技术标准等。1924 年 11 月 29 日创建于法国巴黎，原名国际葡萄・葡萄酒局，当时的法国、英国、意大利、美国等 33 个主要葡萄酒生产国成为葡萄酒局成员国。该组织是国际葡萄酒业的权威机构，在业内被称为“国际标准提供商”，是 ISO 确认并公布的国际组织之一，OIV 标准亦是世界贸易组织（WTO）在葡萄酒方面采用的标准。世界产葡萄国家 95% 以上都参加了该组织，目前拥有法国、意大利等 49 个成员国，我国也是其成员国之一。

国际葡萄与葡萄酒局是依据发起国的法文缩写而定的。法文名称 Organisation Internationale de la Vigne et du vin，英文名称 International Vine and Wine Organization，也译作 International Organization of Vine and Wine。17 世纪，法国葡萄酒商为了突出自己所生产葡萄酒的个性，在该地域的葡萄酒前冠以“城”字。受此影响，意大利、英国等其他盛产葡萄酒的国家，也将本国著名葡萄酒产地定名为葡萄酒城。

由于它是一个政府间的国际组织，与联合国的一个研究院相仿，只有国家才能成为其成员。它的主要机构至少每年开一次会。这些机构是：代表大会、理事会、财务委员会、技术委员会和另外三个专业委员会（葡萄种植委员会、酿酒委员会、葡萄及葡萄酒经济委员会）。

OIV 研究关于葡萄的种植，葡萄酒、葡萄汁、食用葡萄和葡萄干的生产、贮存、销售和消费的科学、技术和经济问题。其活动根据情况由成员国的专家进行领导、布置和协调，由研究人员、教学人员、技术人员和专业人员同有关的国际组织进行联系。他们的结论由该组织的正式机构审查讨论，然后将意见报告成员国并公之于众。OIV 在多年的活动中，搜集了所有关于葡萄和葡萄酒的现状及历史的技术资料。它的会议的宗旨是深入讨论疑难问题，并就一些重大问题统一意见。

十一、国际有机农业运动联合会（IFOAM）

国际有机农业运动联合会（IFOAM）于 1972 年 11 月 5 日在法国成立，成立初期只有英国、瑞典、南非、美国和法国 5 个国家的 5 个单位的代表，经过 20 多年的发展，到目前已经有 110 多个国家 700 多个会员组织。它的优势在于联合了国际上从事有机农业生产、加工和研究的各类组织和个人，其制定的标准具有广泛的民主性和代表性，因此许多国家在制定有机农业标准时参考 IFOAM 的基本标准，甚至 FAO（联合国粮农组织）在制定标准时也专门邀请了 IFOAM 参与制定。

国际有机农业运动联合会（IFOAM）是国际范围内有机农业运动的有机生产和加工基本标准，及有机颁证认可标准的民间机构。IFOAM 的基本标准每两年召开一次会员大会进行修改，今年 8 月份在瑞士将再次进行修订。此外，IFOAM 的授权体系（即监督和控制有机农业检查认证机构的组织和准则）IOAS（Independent Organic Accreditation Service）和其基本标准一样，对于有机农业检查和认证机构的控制也非常有影响。国际有机农业运动联盟的基本标准包括了植物生产、动物生产以及加工的各类环节。具体内容涉及农产品生产的所有环节。正如前文所述，对有机农业检查认证机构的监督和控制单独由 IOAS 进行。此外，考虑到特殊农产品的邀请和特点，国际有机农业运动联盟还专门对茶叶和咖啡制定了标准，甚至以后还有可能对纺织品和化妆品制定标准。

项目二

部分国家食品法律、法规

一、美国食品卫生与安全法律、法规

美国至少有 12 个部门来管理食品安全，美国政府制定和修订了 35 部与食品安全有关的法规，其中直接相关的法令有 7 部。这 7 部法令既有综合性的《联邦食品、药品和化妆品法》《公共卫生服务法》《食品质量保护法》也有非常具体的《联邦肉类检查法》《禽类产品检验法》《蛋类产品检验法》《联邦杀虫剂、杀真菌剂和灭鼠剂法》。

美国的食品安全法律体系与监管机制并不是一开始就完善。期间也经历了一个比较长的时期，美国对食品安全法律的完善过程大体经历了三个阶段；即自由资本主义阶段、私人垄断资本主义阶段和国家垄断资本主义阶段。在自由资本主

义阶段时期，美国的经济处于自由竞争时期，国家只是扮演一个消极的“守夜人”的角色。在对待食品安全上也是这种态度。因此，这段时期内的食品安全法律是很少的，也没有专门的监管机构和具体措施。当然，当时的社会也很少出现重大食品安全事故。到了垄断资本主义时期，随着私人垄断的出现，在巨额利润的驱使下，食品市场出现了大量的伪造、假冒、甚至有毒的食品。政府的消极性已经不能有效的控制这种局面了。于是美国于1906年颁布了《食品、药品法》和《肉类制品监督法》。这两部法律的颁布实施标志着美国对食品安全的监管走上了法制化的轨道，在私人垄断资本主义时期出现的食品市场的违法行为也得到了一定程度的制止。国家垄断资本主义阶段至今，美国实施的基本政策是全面对国家进行宏观调控，在食品安全管理方面也是如此，为弥补1906年颁布的《食品、药品法》和《肉类制品监督法》的不足，美国国会于1938年制定了《食品、药品和化妆品法》，该部法律明确了美国食品安全法律的体制、法律的部门等。随后美国还相继制定了《公共卫生服务法》《安全饮水法》《食品质量保护法》等等。美国的食品安全法律制度至此就已经非常的完备了。当然，美国的食品安全做得非常好仅靠完善的几部法律是远远不够的，还需要有比较好的监管机制。

（一）《联邦食品、药品和化妆品法》

《联邦食品、药品和化妆品法》是美国食品安全法律的核心，它为美国食品安全的管理提供了基本原则和框架。它要求美国食品和药物管理局（FDA）管辖除肉、禽和部分蛋类以外的国产和进口食品的生产、加工、包装、贮存。此外还包括对新型动物药品、加药饲料和所有可能成为食品成分的食品添加剂的销售许可和监督。该法禁止销售须经FDA批准而未获得批准的食品、未获得相应报告的食品和拒绝对规定设施进行检查的厂家生产的食品。该法还禁止销售由于不洁贮藏条件而引起的含有令人厌恶的或污物的食品。该法对卫生的要求还规定禁止出售带有病毒的产品，并要求食品必须在卫生设施良好的房间中生产。

其主要内容目录包括：法律禁止行为和违禁行为的处罚；食品的定义与标准；食品中有毒成分的法定剂量；农产品中杀虫剂化学品的残留量；药品和器械；新药；人用器械的分类；药品和器械生产者的注册；药品和器械上市前的批准；禁用的仪器设备；关于控制将用于人类的器械的一般规则；新动物药；用于罕见疾病或病痛药品的保护；食品、药品、医用器械的进出口管理。

（二）《公共卫生服务法》

美国国会于1994年通过的《公共卫生服务法》，又称《美国检疫法》，是美国关于防范传染病的联邦法律。该法明确了严重传染病的界定程序，制定传染病控制条例，规定检疫官员的职责，同时对来自特定地区的人员、货物、有关检疫站、检疫场所与港口、民航与民航飞机的检疫等均做出了详尽规定，此外还对战争时期的特殊检疫进行了规范。它要求美国食品药品管理局负责制定防止传染病传播方面的法规，并向州和地方政府相应机构提供有关传染病法规的协助。

《美国检疫法》摘要如下。

（1）传染病控制条例。

①本条例由总医官颁布与实施。

②留验、隔离或限制性放行。

③对入境人员的规定。

④对感染者留验与查验。

（2）为防止传染病的传播，对来自特定地区的人员和货物暂时禁止入境和进口。

（3）战争时期的特殊检疫权力。

（4）检疫站、检疫场所。

①控制和管理。

②检疫时间。

③超时检疫服务费。

（5）负责官员和其他官员的检疫职责。

①任何负责官员和医官，受部长的指派应根据总医官规定的形式与间隔时间向总医官报告所在港口和地方的卫生状况。

②海关和边防官员有职责协助实施检疫规章和条例，但无额外补贴，除确实和必要的旅费外。

（6）卫生单证。

（7）对民航及民航飞机的检疫条例。

（8）违反（2）检疫法规的处罚。

（9）检疫官员誓言。

（三）《食品质量保护法》

1996年美国国会一致通过了《食品质量保护法》。该法对应用于所有食品的全部杀虫剂制定了一个单一的、以健康为基础的标准，为婴儿和儿童提供了特殊的保护，对安全性提高的杀虫剂进行快速批准，要求定期对杀虫剂的注册和容许量进行重新评估，以确保杀虫剂注册的数据不过时。

该法颁布于1996年，主要条款如下：关于食品中农药等污染物允许量的新计量法和规定；关于婴儿和孕妇需要增加额外的安全因子的规定；关于对总体接触污染物摄入量的计算规定；关于建立对污染物积累危害性的评估规定；关于对残留允许量和有机磷农药的重新评估；关于对农药效益的考虑；关于采用先进科学成果和新技术的规定；关于设立顾问委员会对允许残留量进行重新评估等。

对于食品安全的责任问题，美国将其归入《产品责任法》的范围内，食品和其他工业产品一律适用产品责任法的规定，而不另行制定法律。

（四）《联邦肉类检查法》《禽类产品检验法》《蛋类产品检验法》

《联邦肉类检查法》《禽类产品检验法》《蛋类产品检验法》规定农业部下属的食品安全检验局（FSIS）的职责主要是规范肉、禽、蛋类制品，确保销售给消费者的肉类、禽类和蛋类产品是合乎卫生的、不掺假的，并进行正确的标记、标识和包装。肉类、禽类和蛋类产品只有在盖有美国农业部的检验合格标记后，才允许销售和运输。这3部法律还要求向美国出口肉类、禽类和蛋类产品的国家必须具有等同于美国检验项目的检验能力。这种等同性要求不仅仅针对各国的检验体系，而且也包括在该体系中生产的产品质量的等同性。

《禽类产品检验法》主要包括：国会决议声明；国会政策声明；禽肉检查相关定义；联邦和州政府合作发展和管理禽肉产品检查计划；官方机构的检查；经营场所、设施和设备；标签和容器标准；禽肉检查法案禁止的行为；禽肉企业需遵循的规定；杂项条款；罪行和惩罚；违反行为的报告、通告、违反者陈述意见的机会；禽肉制品规章制度；禽肉及其他产品进入官方机构的限制；禽肉产品的进口等。

《蛋类产品检验法》主要包括：国会决议声明；国会政策声明；蛋类检查相关定义；蛋类产品的检查；官方企业的卫生操作规范；官方授权企业蛋产品的巴氏灭菌和标签；禁止行为；农业部与合适州政府及其他政府机构的合作，雇员的使用，费用的报销；非用做人类食品的蛋和蛋制品，检查，改变性质或以其他方式确定；记录要求：要求保持记录的人员，公开范围，记录的使用；强制性条款；向美国联邦检察官报告违反行为以建立刑事诉讼，程序，观点陈述；规章条例、管理和实施；特定行为的豁免；限制蛋和蛋制品进入官方企业；检查服务的拒绝和撤销，听证会，与企业相关的责任人，农业部最终决议，司法检查，其他不受影响的拒绝服务条款；违禁物品的行政扣留，扣留时间，解除，官方标志的去除等。

二、加拿大食品卫生与安全法律、法规

（一）加拿大食品安全管理机构概述

加拿大的食品安全管理实行的是联邦、省和市三级管理的模式。

加拿大联邦一级的食品安全管理机构主要是卫生部和农业部下属的食品检验局（CFIA），食品检验局负责实施卫生部制定的食品安全及营养质量标准和相关政策，同时对相关法律、法规和质量标准的执行情况进行有效监督。省政府一级的食品安全机构主要负责管辖范围的相关食品企业的监督并对企业生产的产品质量标准进行检测。市政府一级的食品安全管理组织主要负责向辖区内的食品经营者、饭店、商店等提供公共健康标准并对标准的执行情况进行监督。

在实际的食品安全监督与管理过程中，加拿大的外交和国际贸易部、农业及农业食品部、自然资源部、渔业与大洋部、边境检验局、高等院校以及各种专门

委员会都积极参与到工作中来，形成协调、合理、相互支持的监督与管理网络。除国家设置的官方机构外，加拿大还有大批的科研机构参与到食品安全危机管理过程。如安大略省的奎尔夫大学食品安全研究所就承担了安大略省农业部安排的食品安全监控样品和社会各类机构送检的样品检验任务，且作为第三方检测机构在加拿大国内享有极高的社会认知度和影响力。

在食品安全治理方面，近年加拿大做出了重要的立法举措。2012 年 11 月 22 日加拿大通过了新的食品安全法。该法的核心条款在 2015 年正式实施。此法在监管机构建设、立法建设和食品安全合作治理方面均具有创新性，并对国际食品贸易和 WTO 法律机制产生新的影响。

虽然看起来加拿大的食品安全管理部门林立，但是这些庞大的管理网络机构依据《加拿大农业产品法案》和《食品与药品法案》有着明确的职责分工，联邦政府负责管理跨省贸易和国际贸易的食品；省政府负责管理省内贸易的食品，包括零售业、食品服务业和食品加工业等。

（二）加拿大 CFIA 的主要职能

CFIA 的职责主要有三项：即提高食品安全（提高食品安全水平，促进公平的标签制度）、保证动物健康（促进动物卫生，防止动物疾病传染给人类）、保护植物资源（保护植物资源，保护植物和森林免遭病虫害的侵袭）。其中提高食品安全水平、保护消费者的健康是其最重要的职责。CFIA 的最终目标是食品安全能够完全满足所有联邦法规的要求。CFIA 的检验范围为：食品安全：鱼类、乳制品、蛋类、肉类卫生、蜂蜜、新鲜水果和蔬菜、加工产品、零售产品、消费者食品。动物卫生：兽医生物制品、动物的运输、饲料。植物保护：植物保护、种子、肥料。

CFIA 的日常工作涉及对各类食品进行检验；促进和推广 HACCP 在发生食品安全紧急情况和事故时，及时地作出反应；与其他国家政府合作，制定共同认可的食品安全操作方法和程序；规范食品标签；对不符合联邦法规要求的产品、设施、操作方法采取相应处罚措施等。CFIA 在食品生产流程中的监管职能为：投入阶段的业务活动包括注册、标签管理和食品成分核查、取样、调查和实验室分析。生产阶段的业务活动包括监察、调查、应急措施（检疫、消除、分区管理）和产品注册。加工阶段的业务活动包括检验设施和程序、审查和认可 HACCP 计划并核查执行情况，对违规现象进行处理，取样和标签核查。分销和运输阶段的业务包括检查、监察运输工具的结构、卫生状况、温度和湿度，检查、监察粮库和饲料厂卫生状况。消费者、零售、食品服务阶段的业务活动包括与其他公共卫生机构进行合作，对投诉或问题进行调查，对产品实施回收并向公众通报险情，对零售产品的成分、标签、质量和容量进行检验。

CFIA 在促进和推广使用有效的操作规范方面发挥了突出的作用，主要促进和推广的规范有：HACCP 措施，鼓励企业建立并运行，同时提供 HACCP 系统认证，并对执行状况进行核实，使所有的食品法规都在HACCP系统下得以实施；质量管理计划（QMP），该计划是一个基于HACCP原理的规划，该规划自1992年起在加拿大的鱼产品加工部门强制执行；食品安全督促计划（FSEP），该计划是一个为农业食品部门制定的规划，该规划在肉类和家禽加工厂实行得比较普遍，在乳制品、蜂蜜、鸡蛋、蔬菜水果加工业内也广泛应用。在家禽领域有8家企业（约占13%）实施了现代化家禽检验规划。CFIA还对《肉类检验法》起草了一个修正案，以便为该规划的强制实施提供必要的法律基础。

CFIA还承担加拿大农业部的"加拿大食品安全调整规划（CFSAP）"的管理工作，并对该规划的实施提供科技支持。CFSAP是由CFIA和农业部及食品行业的有关人员共同设计的，它对CFIA正在实施的FSEP和QMP具有很好的补充作用。CFIA还向另外一个由加拿大农业联合会管理的规划"加拿大农场生产食品安全规划（COFFSP）"提供科学和技术方面的支持，它通过联邦政府和产业界的合作，鼓励生产者在农场的食品生产环节实施与HACCP原理相一致的食品安全措施。CFIA对CFSAP和COFFSP计划的参与体现了其改进食品安全的承诺，即从初级产品生产到最终产品零售的多部门、跨行业的食品安全协作，最终实现从农场到餐桌的食品安全管理。

（三）加拿大食品安全的主要法律、法规

在加拿大联邦一级的食品安全管理机构中，CFIA是最主要的机构。CFIA总部设在渥太华，有4个执行区，即大西洋区、魁北克区、安大略区和西部区。各区设立区域办公室，下设18个地区办公室，185个现场办公室（包括入境边检站），408个设在企业的办公室和22个实验室及研究机构，共有4600人，分级设立国家FSEP（食品安全督促计划）/HACCP协调员、四地区FSEP/HACCP协调员、FSEP/HACCP专员和责任监督员。CFIA负责如下法律的管理和执行：《加拿大食品检验署法》《加拿大农业产品法》《农业和农产食品行政货币处罚法》《消费品包装和标识法》有关食品的部分、《饲料法》《化肥法》《水产品检验法》《食品和药品法》有关食品的部分、《动物卫生法》《肉品检验法》《植物保护法》《植物育种者产权法》《种子法》。CFIA执法方法包括：检验、检查和其他核查措施；申报；检测、实验室分析和文件审查。

CFIA是加拿大负责公共安全和边界安全管理机构的组成部分之一。加拿大边境服务署（Canada Border Service Agency，CBSA）对所有进境的人和物进行管理，针对进口食品，CBSA和CFIA分工协作管理。食品进口时，CBSA按照分工，可以进行抽样、核放，属于需要CFIA审核检验的，则将相关信息发至CFIA，获CFIA反馈指令后放行。对不同国家进口的食品，采取不同级别的管理模式，一般前五批必检。针对出口食品，要求任何出口产品一定要符合进口国法律、法规，手续齐全即放。如果加拿大与其他国家间有相互的食品检验认证协议，CFIA还向出口食品颁发证书，以证明这些食品达到了这些进口国的有关要求。

三、 日本食品法律、 法规

(一) 食品法律、法规的不断完善和发展

日本不断总结经验教训，根据《食品安全基本法》确立了食品的全过程管理理念，使其食品安全管理理念得到巨大提升。并根据该法成立了食品安全委员会，确立了食品安全监管三部门的协调合作机制，理顺了三部门的职责和关系。

第二次世界大战后初期，日本粮食短缺，流通管理混乱，导致大批不符合卫生条件的食品上市，这些质劣食品导致日本多次发生食品中毒事件，所以如何防止食物中毒成为日本政府食品监管的第一要务。基于这一理念，日本在 1947 年制定了《食品卫生法》，该法是日本控制食品质量安全与卫生的重要法典。

自 2001 年以来，日本国内相继发生了雪印牛乳事件、O157 中毒事件、BSE（疯牛病）和禽流感等食品安全事件，引发了消费者对食品安全监管的信任危机。鉴于此，日本不得不重新思考和反省其食品监管理念。

2003 年 5 月，日本《食品安全基本法》诞生了。该法的立法宗旨是确保食品安全与维护国民身体健康，确立了通过风险分析判断食品是否安全的理念，强调对食品安全的风险预测能力，然后根据科学分析和风险预测结果采取必要的管理措施，对食品风险管理机构提出政策建议。同时确立了风险交流机制（风险评估机构、风险管理机构、业者、消费者），并评价风险管理机构及其管理政策的效果，提出应对食品安全突发事件和重大事件的应对措施。废止了以往依靠最终产品确认食品安全的方法。

如果说日本的《食品安全基本法》确立了新的食品安全监管理念，那么食品卫生法则从法律层面制定了食品相关业者应遵循的规则，规定了国家风险管理部门应采取的具体管理措施。在经历了多次食品安全事件后，日本对食品卫生法进行了多次修改。2003 年修订后的食品卫生法倡导以人为本、维护公众健康的理念。该法针对食品从种植、生产、加工、贮存、容器包装规格、流通到销售的全过程的管理制定规格标准，禁止生产、使用、进口和销售违反食品卫生法的食品。规定业者不得违反食品卫生法对食品和添加剂进行虚假标识，厚生劳动大臣有权派遣食品卫生监视员对食品业者进行必要的检查和指导。

日本对食品卫生的监控从源头抓起，首先通过对化学物质生产和进口的控制，防止其对人类健康产生危害。1968 年日本发生食用油中毒事件后，日本通过制定《化审法》以及二噁英类对策特别措施法、毒物以及剧毒物取缔法等法律加强对化学物质的管理。

为了完善食品监管法律、法规体系，日本又相继制定了食品安全的配套法律、监管特定用途的化学物质的法律以及监管流通和销售等的法律。如果说食品卫生法对食品的生产和标准、有毒有害物质和微生物污染、添加剂的使用和容器包装

以及业者应遵循的食品规则等作出规定，那么日本的《农药取缔法》《肥料取缔法》《饲料安全法》则是监督特定用途的化学物质的法律。这些法律规范了农业化学品的生产、流通、使用的基本规则。

（二）食品安全管理机构和职能

日本的食品安全监管机构为食品安全委员会、厚生省和农水省，食品监管机构呈三角形特征，三角形的顶点是内阁府食品安全委员会，两翼是厚生省和农水省。应该说这三个部门分工明确，职能既有交叉也有区别，形成了日本管理食品安全的三驾马车。

食品安全委员会负责风险分析和劝告，提出应对重大食品事件的措施。厚生劳动省全面负责食品安全和分配，包括制定食品法律和标准、食品标签标识、转基因食品和辐照食品的标准以及广告宣传的规定，每年制定进口食品监控指导计划，对进口食品进行监管和实施卫生检疫，要求企业注册以及对业者进行业务指导检查，也可根据食品卫生法对业者作出处罚。管理法律依据是食品卫生法和植物防疫法等。

日本厚生劳动省是一个拥有社会保障、养老保险、医疗卫生、就业、青少年管理、食品卫生等管理职能的一个庞大机构。其下设有地方厚生劳动局、研究机构和审议机构以及检疫所。该省设有医药食品局食品安全部监视安全课、输入食品安全对策室、基准审查课和企划情报课。输入食品安全对策室全面负责进口食品安全，基准审查课和企划情报课负责标准的制定审查，包括普及食品安全知识。近年来，该省向国外使馆派遣常驻食品安全担当官。

1978 年日本农林水产省正式挂牌。近年来，日本中央省厅再编后，农水省原有制定标准的职能划归厚生劳动省。农林水产省则全面负责农产品的生产和控制质量，制定农林水产品的规格、管理政策和振兴农林水产品的生产，促进农产品质量的提高，管理农产品的消费和流通，保证粮食供应，促进国际合作和农产品出口，通过振兴农业促进国民经济的发展。进口加热禽肉食品以及进口动物和活鱼等需要通过农水省的许可、注册和检查指导。其内部设有综合食料局、生产局、经营局、农村振兴局。建立了农林水产技术会议，下属有各种实验室、研修教育机关等 25 个，食料、农业、农林水产政策审议会、物资规格调查会等 8 个。设有地方分支局等机构，食粮厅、林业厅和水产厅也属于农水省管理。

（三）管理方式和检验检疫机构

日本对食品安全的监管需要中央管理部门、地方政府、业者、民间机构和消费者的共同参与，形成了政府风险管理机构、地方、业者、公众“四位一体”的管理协调机制。

日本对食品安全管理强调“事前风险预测和预防”与“事后追查和防控”。强调食品的种植、养殖、生产、加工、贮存、流通、销售等各个环节，包括转基因食品和辐照食品等必须遵守日本食品卫生法的规定，不得使用指定外添加剂和进行虚假标识，必须遵守《日本农业标准》（Japanese Agriculture Standard，JAS）法。2006 年，日本要求产品必须标注原产地标识，对食品原料的使用、生产、农兽药的使用、食品添加剂的使用以及储存运输等，必须进行记录并保存 2 年以上。确立了食品生产流通的履历制度。日本政府要求企业引进 HACCP（危害分析和关键控制点），对建立了 HACCP 管理制度的企业确认其资质，资质每 3 年需要重新认定。

日本农水省检验检疫的具体执行机构为植物防疫所和动物检疫所。在横滨、名古屋、神户、门司、那霸设有植物防疫所，在成田机场和东京设有支所，在 18 个城市有派出机构。动物检疫所总部设在横滨，除横滨外，在中部机场、成田机场、关西机场、神户、门司和冲绳设有支所。

日本的卫生检疫分为四个层面，首先是中央部门所属检测机构可以检测。通常地方都、道、府、县保健所也可以实施检测并对食品安全进行监控。一般来说，进口食品的检验检疫由厚生省负责，日本也允许经过政府注册的民间检测机构进行检测。事实上形成了国家、地方保健所、民间机构和企业四个层面的卫生检测机制，为确保食品安全夯实了检查基础。

日本农林水产省设有食品安全举报电话，对违法业者，根据食品卫生法日本农林水产大臣有权对企业进行检查和调查，并依据法律对业者进行处罚，涉嫌违法者将依法追究刑事责任。

（四）日本进口食品监管体系

日本在 1994 年制定了其进口食品检验检疫制度，该制度已经在监控进口食品方面发挥重要作用。日本根据食品卫生法对进口食品进行监控，其具体执行机构是厚生省所属检疫所。日本基本的检验检疫制度有两种：一为监控检查；二为命令检查。监控检查的费用由日本政府承担，命令检查的费用由企业承担。监控检查的频率被提高至 30%，如第二次违规就进入命令检查程序，产品接受批批检测。日本解除命令检查程序要求苛刻，即两年内检查 300 件以上无违反事例发生，出口国采取的改进措施的有效性得以确认，需经过两国政府谈判协商以及考察生产企业确认达标后方可临时解除命令检查。但在临时解除期内再次发现违规事例，则要再次接受两年的命令检查。

日本对进口食品的处罚也有具体措施，一般在监控检查和命令检查之后，对仍然被多次发现违规的产品，所采取的措施表面看来是具有劝告性质，但实际上是一种暂时的禁止进口措施，即所谓进口自肃。进口自肃中文意思为进口自律或进口克制。日本很少使用禁止进口措施，除非对重大疫区或对恐怖国际实施经济制裁时才会启动该程序。

通常日本厚生劳动省通过其管理的 31 个检疫所进行监控检查。一般情况下，日本允许报检货物办理通关手续进入日本国内市场。如货物进入日本市场后通过抽查发现问题，日本将采取相应措施进行召回、退货或废弃处理。日本厚生省根据其检疫所提供的检测报告，每月对违反食品卫生法的事例通过其官方网公布，内容包括产品名称、违法内容、厂家名称和处罚措施等。

通过上述考察可知，日本不断总结经验教训，根据《食品安全基本法》确立了食品的全过程管理理念，使其食品安全管理理念得到巨大提升。并根据该法成立了食品安全委员会，确立了食品安全监管三部门的协调合作机制，理顺了三部门的职责和关系。

日本通过不断对原有法律、法规进行完善，形成以贯彻新的食品安全监管理念、以维护食品安全和保护民众健康为宗旨，控制食品卫生安全、控制农产品质量为核心内容，包括控制特定用途化学品的使用、标签标识、植物保护、动物防疫、完善检验检疫制度、信息服务、强化流通销售管理。以检查和处罚措施为主要内容的法律、法规是以食品安全法和食品卫生法为核心，以及由相关食品安全政令和几百部地方食品安全管理条例补充构成的食品安全法律、法规框架。法律、法规覆盖食品从农田到餐桌的全过程监管，体现出了覆盖面广、法律门类齐全、关联性强的特征，不但为监管食品安全夯实了健全的法律基础，也为日本提升食品技术性贸易措施夯实了法律基础。

四、 澳大利亚食品法律、 法规

（一）食品安全监管机构与职能

澳大利亚是联邦制国家，其联邦政府中负责食品管理的部门主要有两个：卫生及老年关怀部下属的澳新食品标准局（FSAZN）和农业、渔业与林业部下属的澳大利亚检验检疫局（AQIS）。

1. 食品标准的制定

20 世纪 90 年代以来，澳大利亚公众舆论反映澳大利亚、新西兰原有的食品管理体制存在缺陷应当进行改革，改革的目标是：减少管理部门；完善食品管理法规；保护公众安全和健康；符合国际惯例。

澳大利亚非常重视标准制定及评估过程的公开透明。澳大利亚政府和新西兰政府共同制定了《澳大利亚、新西兰食品标准规则》（以下简称《规则》），规定了本地生产食品和进口食品都要遵守的一些标准。《规则》中列出了描述标准、成分含量标准以及营养表，规定了金属和有害物质的最高含量和农业及兽医所用的化学物质的最高含量等标准。

2. 食品质量安全管理

在澳大利亚，农林渔业部（AFFA）负责农产品（食品）的质量安全管理，检验检疫局（AQIS）负责进出口食品的质量安全管理，卫生部负责食品标准的管理。

3. 食品质检机构

澳大利亚农产品（食品）质检机构有公立和私营两种类型。公立的质检机构分国家和州二级，分别由国家联邦政府和州地方政府拨款进行建设和运行，州以下不再设立公立质检机构。私营质检机构较多，一般较小，主要从事常规专业检测，但也有较大的质检机构。

（二）食品安全管理的法律、法规体系

澳大利亚在1981年发布了食品法；1994年发布了食品标准管理办法；1989年发布了食品卫生管理办法和国家食品安全标准；2000年发布了《农产品法》。

1. 澳大利亚、新西兰食品标准法典

随着食品安全问题日益严重及食品安全标准规定的滞后，2005年澳大利亚和新西兰联合颁布了澳大利亚、新西兰食品标准法典。该《食品标准法典》是单个食品标准的汇总，并具有法律效力。

2. 转基因食品安全管理

澳大利亚和新西兰对于转基因食品的管制由这两个国家联合组成的机构“澳新食品标准局”（FSANZ）来执行。转基因食品要想进入澳新两国，必须符合条例《澳大利亚、新西兰食品标准规则》中有关利用转基因技术生产的食品标准。

3. 海产品生产和加工标准

2005年6月底澳大利亚发布了新食品安全标准，该标准包括海产品的生产和加工。到2007年，该国家标准称为强制性的，在很大程度上取代了州法规，并得到了非官方行业守则的支持。

（三）澳大利亚进口食品安全管理

所有进口澳大利亚的食品必须遵守进口食品计划（IFP），IFP的目的在于保证进口澳大利亚的食品符合澳大利亚的食品法律。根据IFP的要求，进口澳大利亚的食品必须首先符合有关的检疫要求，同时也必须满足进口食品管理法（1992）中有关食品安全方面的规定。

1. 检疫

要求对某些进口食品进行不同的处理如熏蒸消毒等，同时要求附有进口许可证和原产国有关机构出口证书的证明。

（1）《进口食品管理法》　进口食品的控制和管理由澳大利亚检验检疫局（AQIS）按照1992年颁布的《进口食品管理法》负责。根据《进口食品检疫计划》的规定，食品检疫应该在食品入境时进行。《进口食品管理法》要求所有进口的食品必须符合《澳大利亚、新西兰食品标准规则》。这一标准对澳大利亚本地生产的食品同样适用。澳大利亚本地生产的食品质量检疫机构是各州和地区的卫生主管部门。它们按照各州自己的法律来履行职责，保证销售的食品符合澳大利亚标准。

澳大利亚、新西兰食品局负责协调所有国内食品的检疫工作。它制定澳大利亚食品标准自动成为各州和地区政府的检疫标准，并按照1992年颁布的《进口食品管理法》对食品按危险程度分类。进口食品的检疫方式和频率，是由食品的危险程度所决定的。进口食品的有关法律，除1992年颁布的《进口食品管理法》这一主要法律外，还有一些其他法律，如《进口食品控制法规》和1997年颁布的《进口食品控制条例》。

（2）检验的种类　澳大利亚对食品按其危险程度分三类进行检验。分类标准由澳大利亚、新西兰食品局制定，具体分为危险食品类、经常监督类、随机监督类。澳大利亚检验检疫局（AQIS）（以下称检疫局）检验，重点是在食品的安全和标签的正确。当发现标签存在问题时，会对食品进行额外检查。

①危险食品类：那些很容易被污染或变质，从而影响到消费者健康或变得无法食用的食品属于危险食品。对于这类食品，检疫局将会实施严密、频繁的检查。该类食品的进口由海关通过其信息系统通知检疫局，由检疫局决定如何进行检查。检疫局保留以前的检疫记录，以区分供应商的表现。新食品，头五次入境时全部货物都将受到检查。供应商供应的产品连续五次均未出现问题后，再进口货物每四次接受检查一次。当头二十次货物都未出现问题，而且进口的频率保持稳定时，检查的频率将变为每二十次随机抽查一次。

检疫局对食品的检疫报告结果未知前，进口商必须将食品储存在仓库直到检疫报告证明该批货物符合标准为止。对于煮熟和冷藏的对虾可以在检疫报告未出前放行，前提是供应商过去一直有着良好的记录。然而首批货物则必须冷藏处理直到检疫报告出来为止。如果连续五次的货物都符合标准，之后的货物在提取了样品之后就可以放行了。

属于危险食品类的食品：罐装西红柿和装在焊接的铁皮罐子里的西红柿制品、桂圆肉、煮熟的甲壳纲类动物、煮熟的鸡肉或鸡肉制品、椰子干、鱼、调味酱、不需加工就可食用的软体动物、罐装蘑菇、红辣椒、干果、胡椒、煮熟的猪肉及猪肉制品。

②经常监督类：属于这类的食品虽然被视为有潜在危险性，但需要进一步的信息来确认是否存在危险。进口这类食品，10%需接受检查。该类食品在经过检查和提取样品后即可放行，样品则被送到澳大利亚政府分析试验室，不要求扣留供应商食品直到检疫结果出来为止。

如果进口商选择将检疫不在澳大利亚政府分析实验室进行，而是在检疫局指定的其他试验室进行，检验员将提取样品封好寄往该实验室。当该实验室表示样品完好收到后，食品货物即可放行。当进口商选择这种做法时，检验员要再次确认这家实验室有资格进行所要进行的试验后才能安排。

属于经常监督类食品包括：浆果类水果、糖果类食品、瓜尔豆橡皮糖、加工过的水果、可直接食用但又不在危险食品类的海鲜和含有海鲜的制品。

③随机监督类：不属于以上两类的食品均为随机监督类食品。该类食品受到检验的频率最小。该类食品的检验原则为，从所有进口的该类食品里随机提取5%进行检验。

2. 食品安全

进口澳大利亚的产品必须符合 IFP 的规定。进口食品检验的性质和频度最终由评估的风险性质决定。进口食品检验：风险类别食品、主动监督类别食品、随机监督类别食品。对不合格食品的处理办法包括：重新处理、退货、销毁、降级改作他用。AQIS 允许对属于轻微的不合格情况的食品进行改正后放行。

（四）澳大利亚出口食品安全管理

食品出口在澳大利亚食品工业中占有十分重要的地位，其近 80% 的农产品及生产的 60% 的牛羊肉用于出口。

根据澳大利亚《出口管理法（1982）》的规定：AQIS 可依据本法制定相关的法令和命令：AQIS 对出口企业实行注册制度；出口食品的检验由 AQIS 委托经澳大利亚国家检验机构协会（NATA）认证的实验室进行。AQIS 目前正在推广 HACCP 管理体系，以确保出口食品和农产品的卫生质量。

1. 肉类

出口肉类管理模式是根据 HACCP 原理制定的。所有的肉类加工出口企业必须在 AQIS 进行注册登记，同时必须符合有关加工设备、操作程序和管理方面的有关规定。审查合格的企业获得注册证书，证书中包含企业注册号和经营范围。

2. 非肉类食品

AQIS 对生产非肉类“规定”食品的加工企业有“食品加工鉴定（FPA）检验体系”和“认可质量保证（AQA）安排”两种管理模式，企业可根据自身的情况任选其中一种。FPA 检验体系是采用 HACCP 原理建立 GMP（良好操作规范），实施文件化管理，AQIS 将定期派员对实施情况进行检查。AQIS 安排是与 ISO 9000 标准和强制性 HACCP 原理相符合的一种完全文件化的质量体系，其核心是建立严格的质量管理手册并加以执行。2017 年 9 月 5 日，澳大利亚农兽药管理局发布修订澳新食品法典附录 20，此次主要修订了食品中的农药、兽药残留限量。涉及修订的药物有氯虫酰胺、酰吗啉、异噁草酮、溴氰虫酰胺、甲氧虫酰肼等近 20 种药物，修订其在水果、蛋、乳中的残留限量。

五、欧盟及部分欧洲国家食品安全法律、法规

近年来，随着食品安全事件的不断出现，食品质量安全已成为全球性的焦点，各国都在下大力气加强食品监督工作，欧盟的食品安全控制体系被认为是最完善的食品安全控制体系。在欧盟国家，食品安全的规定是以法律的形式体现，作为法律，这些规定必须得到所有相关人员、法人的遵守，而若有违反，违法者将受到严厉的法律制裁。

（一）食品安全监管机构及职能

欧盟设立了安全管理机构，提高管理的科学性、合理性、统一性和高效性。

欧盟食品安全管理机构即欧盟各国成员构成包括代表共同体的欧盟委员会、代表成员国理事会、代表欧盟公民的议会、负责财政审核的欧盟审计院、负责法律仲裁的欧洲法院。其中欧盟层面上的主要的机构是欧盟委员会健康和消费者保护总署、欧盟食品与兽药办公室及欧盟食品安全局。欧盟委员会主要负责欧盟法律议案的提议、法律、法规的执行、条约的保护及欧盟保护措施的管理。欧盟食品与兽药办公室主要的职责就是监督以及评估，负责监督和评估各个国家执行欧盟对于食品质量与安全、兽药和植物健康等方面法律的情况，负责对于欧盟食品安全监督和对其工作的评估。

欧盟食品安全局主要由管理董事会、咨询论坛、科学委员会和专门科学小组等4个部门构成。管理董事会主要负责制定年度预算和工作计划，并负责组织实施；任命执行主任和科学委员会及9个科学小组的成员；根据目标宗旨确定优先发展领域；符合法律要求，按时提出科学建议。咨询论坛主要职责是对潜在风险进行信息交流；针对科学问题、优先领域和工作计划等提供咨询；开展风险评估及食品和饲料安全问题讨论；解决科学意见分歧。科学委员会及其常设的各科学小组，负责为管理机构提供科学建议。专门科学小组具体职责分别是食品添加剂、调味品、加工助剂以及与食品接触物质；负责用于动物饲料的添加剂、产品或其他物质；负责植物健康、植物保护产品及其残留；负责转基因生物；负责营养品、营养和过敏反应；负责生命危险；负责食品链中食品受污染；负责动物健康和福利。

（二）欧盟食品安全法规体系概况

欧盟具有一个较完善的食品安全法规体系，涵盖了“从农田到餐桌”的整个食物链（包括农业生产和工业加工的各个环节）。由于在立法和执法方面欧盟和欧盟诸国政府之间的特殊关系，使得欧盟的食品安全法规标准体系错综复杂。欧盟食品安全法规体系以欧盟委员会1997年发布的“食品法律绿皮书”为基本框架。2000年1月12日欧盟又发表了“食品安全白皮书”，将食品安全作为欧盟食品法的主要目标，形成了一个新的食品安全体系框架。2002年1月28日建立“欧盟食品安全管理局”颁布了第178/2002号法令，这也是欧盟食品安全方面的主要举措。到目前为止，欧盟已经制定了13类173个有关食品安全的法规标准，其中包括31个法令、128个指令和14个决定，其法律、法规的数量和内容在不断增加和完善中。在欧盟食品安全的法律框架下，各成员国如英国、德国、荷兰、丹麦等也形成了一套各自的法规框架，这些法规并不一定与欧盟的法规完全吻合，主要是针对成员国的实际情况制定的。

1. 食品安全白皮书

欧盟食品安全白皮书长达52页，包括执行摘要和9章的内容，用116项条款对食品安全问题进行了详细阐述，制定了一套连贯和透明的法规，提高了欧盟食品安全科学咨询体系的能力。白皮书提出了一项根本改革，就是食品法以控制

“从农田到餐桌”全过程为基础，包括普通动物饲养、动物健康与保健、污染物和农药残留、新型食品、添加剂、香精、包装、辐射、饲料生产、农场主和食品生产者的责任，以及各种农田控制措施等。在此体系框架中，法规制度清晰明了，易于理解，便于所有执行者实施。同时，它要求各成员国权威机构加强工作，以保证措施能可靠、合适地执行。

白皮书中的一个重要内容是建立欧洲食品管理局，主要负责食品风险评估和食品安全议题交流；设立食品安全程序，规定了一个综合的涵盖整个食品链的安全保护措施；并建立一个对所有饲料和食品在紧急情况下的综合快速预警机制。欧洲食品管理局由管理委员会、行政主任、咨询论坛、科学委员会和8个专门科学小组组成。另外，白皮书还介绍了食品安全法规、食品安全控制、消费者信息、国际范围等几个方面。白皮书中各项建议所提的标准较高，在各个层次上具有较高透明性，便于所有执行者实施，并向消费者提供对欧盟食品安全政策的最基本保证，是欧盟食品安全法律的核心。

2. 178/2002 号法令

178/2002 号法令是2002 年1 月 28 日颁布的，主要拟订了食品法律的一般原则和要求、建立 EFSA 和拟订食品安全事务的程序，是欧盟的又一个重要法规。178/2002 号法令包含 5 章 65 项条款。范围和定义部分主要阐述法令的目标和范围，界定食品、食品法律、食品商业、饲料、风险、风险分析等 20 多个概念。一般食品法律部分主要规定食品法律的一般原则、透明原则、食品贸易的一般原则、食品法律的一般要求等。EFSA 部分详述 EFSA 的任务和使命、组织机构、操作规程；EFSA 的独立性、透明性、保密性和交流性；EFSA 财政条款；EFSA 其他条款等方面。快速预警系统、危机管理和紧急事件部分主要阐述了快速预警系统的建立和实施、紧急事件处理方式和危机管理程序。程序和最终条款主要规定委员会的职责、调节程序及一些补充条款。

法令中关于食品安全管理的几个关键问题如下。

(1) 责任　食品饲料生产加工、分配各环节的经营者，在其运营控制范围内应保证他们的产品符合相应的食品法对其活动相关的要求并认证有关要求得到满足。各成员国应强化食品法，并监控认证食品与饲料经营者在生产、加工、销售各环节都执行了有关要求。为此目的，应维持一个正式的控制系统以及其他活动以适应形势，包括对食品与饲料安全及危害大众交流，食品与饲料安全监督及涵盖生产加工与分销各环节的监控活动。

第 17 条提出了食品经营者的强制性义务，他们必须积极参与食品法律的实施，验证是否达到了法律要求。这项基本要求与其他法律所规定的强制性要求密切相关。另外它还意味着生产者对其控制的行为所负的责任与传统责任是一致的，任何人应当对其控制的事物和行为负责。它将食品法规领域中采用的委员会法定制度的要求统一起来，也不允许各成员国维持或采用各自国家相关的法规，避免免除食品经营者的义务。但是食品经营者的责任应当实际上是由违反特定的食品法规要求所导致的结果，根据国家法规以及针对违法行为的相关规定提起责任诉讼，而不是根据第 17 条的内容。

（2）可追溯性（第 18 条） 食品、饲料、食用动物及其他打算或预计要混合到食品或饲料的成分应建立良好的追溯性。经营者应提供原料及其他预计要混合到食品饲料中去的成分的来源。

（3）由食品经营者实行的回收、召回和通知（第 19 条） 如果经营者对进口、生产、加工制造或营销的食品感到或有理由认为不符合食品安全要求时，应立即着手从市场收回有问题的产品，并通知主管部门。从事零售、营销活动的经营者应配合生产、加工、制造者以及主管机构所采取的措施为食品安全作贡献。尽量避免减轻所提供或以经提供的食品造成的危害。

自 2005 年 1 月起，食品经营者必须收回不符合安全、卫生要求的上市产品，并及时通报主管机构。如产品已销售至消费者手中，经营者应告知消费者，必要时从消费者手中召回。为确保召回已上市的不安全食品，食品链中的各企业应相互协作。当食品企业经营着推测或认为某上市食品可能对健康造成危害时，经营者应及时通报主管机构。在采取措施避免或降低不安全食品风险时，食品企业经营者必须配合主管机构。

由饲料经营者实行的收回、召回和通告：如果经营者对其进口、生产、加工制造或营销的饲料感到或有理由认为不符合饲料安全要求时，应着手从市场上收回有问题的产品，并通知其主管机构。在这些情况下生产批或销售批不能满足饲料安全要求时，该饲料应被销毁，除非主管当局认为符合其他方面的要求。经营者应有效准确地通知消费者收回的原因，若有必要，当其他措施已不能达到高标准的健康保护时，应从消费者手中召回有关产品。

从事零售、营销活动的经营者，由于对包装、标识、饲料成分的安全性的影响，应在其相应的行为范围内从市场上收回不符合饲料安全要求的产品，并应通过提供饲料追溯有关的信息，配合生产者、加工者、制造者和主管机构所采取的措施而为饲料安全作贡献。如果认为或有理由相信投入市场的某饲料不能够满足饲料安全要求，饲料经营者应立即通知主管机构。经营者应通知主管机构采取措施防止由于使用该饲料而引起的危害，并且不应阻挠或妨碍他人根据国家法律和合法行为与主管机构一起采取的防止、减轻或消除饲料所引起的危害的合作。

第 20 条与第 19 条内容非常相似，所不同的是，除非主管当局同意，被认为不符合饲料安全要求的饲料或饲料批应进行销毁。对于饲料，有关回收的信息与饲料的使用者（农民）有关，而不是消费者。

（4）食品和饲料的进口（第 11 条） 输入并投放到共同体市场的食品和饲料应符合食品法相关要求或者经共同体认可的至少与其等同的条件，或对于共同体和出口国之间存在特殊协议的，要至少与所包含这些要求等同的条件。

(5) 食品和饲料的出口（第12条） 从共同体出口或在出口投放第三国市场的食品和饲料应符合相应的食品法要求，除非进口国当局的要求或建立的法律、法规、标准、法典、政令等另有规定。

除非食品对健康有害或饲料不安全，其他情形只有获得目的地国家主管当局的专门认可，充分告知有关食品或饲料不能在共同体市场销售的原因后，才能从共同体出口或再出口。在适合于共同体或其成员国与第三国之间达成的双边协议的情况时，从共同体或该成员国出口到第三国的食品与饲料应符合上述条款规定。

3. 其他欧盟食品安全法律、法规

欧盟现有主要的农产品（食品）质量安全方面的法律有《通用食品法》《食品卫生法》《添加剂、调料、包装和放射性食物的法规》等。另外还有一些由欧洲议会、欧盟理事会、欧委会单独或共同批准，在《官方公报》公告的一系列欧盟（EU）、欧洲经济共同体（EEC）指令，如关于动物饲料安全法律、关于动物卫生法律、关于化学品安全法律、关于食品添加剂与调味品法律、关于与食品接触的物料法律、关于转基因食品与饲料法律、关于辐照食物法律等。

《通用食品法》涵盖食品生产链的所有阶段。

(1) 通用原则 实施食品法的目的是保护人类的生命健康，保护消费者的利益，对保护动物卫生和福利、植物卫生及环境应有的尊重；欧盟范围内人类食品和动物饲料的自由流通；重视已有或计划中的国际标准。

(2) 在食品贸易中应遵守的一般义务 进口并投放到市场或出口到第三国的食品及饲料必须遵守欧盟食品法的相关要求。欧盟及其成员国必须为食品、饲料以及动物卫生和植物保护国际技术标准的发展作出贡献。

(3) 食品法的一般要求 确定食品是否安全，要考虑其食用的正常状态、给消费者提供的信息、对健康有可能产生的急性或慢性效果，适当的地方还应考虑特殊类型的消费者的特殊健康敏感性；一旦不安全的食品形成一个生产批次、贸易批次或整个货物的一部分，就可以推定整个货物是不安全的。

在食品生产链的所有阶段，业主必须确保食品或是饲料符合食品法的要求，确保这些要求得到不折不扣的执行；成员国执行该法，确保业主遵守该法，并对违反行为制定适合的管理及处罚措施。

如果业主认为进口、生产、加工或销售的食品或饲料产品对人或动物的健康有害，那么必须迅速采取措施从市场收回并随即通知主管当局。在产品已到消费者手中的情况下，业主必须通知消费者并召回其已提供的产品。

(三) 欧盟食品安全法律、法规体系特点

欧盟食品法规标准具有种类多、涉及面广、系统性强、科学性强、可操作性强、时效性强等特点。

1. 种类多、涉及面广

欧盟食品法规种类多，涉及了与食品安全有关的所有领域。与法规相关的标准也很多，如欧盟涉及农产品的技术标准有2万多项，这此标准为制定各方面的法规提供技术支撑。

2. 系统性强

欧盟特别强调从农田到餐桌的连续管理，注重从源头上控制食品安全，抓住了保证食品安全的关键环节。食品安全法规体系的范围包括了农作物的生态环境质量、生长、采收及加工的全过程。整个法规体系形成一条主线、多个分支、脉络清晰的框架。各法规间相互补充，系统全面。

3. 科学性强

欧盟要求所有食品安全政策的制定必须建立在风险分析的基础之上，即运用风险评估、风险管理和风险交流3种模式。风险评估的基础是信息的收集、分析和利用，包括食品或饲料的各个环节得到的数据、疾病监督网络、流行病学调查和实验分析等；科学地协调与控制是风险管理的核心；风险交流也需要科学信息的广泛产生和及时获取，这些都体现了欧盟法规的科学性。EFSA下设的8个专门科学小组由独立的学科专家组成，各小组分工明确，为制定食品安全法规提供科学依据。

4. 可操作性强

欧盟将食品安全的行政管理法规和技术要求相融合，对于政府管理具有更强的可操作性。如欧盟的许多食品安全法规标准通常由2部分组成，前部分是政府管理的程序性要求，后部分是具体的技术性要求，操作简便。又如在178/2002号法令中，对EFSA的任务、组织机构、操作规程等方面规定详细、清楚，使该机构责权明确，可依法顺利开展各项工作。

5. 时效性强

欧盟的许多食品安全法规都经过了多次修改，如欧盟发布的28个农药残留法规，到目前已经进行了50多次的修改，可见其效率之高。欧盟食品条例或指令一般在原始条例或指令仍然有效的情况下，根据需要随时发布新的条例或指令修订其中某个或某些条款。所以，在欧盟食品安全法规标准体系中同一管理对象常有不同年代的管理规定同时存在，可见其制定法律的延续性和时效性。

（四）英国食品卫生与安全法律法规

英国制定了全面、具体的食品安全方面的法律体系，包括《食品法》《食品安全法》《食品标准法》《食品卫生法》《动物检疫法》等，同时出台了许多专门规定，如《甜品规定》《食品标签规定》《肉类制品规定》《饲料卫生规定》和《食品添加剂规定》等。其中，英国食品立法的核心依据是1990年《食品安全法》和2004年《一般食品条例》，而1990年《食品安全法》为英国所有食品法律的基本框架。截至目前，英国食品安全法主要包括《食品法》、《食品安全法》、《食品标准法》和《食品卫生法》等，这些法律法规几乎覆盖了所有食品，为食品安全监管制定了非常具体的法律标准。

英国食品标准署与地方当局签署了框架协议，自 2001 年 4 月 1 日起，开始实施全国统一的食品法规执行标准，499 个地方机构负责确保 60 万个食品生产和流通组织的食品质量安全问题，而且必须按照统一的标准来执行食品卫生、食品标准和食品相关产品的法律法规。

英国食品标准署和地方当局还采取多种方式让消费者了解地方当局在食品监管方面的执行情况，加强执法的透明度。比如：①公布地方当局制定的执行工作优先顺序计划；②公布 FSA 对地方当局的年度审计计划，并对每个机构的工作业绩作出报告；③公布地方当局向 FSA 提交的季度工作报告；④公布地方当局向 FSA 提交的年度工作报告。这些措施进一步保证了全国范围内执法的有效性和统一性，加强了对消费者的保护。

1. 肉制品的监管

1995 年 4 月 1 日，环境、食品与农村事务部成立了肉业卫生局（Meat Health Service，MHS），直属于英国食品标准署 ，负责依据屠宰法规，对屠宰场的卫生、检疫和福利行为实施检查，同时也检查切割厂和冷藏库，最终保证问题肉不会进入食物链。屠宰场是重点监控场所，MHS 在每个有执照的屠宰场都派有兽医和肉质量检测员进行全程监督。

2. 追溯召回制度

英国在食品安全监管方面的一个重要特征是严格执行食品追溯和召回制度。食品追溯制度是指在食品、饲料、用于食品生产的动物以及食品或饲料中可能会使用的物质全部生产、加工和销售过程中发现并追寻其痕迹的可能性（欧盟委员会 EC 178/2002 定义）。

以往食品加工部门对食品安全负主要责任，食品追溯制度则将食品安全的责任者扩展到从农田到餐桌的整条食品生产链，即种植（养殖）、加工、运输、销售各个部门。每个部门都必须建立一套可供追溯的详细信息。在宏观方面，国家建立统一的数据库，包括识别系统、代码系统，详细记载生产链中被监管对象在各个环节之间移动的轨迹，监测食品的生产和销售状况。

一旦发生食品安全事故，监管机构可以通过电脑记录很快查到食品的来源，地方主管部门可以即调查并确定可能受事故影响的范围、对健康造成危害的程度，通知公众并紧急收回已流通的食品，同时将有关资料送交国家卫生部，以便在全国范围内统筹安排、控制事态，最大限度地保护消费者利益。

（五）德国的食品安全法律、法规

1. 德国食品安全的核心法律

《食品和日用品管理法》，又称《食品、烟草制品、化妆品和其他日用品管理法》，为食品安全的其他法规提供了原则和框架；主要目的是“全面保护消费者，避免食品、烟草制品、化妆品和其他日用品危害消费者健康，损害消费者利益”；其适用文本号为 BGBI. IS. 1169，最后一次修订于 1997 年 9 月 9 日（BGBI. IS. 2296）。

2. 《食品卫生管理条例》

《食品卫生管理条例》和其附件中的关于普通和特殊食品卫生规定是实施《食品和日用品管理法》的配套法规，详尽地规范了涉及食品安全的方方面面，具有很强的针对性和可操作性。《食品卫生管理条例》公布于1997年8月5日，文本号为BGBI. IS. 200897a。

3. 《HACCP方案》

HACCP是危险分析与关键控制点的缩写，方案对食品企业自我检查体系和义务作了详细规范，对生产产品的检查和生产流程中食品安全的危害源头的检查实现岗位责任制，以保证食品安全，保护消费者健康。

4. 德国《添加剂许可法规》

《添加剂许可法规》对允许使用哪些添加剂、使用量、可以在哪些产品中使用都有具体规定。食品生产商必须在食品标签上将所使用的添加剂一一列出。在德国，添加剂只有在被证明安全可靠并且技术上有必要时，才能获得使用许可证明。

5. 食品体系

在食品安全法律体系的四大基础支柱上，德国颁布了一系列法规和标准，形成了体系。《畜肉卫生法》和《畜肉管理条例》《禽肉卫生法》和《禽肉管理条例》《混合碎肉管理条例》对肉类和肉制品，《鱼卫生条例》对鱼和瓣鳃纲动物及其产品，《乳管理条例》对乳和乳制品，《蛋管理条例》对蛋和蛋制品分别进行了法律规范。

6. 辅助性适用文献

《欧洲食品安全白皮书》是德国辅助性的重要和适用的文献之一，公布于2000年1月12日，它是欧洲委员会保障食品高度安全的计划，主要内容包括设立欧洲食品局、食品安全立法、食品安全监控和消费者信息等措施。其次，《德国食品汇编集》虽然不是法律条文，但它是法律的补充，它可作为专业鉴定的法庭证据，它记录了对流通十分重要的食品生产过程、食品特性和其他特征。此外，《纯净度标准》《残留物最高限量管理条例》《欧洲国会和议会（EG）Nr258/97法案》《日用品管理条例》《植物保护法》等分别对食品添加剂、食品中有害物质残留、转基因食品、日用品、农药审批和使用等进行了法律规范。

7. 德国食品安全监管模式

（1）欧盟食品与兽医办公室　1997年欧盟建立了隶属于欧盟公众健康、消费者保护部的食品与兽医办公室，监管农业源性食物和食品。其主要职责是确保欧盟在食物安全、动物健康、植物健康和动物福利方面的法规得到实施；主要活动是对成员国和第三国进行监督，并将监督结果以及结论和建议写入监督报告2。1997年该机构进行约100次检查巡视；2001年一年共计250次，涉及全球100多个国家和地区。此5年里共巡查近千次，其中只有一半发生在欧盟内部。

（2）德国政府　德国于2001年将原食品、农业和林业部改组为消费者保护、食品和农业部，对全国的食品安全统一监管，代表德国政府同欧盟协调工作。2002年德国设立了均隶属于消费者保护、食品和农业部的联邦风险评估研究所和联邦消费者保护和食品安全局两个机构，将风险评估和风险管理领域分开，独立运作。

（3）德国政府、企业、消费者共把安全关　一直以来，德国政府实行的食品安全监管以及食品企业自查和报告制度，成为德国保护消费者健康的决定性机制。德国的食品监督归各州负责，州政府相关部门制定监管方案，由各市县食品监督官员和兽医官员负责执行。联邦消费者保护和食品安全局（BVL）负责协调和指导工作。在德国，那些在食品、日用品和美容化妆用品领域从事生产、加工和销售的企业，都要定期接受各地区相关机构的检查。

（六）丹麦的食品安全法律、法规

丹麦是比较早的欧盟成员国之一，像其他的欧盟成员国一样，丹麦建立了非常完善的法律、法规体系，具体可分为几个层次。宪法：是丹麦的最基本的大法，只有通过特殊的程序（如公民表决的形式）才能进行修改；法律：在正常的法律框架下，由各个部负责制定的，必须通过丹麦议会表决，像食品法；法规和法令：以法律为基础颁布的各种实施条例，如食品卫生法令；规程：根据具体的情况，由政府直接制定的规程，例如肉类检验规程；导则：为加强法律、法规的实施，制定的各种导则，公众和政府都可以参照执行，例如食品检验总则。对食品安全管理的各种法规和导则，基本是依照欧盟的决议和指令制定，非常的详细、完整，已经形成了一套行之有效的食品管理法规体系。目前。与食品生产、流通相关的法律法规主要有：《食品法》《环境保护法》《农业法》《动物保护法》《屠宰法》《竞争与反垄断法》《产品责任法》等。

1. 丹麦的兽医服务体系

丹麦的动物疾病控制是由食品兽医局（DVFA）负责的，食品兽医局设立的兽医部，负责全国兽医的监督管理，同时设立了兽医研究中心（DVI），负责动物疫病的研究和防治工作。食品兽医局在11个地方的食品兽医局设立了10个（哥本哈根没设）兽医管理处，负责本辖区内的私人兽医和农场的监督管理工作。全国管理农场的私人兽医800人，其中250人负责牛场、鸡场、猪场的兽医工作，550人负责其他动物的兽医工作。

2. HACCP体系在食品安全中的应用

丹麦特别强调企业的自控功能，要求企业必须建立自己的完善的行之有效的自控体系。在欧盟各成员国之间的食品贸易的检验就是靠自控体系完成的。HACCP体系是自控体系的基础，因此，HACCP体系在丹麦得到了非常广泛的应用。丹麦政府要求，所有的食品行业必须建立HACCP体系，包括超市和饭店，但考虑到较小的超市和饭店的特殊情况，特别安排了一个过渡期，对较小的饭店和超市可以按照基于HACCP原理的行业导则进行管理。对没有建立行业导则的商品，要求对关键控制点建立管理手册，按照HACCP的原理对关键控制点进行随时的监控和纠偏。

3. 农兽药残留控制工作

丹麦政府非常关注食品的安全问题，除了实施微生物控制计划之外，对农兽药的控制也特别重视。计算机在丹麦的政府管理中发挥了极为重要的作用，专门成立的农兽药数据计算机管理中心，为有效地控制农兽药的进货、生产、销售以及查询提供了极大的帮助。所有的农兽药（包括人药）的存货及销售情况，在数据中心中都能进行查询。在兽药的控制环节中，兽医是控制兽药残留的关键环节。最初，农场如需对动物进行用药，必须由官方认可的兽医开出药方，交给兽药销售中心（农兽药计算机管理中心），由销售中心负责发放药物，也就是说只有从兽药中心才能购买到药物，销售记录在数据中心能进行随时查询，通过这种集中管理，保证了所有用药得到了有效的监控。作为正常管理的辅助手段，丹麦还对企业和农场进行抽样检测农兽药残留，对发现问题的农场采取极为严厉的处罚措施，包括：判处两年徒刑或者罚款1000～3000Kr（丹麦克朗）。

4. 风险分析在食品安全中的应用

丹麦按照WTO、SPS、CODEX、OECD、EU等相关法令和标准，开展了对食品安全的风险分析工作，现在的风险分析主要是对食品中化学物质的风险分析，是建立在大量的科学数据之上的风险分析，其得出的有关结论为政府决策和对相关产品采取控制措施提供了直接的科学依据。

5. 快速预警系统（RAFSS）

针对食品可能对消费者产生的风险问题，欧盟建立了一个最为有效的管理系统——食品和饲料的快速预警系统。快速预警系统是按照欧盟指令92/59/EEC建立的，它提供了一个快速通报各成员国食品风险的标准程序，根据欧盟EC 178/2002的要求，将食品扩大为食品和饲料。RAFSS包括两种通报形式，一种是快速通报，针对的是在市场上销售的对消费者产生危害的产品；另一种是信息通报，针对的是除在市场销售外的产品的危害。丹麦按照欧盟指令的要求，建立了RAS-FF，由食品兽医局食品部中的自控体系和进出口处负责，实行24h值班制度，无论节假日和礼拜天，发现问题必须及时通报，而且采取切实有效的措施，保证消费者的安全。

小　结

本模块主要介绍了国际食品标准组织，包括世界卫生组织（WHO）、联合国粮农组织（FAO）、国际食品法典委员会（CAC）、世界动物卫生组织（OIE）、国际植物保护公约（IPPC）、国际标准化组织（ISO）、世界贸易组织与实施动植物卫生检疫措施协议（SPS）和技术性贸易壁垒协议（TBT）、国际乳品业联合会（IDF）、国际谷类加工食品科学技术协会（ICC）、国际葡萄与葡萄酒局（OIV）、国际有机农业运动联合会（IFOAM)。其中重点介绍了世界卫生组织和联合国粮农组织以及国际食品法典委员会；此外还介绍了美国食品卫生与安全法律、法规，加拿大食品卫生与安全法律、法规，日本食品法律、法规，澳大利亚食品法律、法规和欧盟及部分欧洲国家食品安全法律、法规。通过对其他发达国家的食品安全法律、法规的学习，能够促进我国食品安全法律、法规的发展与健全。

复习思考题

1. 什么是 WHO?
2. 联合国粮农组织的主要职能是什么?
3. 欧盟食品安全法律、法规体系是什么?
4. 德国食品安全监管模式包括哪些内容?

模块五

标准化与标准的制定

【学习目标】

知识目标

1. 了解标准和标准化的基本概念。
2. 理解标准化的方法原理和活动原则。
3. 熟悉标准的分类、标准体系表的作用和编制方法。
4. 掌握标准的构成及各要素编写的基本要求。

技能目标

1. 能自觉地实施现行标准。
2. 会编制企业产品标准。

项目一 标准与标准化

标准化是人类在长期生产实践过程中逐渐摸索和创立起来的一门科学，也是一门重要的应用技术。标准化是组织现代化生产的重要手段，是发展市场经济的技术基础，是科学管理的重要组成部分。标准化水平反映了一个国家的生产技术水平和管理水平。

一、 标准与标准化概念

标准化作为一门独立的学科，必然有它特有的概念体系。标准化的概念是人们对标准化有关范畴本质特征的概括。研究标准化的概念，对于标准化学科的建设和发展以及开展和传播标准化的活动具有重要意义。

“标准”和“标准化”是标准化概念体系中最基本的概念。

(一)“标准”定义

1. 我国对标准（standard）的定义

GB/T 20000. 1—2014《标准化工作指南　第1部分：标准化和相关活动的通用术语》界定了标准化和相关活动的通用术语及其定义。其中对“标准”的定义是：

通过标准化活动，按照规定的程序经协商一致制定，为各种活动或其结果提供规则、指南或特性，供共同使用和重复使用的文件。

注1：标准宜以科学、技术和经验的综合成果为基础。

注2：规定的程序指制定标准的机构颁布的标准制定程序。

注3：诸如国际标准、区域标准、国家标准等，由于它们可以公开获得以及必要时通过修正或修订保持与最新技术水平同步，因此它们被视为构成了公认的技术规则，其他层次上通过的标准，诸如专业协（学）会标准，企业标准等，在地域上可影响几个国家。

标准是科学、技术和实践经验的综合成果，是先进的科学与技术的结合，是理论与实践的统一，是综合现代科学技术和生产实践的产物。标准随着科学技术与生产的发展而发展，具有动态性。它是协调社会经济活动、规范市场秩序的重要手段。它既是科学技术研究和生产的依据，又是贸易中签订合同、交货和验货、仲裁纠纷的依据。

2. WTO/TBT对技术法规和标准的定义

在世界贸易组织的《贸易技术壁垒协议》（WTO/TBT）中，“技术法规”指强制性文件，“标准”仅指自愿性标准。

（1）技术法规　技术法规是指规定技术要求的法规，它或者直接规定技术要求，或者通过引用标准、技术规范或规程来规定技术要求，或者将标准、技术规范或规程的内容纳入法规中。

WTO/TBT对“技术法规”的定义是：“强制执行的规定产品特性或相应加工和生产方法（包括可适用的行政或管理规定在内）的文件。技术法规也可以包括或专门规定用于产品、加工或生产方法的术语、符号、包装、标志或标签要求。”

（2）标准　WTO/TBT对“标准”的定义是：“由公认机构批准的、非强制性的、为了通用或反复使用的目的，为产品或相关加工和生产方法提供规则、指南或特性的文件。标准也可以包括或专门规定用于产品、加工或生产方法的术语、符号、包装、标志或标签要求。”

注：ISO/IEC指南2定义的标准可以是强制性的，也可以是自愿性的。本协议中标准定义为自愿性文件，技术法规定义为强制性文件。

该定义是在发达国家普遍存在强制性技术法规的情况下产生的。在我国，当前还存在相当数量的强制性标准，也是“标准”的一部分。我国的强制性标准也发挥了国外某些技术法规的作用。导致这一差异的原因是目前我国的管理、法规体制与国际的差异所致。

（二）“标准化”（standardization）定义

GB/T 20000.1—2014《标准化工作指南　第1部分：标准化和相关活动的通用术语》对“标准化”的定义是：

为了在既定范围内获得最佳秩序，促进共同效益，对现实问题或潜在问题确立共同使用和重复使用的条款以及编制、发布和应用文件的活动。

注1：标准化活动确立的条款，可形成标准化文件，包括标准和其他标准化文件。

注2：标准化的主要效益在于为了产品、过程或服务的预期目的改进它们的适用性，促进贸易、交流以及技术合作。

该定义等同转化ISO/IEC第2号指南的定义。上述定义包含下述含义。

（1）标准化是一个活动过程，其活动的核心是标准，即是制定标准、实施标准进而修订标准的活动过程。

（2）标准化是一项有目的的活动，其目的就是为了使产品、过程或服务具有适用性。

（3）标准化活动是建立规范的活动，该规范具有共同使用和重复使用的特征。条款或规范不仅针对当前存在的问题，而且针对潜在的问题，这是信息时代标准化的一个重大变化和显著特点。

上述定义表明，标准化是一种科学活动，伴随着科学技术的进步和人类实践经验的不断深化，需要重新修订、贯彻标准，达到新的统一。不断循环、螺旋式上升是这一过程的特征。

二、标准化的基本原理与方法

认识食品标准化活动的基本规律和原理，寻求有效方法解决食品标准化过程中的问题，是食品标准化理论研究的主要内容。我国早在2000多年前提出的“不以规矩，无以成方圆”的观点。至今仍被作为揭示标准化本质特征的至理名言，这可称得上是古典的标准化理论。

美国的泰勒（Frederick. W. Taylor）被誉为现代科学管理之父，他通过对动作和时间的研究，建立并实行了操作方法和工作方法、工时定额和计件工资以及培训方法的标准化。1911年出版的名著《科学管理原理》，使所有工具和工作条件实现标准化和完美化，是科学管理的首要原理，奠定了管理标准化和以标准化为基础的科学管理的基础。

20世纪50年代以前，除了约翰·盖拉德1934年的《工业标准化——原理与应用》论述了标准化的许多原理和实践的内容外，标准化的理论成果并不多。1952 年国际标准化组织（ISO）成立了标准化原理委员会（STACO），随后一些国家也设立了相应的机构，这对标准化理论研究起到了相当的推动作用。1972 年桑德斯（T. R. B Sanders）的《标准化的目的与原理》一书出版，他在书中提出了 7 个标准化原理，基本上围绕着标准化的目的、作用，从制定、修订到实施的标准化过程展开，对以往的标准化经验进行了科学的总结。他明确提出标准化的目的就是为了减少社会日益增长的复杂性，这是对标准化作用的深刻概括，对标准化理论建设具有重要的意义。日本政法大学的松浦四郎教授从 1961 年起即作为 ISO/STACO 的成员和日本标准化原理分委员会 JSA/STACO 的创始人，1972 年他出版的《工业标准化原理》一书，提出了 19 项标准化原理，并对简化的理论和方法进行了深入的研究。他对标准化理论的杰出贡献是把熵的概念引进标准化，用以解释标准化的社会功能，并把标准化概括为创造负熵，使社会生活从无序向有序转化的一种活动，从而为应用系统科学的理论建立标准化的理论体系奠定了基础。

当今标准化的原理主要有简化原理、统一化原理、协调原理和优化原理等。

（一）简化原理

1. 简化的概念与特点

简化是古老又最基本的标准化形式。它是在一定范围内缩减对象（事物）的类型数目，使之在既定的时间内满足一般的需要。即具有同种功能的标准化对象，当其多样性的发展规模超出了必要的范围时，即应消除其中多余的、可替换的和低功能的环节，保持其构成的精练、合理，使总体功能最佳。由此可见，简化的特点是：其一般是事后进行的。

2. 简化的必要性和合理性界限

运用简化原理时必须把握好简化的必要性和合理性两个界限。

（1）简化的必要性界限　事物的多样性是发展的普遍形式，商品生产和竞争是多样化失控的重要原因。在生产领域，由于科学、技术、竞争和需求的发展，使社会产品的种类急剧增加。这种多样化的趋势是社会生产力发展的表现，一般是符合人类愿望的。但在商品生产社会里，在激烈的市场竞争中，这种多样化的发展趋势，不可避免地带有不同程度的盲目性，如果不加控制地任其发展，就可能出现多余的、无用的和低功能的产品品种。在这种情况下，简化便是人类对社会产品的类型进行有意识的自我控制的一种有效形式。在这种事后简化的过程中，要把握好简化的必要性界限，只有“当具有同种功能的标准化对象，其多样性的发展规模超出了必要的范围时”，才允许简化。所谓的必要范围是指通过对象发展规模（如品种、规格和数量等）与客观实际的需要程度相比较而确定的。运用技术经济分析等方法，可以使简化的“范围”具体化，“界定”定量化。

（2）简化的合理性界限　“总体功能最佳”就是简化的合理性界限的目标。“总体”指的是简化对象的品种构成，“最佳”指的是从全局看效果最佳。它是衡量简化是否做到了既“精练”又“合理”的唯一标准。运用最优化的方法，可以从几种接近的简化方案中选择“总体功能最佳”的方案。

3. 简化的一般原则

简化不是对客观事物进行任意的缩减，更不能认为只要把对象的类型数目加以缩减就会产生效果。简化的实质是对客观系统的结构进行调整使之优化的一种有目的的标准化活动，因此应该遵循如下原则。

（1）应充分满足客观的需要，不能盲目地追求事物的缩减。

（2）对简化方案的分析论证应以特定的时间、空间范围为前提。在时间范围里，既要考虑到当前的情况，也要考虑到今后一定时期的发展要求；对简化所涉及的空间范围以及简化后标准发生作用的空间范围，必须做较为准确的计算或估计，切实贯彻全局利益原则。

（3）简化的结果必须保证在既定的时期和一定的领域内满足一般的需要，不能因简化而损害消费者的利益。

（4）对产品规格的简化要形成系列，其参数组合应尽量符合数值分级规定。

4. 简化原理在食品标准化中的应用

食品标准化的简化表现在下述三个方面。

（1）食品品种和分类的科学化　科学技术、市场竞争和人们生活需求的不断发展，使食品产品的品种急剧增多。因此，必须科学分类、简化食品类别，特别是对于交叉技术产生的新型食品类别，如生物技术食品，可能涉及多种食品生产，像发酵食品、调味品、果蔬制品等。若品种分类不科学，势必造成相互之间的交叉。所以，必须确定原则，进行简化，促使同一层次上的食品分类涵盖内容协调。

（2）食品生产技术的简化　食品标准化的对象是食品，食品生产的主体是各种食品企业，既有大企业、中型企业，也有几个人的小作坊。将复杂的食品技术转化成简单的食品生产技术标准，用以指导食品生产，需要以一种简化的形式，将生产工艺的关键技术以图解等的形式显示出来，有利于标准的执行，如很多车间内的操作流程图解就是将食品生产工艺标准以简化的形式进行执行。总之，通过生产技术的形式简化、图解说明，可将复杂的食品技术通俗化、可操作化。

（3）食品标准内容的简化　根据食品标准的共性特征，将相对分散的标准整合、简化，提高标准的适用性。如根据提高通用性的原则，我国将 80 多项食品中 322 种农药 2293 项最大残留限量标准整合为一项标准，即 GB 2763—2012《食品安全国家标准 食品中农药最大残留限量》。这是根据标准体系建设要求利用简化原理的一个实例，其中将多项农药限量标准中重复的内容简化，仅保留实质内容。

（二）统一化原理

1. 统一化的概念

统一化是把同类事物两种以上的表现形态归并为一种或限定在一个范围内的标准化形式。同简化一样，都是古老而又基本的标准化形式，人类的标准化活动就是从统一开始的。现代社会中被统一的对象无数，相互关系错综复杂，统一的波及面大，影响深远，所以必须谨慎从事。从统一化成功和失败的经验教训中概括出统一化的原理是：在一定时期一定条件下，对标准化对象的形式、功能或其他技术特性所确立的一致性，应与被取代的事物功能等效。

2. 统一化的一般原则及其在食品标准化中的应用

统一有两类，一类是绝对的统一，它不允许有灵活性，必须达到某种要求或指标，对于食品标准，安全要求就是一种绝对的统一，例如制定食品安全限量标准、食品标签标准等强制性标准；另一类是相对的统一，它的出发点或总趋势是统一的，但统一中有灵活，依据情况区别对待，如一些推荐性的食品标准化术语、食品检测方法标准等。从大的方面来讲，食品标准化的统一化一般应把握好下述原则。

（1）适时原则　统一是事物发展到一定规模、一定水平时，人为进行干预的一种标准化形式。干预的时机是否恰当，对事物未来的发展有很大影响。

所谓“适时”就是指统一的时机要选准，既不能过早，也不能过迟。如果统一过早，有可能将尚不完善、稳定、成熟的类型以标准的形式固定下来，就有可能使低劣的类型合法化，不利于优异类型的产生；如果统一过迟，当低效能类型大量出现并形成定局时，在淘汰低劣类型过程中必定会造成较大的经济损失，增加统一化的难度。

为较准确地把握统一化的时机，可通过预测技术和经济效益分析，经济技术发展规划、趋势的研究等科学地加以确定。在具体的标准化活动实践中，统一过早的事例并不多见，但统一过迟的事例却屡见不鲜。把握好统一的时机，是搞好食品标准化统一的关键。

我国 1995 年发布实施了 GB/T 15091—1994《食品工业基本术语》，该标准规定了食品工业常用的基本术语。该标准适用于食品工业生产、科研、教学及其他有关领域。该标准发布实施时，我国食品工业发展进入快速增长期。此时，人们追求的是各类食品的质量、营养和安全，为统一食品行业内的一些概念和认识，发布这项标准是合时宜的。如果在人们生活困难时期，衣食无保，或者食品工业极度落后，推出这项标准没有使用主体，则没有体现食品标准应有的意义。

（2）适度原则　所谓“适度”就是要合理地确定统一化的范围和指标水平。“度”是在一定质的规定中所具有的一定量的值，度就是量的数量界限。对客观事物进行统一化，既要有定性的要求（质的规定），又要有定量的要求。例如，在对产品进行统一化时，不仅要对哪些方面必须统一、哪些方面不做统一、哪些要在全国范围统一、哪些只在局部进行统一、哪些统一要严格、哪些统一要灵活等做出明确的规定，而且必须恰当地规定每项要求的数量界限。在对标准化对象的某一特性做定量规定时，对可以灵活规定的技术特性指标，还要掌握好指标的灵活度。

对于食品基础标准、食品质量安全标准等，都是要在全国统一实施。而对于特定地域的农产品生产技术田间操作规程，就不宜在全国范围内统一，只适合在某一地区统一。东北的大米和江南的大米就是在不同地理条件和栽培条件下的品种，首先是需要制定它们的标准，其次制定标准的适用范围要适度，第三是制定对应的指标也要适度。

如我国食品方面的行业标准，主要包括农业、粮食、商业、轻工业等，许多食品行业标准是在地方标准或企业标准基础上，经过一段时间、在一定范围实施后，经过调查研究，需要在全国范围统一时，在修订标准的使用范围后发布实施的。

（3）等效原则　所谓“等效”是指：把同类事物两种以上的表现形式归并为一种（或限定在某一范围）时，被确定的“一致性”与被取代事物之间必须具有功能上的可替代性。只有统一后的标准与被统一的对象具有功能上的等效性，才能替代。

（4）先进性原则　等效原则只是对统一提出了起码要求，因为只有等效才有统一可言。而统一的目标是使建立起来的统一性具有比被淘汰的对象更高的功能，为此还须贯彻先进性原则。

所谓“先进性”就是指确定的一致性（或所做的统一规定）应有利于促进生产发展和技术进步，有利于社会需求得到更好的满足。贯彻统一化的原则，就是要使建立起来的统一性具有比被淘汰的对象更高的功能，在生产和使用过程中取得更大的效益。

目前，我国加强食品风险分析技术研究，制定食品风险分析基本原则，制定食品安全全程控制的 GB/T 22000—2006《食品安全管理体系　食品链中各类组织的要求》、食品企业 HACCP 等标准，都充分体现了标准化活动的前瞻性、先进性。

（三）协调原理

1. 协调的概念

所谓“协调”是指在一定的时间和空间内，使标准化对象内外相关因素达到平衡和相对稳定。目的是使系统的功能达到最优。一个先进的技术标准应该是一个最佳协调的结果。一个好的产品、先进的工艺方法、合理的设计结构、最佳的参数和技术指标以及正确的管理方法等，都应该是经过系统内外协调的产物。

2. 协调的原理

标准系统的功能取决于标准之间相互适应的程度。为达到整体系统功能最佳的目标，必须对各子系统进行协调，使系统中各组成部分或各相关因素之间建立起最合理的秩序或相对平衡关系。在标准系统中，只有当各项标准之间的功能彼此协调时，才能实现整体系统的功能最佳，这就是协调的原理。为此必须注意以下几点。

（1）标准内部系统之间的协调　如在工程设计中对有关基本参数、几何图形、外部因素都要建立合理的关系，形成一组最佳参数，使设计的产品在满足使用要求的前提下，达到整体功能最佳。

（2）相关标准之间的协调　如农产品质量安全标准涉及农产品的种子、栽培技术措施、病虫害防治以及生产环境等方面。应从最终产品质量要求出发，对各个环节或要素规定必要的要求，从而保证所有相关标准和标准系统之间的整体功能最佳。

（3）标准之间的协调　如集装箱运输标准化就涉及公路、铁路运输系统和海运以及空运系统的标准化问题，集装箱的外形大小和质量等参数受不同运输系统的制约，只有相互协调统一，才能发挥集装箱的整体运输优势，产生巨大的经济和社会效益。

3. 食品标准化的协调化过程

任何一项标准都是标准系统中的一个功能单元，既受系统的约束，又影响系统功能的发挥，所以，每制定或修订一项新标准都需进行协调。同样，任何一项食品标准一定存在某个层级食品标准体系之中，又最终被纳入国家食品标准体系内。如果把一项具体的食品标准都看作是一个小单位，每项标准又跟另外一些标准密切相关，进而形成更大的系统。食品标准系统的功能取决于各系统功能的发挥及各子系统之间互相适应的程度，为了实现整体功能的最佳，必须对子系统进行协调，使整个食品标准体系中各组成部分或相关因素之间建立起合理的秩序或相对平衡的关系。

所谓协调化，就是在食品标准体系中，只有当各局部（子体系）的功能彼此协调时，才能实现整体系统的功能最佳。食品本身是涉及多个领域的大体系，它包括管理、技术和社会等各个子系统。在食品生产中，各子系统都有其相对的独立性，而各个子系统之间又需很好地协调以达到有机的结合。

（四）优化原理

1. 优化的概念

标准化的最终目的是取得最佳效益，因此在标准制定和实施过程中，一定要贯彻最优化原则。没有最优，就没有标准化。最优方案的选择和设计，不是凭经验的直观判断，更不是用调和争执、折中不同意见的办法所能做到的，而是要借助于数学方法，进行定量的分析，对于较为复杂的标准化课题，要应用包括计算机在内的最优化技术。对于较为简单的方案的优选，可运用技术经济分析的方法求解。

优化原理是指按照特定的目标，在一定的限制条件下，对标准系统的构成要素及其相互关系进行选择、设计或调整，使之达到最理想的效果。

2. 优化的程序

标准化的优化方法多种多样。举例来说，优化的一般程序如下。

（1）确定目标　从整体出发提出最优化目标及效能准则（即衡量目标的

标准）。

（2）收集资料　收集、整理并提供必要的数据和给定一部分约束条件。

（3）建立数字模型　在充分了解情况的基础上，找出反映问题本质因素的数学方程（某些变量或参数之间的关系）和逻辑框图。

（4）计算　编制程序，通过计算求解，并提出若干可行方案加以比较。

（5）评价和决策　经过对方案的分析、比较，选出最优方案，由执行部分选定和决策。

3. 食品标准化的最优化过程

优化是对食品标准系统中的标准与标准之间的相互关系及标准中的具体内容的优化，这种优化必须有明确的特定目标。这种目标可以是标准系统的整个功能目标，也可以是单项标准所要达到的目标。GB 2763—2012《食品安全国家标准　食品中农药最大残留限量》、GB 2763—2016《食品安全国家标准　食品中农药最大残留限量》、GB 2762—2005《食品中污染物限量》、GB 2762—2017《食品安全国家标准　食品中污染物限量》都是我国食品标准体系调整的完善优化过程，由原来的垂直型“产品标准”转化为水平通用型“通用标准”，以逐步完善我国的食品标准体系。最优化是食品标准体系不断完善发展的内在要求。

上述的标准化原理，由于是从不同形式的标准化活动中概括出来的，因而带有显著的方法性特点，所以，这些原理也可以说是标准化的方法性原理。

标准化的这些原理都不是孤立存在、单独起作用的，它们相互之间不仅有着密切联系，而且在实践应用过程中又是互相渗透、互相依存的，它们结成一个有机的整体，综合反映了标准化活动的规律性。

三、 标准化活动的基本原则

1. 超前预防原则

标准化的对象不仅要在依存主体的实际问题中选取，而且更应从潜在问题中选取，以避免该对象非标准化造成的损失。

科学技术迅猛发展、日新月异，而以科学技术与实践经验的成果为基础制定的标准，作为共同使用和重复使用的一种规范性文件，又要求具有相对的稳定性。为协调好这一发展和稳定的关系，对潜在问题实行超前标准化是一个有效的原则，这样可以有效地预防其多样化和复杂化，避免非标准化造成的损失。

2. 协商一致原则

标准化的成果应建立在相关各方协商一致的基础上。

标准作为一种特殊的文件，是在兼顾各有关方面利益的基础上，经过协商一致而制定的，这充分体现了标准的民主性。标准在实施过程中有“自愿性”，坚持标准民主性，经过标准使用各方进行充分的协商讨论，最终形成一致的标准，这个标准才能在实际生产和工作中得到顺利的贯彻实施。

3. 统一有度原则

在一定范围、一定时期和一定条件下，对标准化对象的特性和特征应做出统一规定，以实现标准化的目的。

这一原则是标准化的本质与核心，它使标准化对象的形式、功能及其他技术特征具有一致性。统一要先进、科学、合理，要有度。统一是有一定范围或层级的，由此，确定标准宜制定为国家标准，还是企业标准，统一是在一定水平上的，由此，决定标准的先进性即技术指标的高低；统一又是有一定量度的，为此，有的标准要规定统一的量值，有的要统一规定量值的上限（如食品中有害物质含量）、下限（如食品中营养成分含量），更多的是规定上下允差值（如某一机器零件的几何尺寸标准）。

4. 动变有序原则

标准应依据其所处环境的变化，按规定的程序适时修订，才能保证标准的先进性和适用性。一个标准制定完成之后，绝不是一成不变的，随着科学技术的不断进步和人民生活水平的提高，要适时进行标准修订，以适应其发展需要，否则就会滞后而丧失生命力。标准的制（修）订有规定的程序，要按规定的时间、规定的程序进行修订和批准，不允许朝令夕改。

5. 互相兼容原则

在制定标准时，必须坚持互相兼容的原则，尽可能使不同的产品、过程或服务实现互换和兼容，以扩大标准化经济效益和社会效益。应在标准中统一计量单位、统一制图符号，对一个活动或同一类产品在核心技术上应制定统一的技术要求，达到资源共享的目的。如集装箱的外形尺寸应一致，以方便使用。农产品安全质量要求和产地环境条件以及农药残留最大限量等都应有统一的规定，以达到互相兼容的要求。

6. 系列优化原则

标准化的对象应优先考虑其所依存主体系统能获得最佳效益。

标准化的效益既包含经济效益，也包含社会效益，没有效益就不必实行标准化。实行标准化应考虑获取最大效益。在获取标准化效益时，不只是考虑对象自身的局部标准化效益，还应考虑对象所在依存主体系统即全局的最佳效益。

在标准尤其是系列标准的制定中，如通用检测方法标准、不同等级的产品质量标准、管理标准和工作标准等，一定应坚持系列优化的原则，减少重复，避免人力、物力、财力和资源的浪费，提高经济效益和社会效益。农产品中农药残留量的测定方法就是一个比较通用的方法，不同种类的食品都可以引用该方法，也便于测定结果的相互比较，保证农产品质量。食品安全国家标准 食品微生物学检验系列标准 GB 4789.1～35、食品理化检验系列标准 GB 5009.3～203 就是不断完善、系列优化的标准，在食品质量检验工作中具有重要的地位和作用。

7. 阶梯发展原则

标准化活动过程是一个阶梯状的上升发展过程。标准化活动过程，即标准的制定—实施（相对稳定一个时期）—修订（提高）—再实施（相对稳定）—再修订（提高），是一个呈阶梯状发展的过程。每次修订标准就把标准水平提高一步，它形象地反映了标准化必须伴随其依存主体的技术或管理水平的提高而提高。如我国 GB/T 1.1—2009 标准，即制定标准的标准，已经过了 4 次大的修订，其标准水平不断提高，这就是一个很好的例证。

8. 滞阻即废原则

当标准制约或阻碍依存主体的发展时，应及时进行更正、修订或废止。

任何标准都有二重性。当科学技术和科学管理水平提高到一定阶段后，现行的标准由于制定时的科技水平和人们认识水平的限制，该标准已经成为阻碍生产力发展和社会进步的因素，就要立即更正、修订或废止，重新制定新标准，以适应社会经济发展的需要。

我国现行的标准，绝大部分是在计划经济时期制定的，食品卫生和质量标准的标龄过长，有的已达 10 年以上，不适应加入世界贸易组织（WTO）的需要。为了保持标准的先进性，国家标准化行政主管部门和企业标准的批准和发布者，要定时复审，确认标准是否需要更改、修订或废止，以充分发挥标准应有的作用。

项目二 标准分类和标准体系

一、标准分类

分类是人类认识事物和管理事物的一种方法。人们从不同的目的和角度出发，依据不同的准则对标准进行分类，形成了不同的标准种类。

（一）根据标准制定的主体分类

根据标准制定的主体，标准可分为国际标准、区域标准、国家标准、行业标准、地方标准和企业标准 6 级。

1. 国际标准

国际标准是指由国际标准化组织（ISO）、国际电工委员会（IEC）、国际电信联盟（ITU）制定的标准及国际标准化组织确认并公布的其他国际组织制定的标准。目前国际标准化机构共有 40 个，详见表 5－1。

表 5 - 1　　40 个国际标准化机构名称

简称	机构名称	简称	机构名称
BIPM	国际计量局	IGU	国际煤气工业联合会
BISFN	国际人造纤维标准化局	IIR	国际制冷学会
CAC	食品法典委员会	ILO	国际劳工组织
CCSDS	时空系统咨询委员会	IMO	国际海底组织
CIB	国际建筑研究实验与文献委员会	ISTA	国际种子检验协会
CIE	国际照明委员会	ITU	国际电信联盟
CIMAC	国际内燃机会议	IUPAC	国际理论与应用化学联合会
FDI	国际牙科联合会	IWTO	国际毛纺组织
FID	国际信息与文献联合会	OIE	国际动物流行病学局
IAEA	国际原子能机构	OIML	国际法制计量组织
IATA	国际航空运输协会	OIV	国际葡萄与葡萄酒局
ICAO	国际民航组织	RILEM	材料与结构研究实验所国际联合会
ICC	国际谷类加工食品科学技术协会	TraFIX	贸易信息交流促进委员会
ICID	国际排灌研究委员会	UIC	国际铁路联盟
ICRP	国际辐射防护委员会	UN/CEFACT	经营、交易和运输程序和实施促进中心
ICRU	国际辐射单位和测试委员会	UNESCO	联合国教科文组织
IDF	国际制酪业联合会	WCO	国际海关组织
IETF	万围网工程特别工作组	WHO	国际卫生组织
IFTA	国际图书馆协会与学会联合会	WIPO	世界知识产权组织
IFOAM	国际有机农业运动联合会	WMO	世界气象组织

2. 区域标准

区域标准是指由区域标准化组织或区域标准组织通过并公开发布的标准。《中华人民共和国标准化法》第六条规定，我国根据标准发生作用的有效范围，将标准分为国家标准、行业标准、地方标准和企业标准 4 级。

3. 国家标准

国家标准是指由国家标准机构通过并公开发布的标准。我国国家标准是指对全国经济技术发展有重大意义，必须在全国范围内统一的标准。国家标准由国务院标准化行政主管部门编制计划和组织草拟，并统一审批、编号和发布。我国国家标准的种类采用按专业划分的方法进一步分类。国家标准的代号由大写汉字拼音字母构成，强制性国家标准的代号为“GB”，推荐性国家标准的代号为“GB/T”。

4. 行业标准

行业标准是指由行业组织通过并公开发布的标准。我国行业标准是指由国家有关行业行政主管部门公开发布的标准。根据我国现行标准化法的规定，对没有国家标准而又需要在全国某个行业范围内统一的技术要求，可以制定行业标准，行业标准由国务院有关行政主管部门制定。

5. 地方标准

地方标准是指在国家的某个地区通过并公开发布的标准。我国地方标准是指由省、自治区、直辖市标准化行政主管部门公开发布的标准。根据我国现行标准化法的规定，对没有国家标准和行业标准而又需要在省、自治区、直辖市范围内统一的工业产品的安全、卫生要求，可以制定地方标准。

6. 企业标准

企业标准是由企业制定并由企业法人代表或其授权人批准、发布的标准。

（二）根据标准化对象的基本属性分类

根据标准化对象的基本属性，标准分为技术标准、管理标准和工作标准。

1. 技术标准

技术标准是指对标准化领域中需要协调统一的技术事项所制定的标准。它的形式可以是标准、技术规范、规程等文件，以及标准样品实物。

技术标准是标准体系的主体，量大、面广、种类繁多，其中主要如下。

（1）基础标准　基础标准是具有广泛的适用范围或包含一个特定领域的通用条款的标准。它可直接应用，也可作为其他标准的基础。例如：标准化工作导则；通用技术语言标准；量和单位标准；数值与数据标准；公差、配合、精度、互换性、系列化标准；健康、健全、卫生、环境保护方面的通用技术要求标准；信息技术、人类工效学、价值工程和工业工程等通用技术方法标准；通用的技术导则等。

（2）产品标准　产品标准是规定产品应满足的要求以确保其适用性的标准。其主要作用是规定产品的质量要求，包括性能要求、适应性要求、使用技术条件、检验方法、包装及运输要求等。一个完整的产品标准在内容上应包括产品分类（形式、尺寸、参数）、质量特性及技术要求、试验方法及合格判定准则、产品标志、包装、运输、贮存、使用等方面的要求。原料、材料、燃料、能源等，在市场环境下也都是独立生产的产品，有时也单独列为技术标准的一大类。

（3）设计标准　设计标准是指为保证与提高产品设计质量而制定的技术标准。

（4）工艺标准　工艺标准是指依据产品标准要求，对产品实现过程中原材料、零部件、元器件进行加工、制造、装配的方法，以及有关技术要求的标准。其主要作用在于规定正确的产品生产、加工、装配方法、使用适宜的设备和工艺装备，使生产过程固定、稳定，以生产出符合规定要求的产品。

（5）检验和试验标准　检验是指通过观察和判断，适当结合测量、试验所进行的符合性评价。检验的目的是判断是否合格。针对不同的检验对象，检验标准分为进货检验标准、工序检验标准、产品检验标准、设备安装交付验收标准、工程竣工验收标准等。

（6）信息标识、包装、搬运、贮存、安装、交付、维修、服务标准。

（7）设备和工艺装备标准　该类标准是指对产品制造过程中所使用的通用设备、专用工艺装备、工具及其他生产器具的要求制定的技术标准。其作用主要是保证设备的加工精度，以满足产品质量要求，维护设备使之保持良好状态，以满足生产要求。

（8）基础设施和能源标准　这类标准是指对生产经营活动和产品质量特性起重要作用的基础设施，包括生产厂房、供电、供热、供水、供压缩空气、产品运输及贮存设施等制定的技术标准。其主要作用是保证生产技术条件、环境和能源满足产品生产的质量要求。

（9）医药卫生和职业健康标准　医药卫生与人类健康直接相关，这方面的标准是标准化的重点内容，其中主要的有：药品、医疗器械、环境卫生、劳动卫生、食品卫生、营养卫生、卫生检疫、药品生产以及各种疾病诊断标准等。

职业健康标准是指为消除、限制或预防职业活动中危害人身健康的因素而制定的标准。其目的和作用是保护劳动者的健康，预防职业病。

（10）安全标准　安全标准是指为消除、限制或预防产品生产、运输、贮存、使用或服务提供中潜在的危险因素，避免人身伤害和财产损失而制定的标准。

（11）环境标准　按环境范围不同，可分为社会环境与企业环境。社会环境标准总的可分为基础标准、环境质量标准、污染物排放标准和分析测试方法标准等；企业环境标准分为工作场所环境和企业周围环境标准。环境标准的目的和作用是保证产品质量，保护工作场所内工作人员的职业健康安全，以及履行企业的社会责任。

2. 管理标准

管理标准是指对标准化领域中需要协调统一的管理事项所制定的标准。

管理标准与技术标准的区别是相对的，一方面管理标准也会涉及技术事项，另一方面技术标准也适用于管理。管理标准总的可分为：管理基础标准、技术管理标准、经济管理标准、行政管理标准等，这其中的每一类又可细分为更具体的内容。

企业中的管理标准种类和数量都很多，其中与管理现代化，特别是与企业信息化建设关系最密切的标准主要如下。

（1）管理体系标准　管理体系标准通常是指 ISO 9000 质量管理体系标准、ISO 14000 环境管理体系标准、OHSAS 18000 职业健康安全管理体系标准，以及其他管理体系标准。

（2）管理程序标准　管理程序标准通常是在管理体系标准的框架结构下，对具体管理事物（事项）的过程、流程、活动、顺序、环节、路径、方法的规定，是对管理体系标准的具体展开。

（3）定额标准　定额标准指在一定时间、一定条件下，对生产某种产品或进行某项工作消耗的劳动、物化劳动、成本或费用所规定的数量限额标准。定额标准是进行生产管理和经济核算的基础。

（4）期量标准　期量标准是生产管理中关于期限和数量方面的标准。在生产期限方面，主要有流水线节拍、节奏、生产周期、生产间隔期、生产提前期等标准；在生产数量方面，主要有批量、在制品定额等标准。

3. 工作标准

工作标准是为实现整个工作过程的协调，提高工作质量和工作效率，对工作岗位所制定的标准。通常，企业中的工作岗位可分为生产岗位（操作岗位）和管理岗位，相应的工作标准也分为如下几种。

（1）管理工作标准　主要规定工作岗位的工作内容、工作职责和权限，本岗位与组织内部其他岗位纵向和横向的联系，本岗位与外部的联系，岗位工作人员的能力和资格要求等。

（2）作业标准　作业标准的核心内容是规定作业程序的方法。在有的企业里，这类标准常以作业指导书或操作规程的形式存在。

（三）根据标准实施的约束力分类

我国根据标准实施的约束力将标准分为：强制性标准和推荐性标准两大类。

1. 强制性标准

根据我国标准化法的规定，强制性标准是指国家标准和行业标准中保障人体健康和人身、财产安全的标准，以及法律、行政法规规定强制执行的标准。此外，由省、自治区、直辖市标准化行政主管部门制定的工业产品的安全和卫生要求的地方标准，在本行政区域内是强制性标准。强制性标准的强制性是指标准应用方式的强制性，即利用国家法制强制实施。这种强制性不是标准固有的，而是国家法律、法规所赋予的。

2. 推荐性标准

强制性标准以外的标准是推荐性标准。推荐性标准是倡导性、指导性、自愿性的标准。通常国家和行政主管部门积极向企业推荐采用这类标准，企业则完全按自愿原则自主决定是否采用。企业一旦采用了某推荐性标准作为产品出厂标准，或与顾客商定将某推荐性标准作为合同条款，那么该推荐性标准就具有了相应的约束力。

（四）根据标准信息载体分类

根据标准信息载体，可将标准分为标准文件和标准样品。

1. 标准文件

（1）标准　是最基本的规范性文件形式，主要内容是对产品、过程、方法、概念等做出统一的规定，作为共同使用和重复使用的准则。

（2）技术规范　指规定产品、过程或服务应满足的技术要求的文件。技术规范可以是标准、标准的一部分或与标准无关的文件。

（3）规程　指为设备构件或产品的设计、制造、安装、维护或使用而推荐惯例或程序的文件。规程可以是标准、标准的一部分或与标准无关的文件。

（4）指南　其特点是文件的内容不作为某一领域共同遵守的准则，而是作为一种专业或行业的指南、指导、倡导或参考，或作为企业（组织）内部的一种技术工具或管理工具。

（5）技术报告　其特点是对产品、过程等对象做出详尽的描述，特别是对有关特性给出各项技术数据。在国际贸易中，技术报告可以成为某一行业、区域内共同遵守的准则，可以作为双方、多方一致同意的合同条款，也可以仅是一种规范性的技术说明，作为顾客在市场上知情选择的依据。

我国国家标准中的“国家标准化指导性技术文件”（其代号是 GB/Z）就其文件形式而言，与技术报告类似；就其实施约束力而言，可认为是推荐性标准。

按标准的介质还可将标准分为纸介质文件和电子介质文件。

2. 标准样品

标准样品的作用主要是提供实物，作为质量检验、鉴定的对比依据，测量设备检定、校准的依据，以及作为判断测试数据准确性和精确度的依据。

标准样品是具有足够均匀的一种或多种化学的、物理的、生物学的、工程技术的或感官的等性能特征，经过技术鉴定，并附有说明有关性能数据证书的一批样品。

二、 标准体系表

标准体系是指一定范围内的标准按其内在联系形成的科学有机整体。

标准体系表是指一定范围的标准体系内的标准按其内在联系排列起来的图表。标准体系表用以表达标准体系的构思、设想、整体规划，是表达标准体系概念的模型。

标准体系表是编制标准、制（修）订规划和计划的依据之一；是一定范围内包括现有、应有和预计制定标准的蓝图，它将随着科学技术的发展而不断更新和充实。编制标准体系表是标准化工作的一项重要基础性工作。

食品标准体系表是食品标准体系的有效表达方式，能够直观地概括出食品标准的全貌和局部内容，清楚地显示出每项食品标准的层级、属性等信息，以及食品标准的前瞻性发展方向，从而满足一段时间内食品标准管理的需要。同时，食品标准体系表是标准体系规划的落脚点，如果食品标准体系的研究规划最后不落实到标准的制定、修订上，体系的目标便无法有效地实现。因此，食品标准体系表的编制是建立食品标准体系十分重要而关键的一环。

（一）标准体系表的编制原则

GB/T 13016—2018《标准体系构建原则和要求》提出标准体系表的编制原则包括四个方面：目标明确、全面成套、层次恰当和划分清楚。

1. 目标明确

标准体系表的编制，应首先明确建立标准体系的目标。不同的目标，可以编制出不同的标准体系表。

示例：编制标准体系表可以促进一定标准化工作范围内的标准组成达到科学合理。建立标准体系要有明确目标，企业围绕质量而建立的标准体系，目的是改进企业的质量管理；围绕信息化建设而建立的标准体系，目的是实现数据共享、应用系统集成等目标。

2. 全面成套

标准体系表的全面成套应围绕着标准体系的目标展开，体现在体系的系统整体性，即体系的子体系及子体系的全面成套和标准明细表所列标准的全面成套。

在国家层面，食品标准体系表编制“全面成套”是指针对食品标准体系满足食品质量安全控制与管理目标，要实现食品标准的“全”，要充分体现整体性。只有胸有全局，才能解决主要矛盾，明确主攻方向，特别是对前瞻性的食品技术标准尤为重要，这也是食品标准体系表的重要价值体现。

3. 层次恰当

列入标准明细表内的每一项标准都应安排在恰当的层次上。从一定范围内的若干个标准中，提取共性特征并制定成共性标准，然后将此共性标准安排在标准体系内的被提取的若干个标准之上，这种提取出来的共性标准构成标准体系中的一个层次。基础标准宜安排在较高层次上，即扩大其通用范围以利于一定范围内的统一。应注意同一标准不要同时列入两个以上体系或子体系内，以避免同一标准由两个或以上部门重复制（修）订。

根据标准的适用范围，恰当地将标准安排在不同的层次上。一般应尽量扩大标准的适用范围，或尽量安排在高层次上，即应在大范围内协调统一的标准不应在数个小范围内各自制定，达到体系组成尽量合理简化。

食品标准体系表编制“层次恰当”是共性与个性的关系处理必须恰当，否则会出现重复、混乱。一般来讲要尽量扩大共性食品标准的使用范围，并将它们尽量安排在食品标准体系表的高层次上。例如食品中微生物的检测方法，要尽量安排在通用的食品检测方法层面上，而不应以产品食品类别划分安排在产品标准范围内，如制定白酒中某微生物的测定、葡萄酒中某微生物的测定等，这会产生过多、过细的标准。

4. 划分清楚

标准体系表内的子体系或类别的划分，主要应按行业、专业或门类等标准化活动性质的同一性，而不宜按行政机构的管辖范围而划分。

食品标准体系表编制“划分清楚”包括多方面含义。如食品分类划分清楚、标准类型划分清楚、标准属性和层级划分清楚等。我国食品标准体系的建设目标是“形成重点突出，强制性标准与推荐性标准定位准确，国家标准、行业标准和地方标准相互协调，基础标准、产品标准、方法标准和管理标准配套，与国际食品标准体系基本接轨，能适应行业要求，满足进出口贸易需要，科学、合理、完善的食品标准新体系”。因此，编制食品标准体系表时划分清楚十分重要，这需要大量的研究基础做支撑。

（二）标准体系表的格式及要求

标准体系表包括标准体系结构图、标准明细表、标准统计表和编制说明。

1. 标准体系结构图

（1）一般要求　标准体系结构图可由总结构方框图和若干个子方框图组成。

标准体系的结构关系一般分为：上下层之间的“层次”关系，或按一定的逻辑顺序排列起来的“序列”关系。也可是由以上几种结构相结合的组合关系。每个方框可编上图号，并按图号编制标准明细表。

（2）符号与约定　标准体系结构图内，方框间用实线或虚线连接。用实线表示方框间的层次关系、序列关系，不表示上述关系的连线用虚线。为了表示与其他系统的协调配套关系，用虚线连接表示本体系方框与相关标准间的关联关系。对虽由本体系负责制定的，而应属其他体系的标准亦作为相关标准并用虚线相连，且应在编制说明中加以说明。带文字下划线的方框，仅表示体系标题之意，不包含具体的标准。

（3）层次结构　我国标准体系的层次结构见图 5－1，包含多个行业产品时的层次结构见图 5－2。

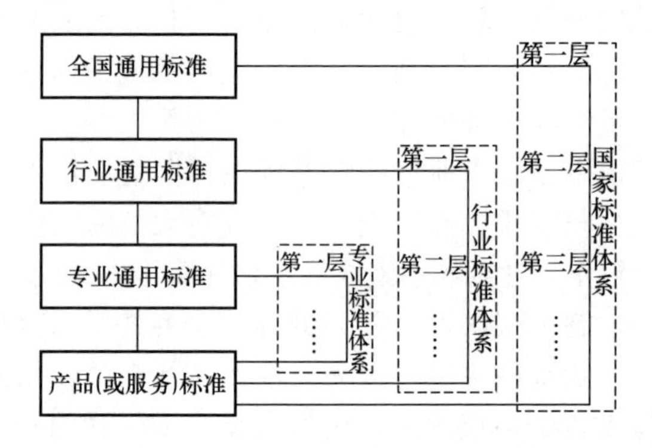

图 5－1　全国、行业、专业标准体系的层次结构图

（4）序列结构　序列结构指围绕着产品（或服务）、过程的标准化建设，按生命周期阶段的序列，或空间序列等编制出的序列状标准体系结构图。标准体系按生命周期阶段序列的结构如图 5－3 所示，生命周期阶段对照参见 GB/T 13016—2018《标准体系构建原则和要求》附录 B。

2. 标准明细表

对标准体系结构图中各层次或各序列中只起标题作用而无标准内容的方框不宜给出编号，而对含有标准内容的方框宜给出编号，此编号同时又是标准明细表

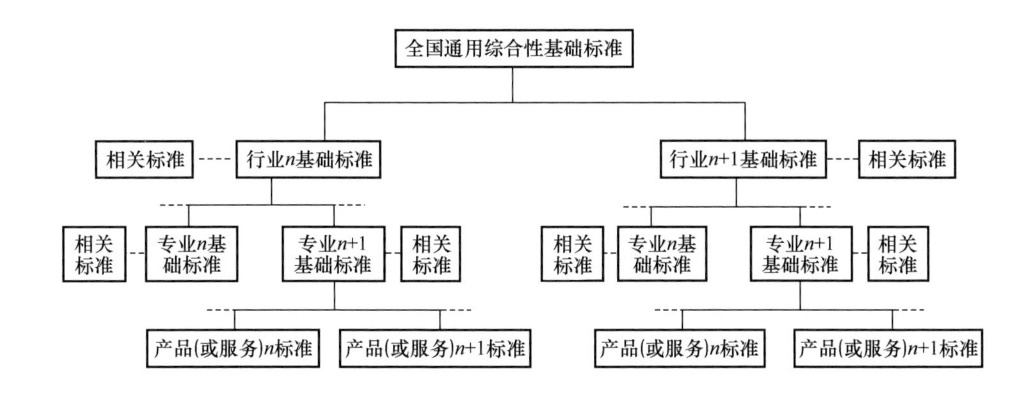

图 5－2　含多个行业产品的标准体系层次结构图

注①“专业 n 基础标准”表示第 n 个行业下的第 n 个专业的基础标准。

②“产品（或服务）n 标准”指第 n 个产品（或服务）标准。

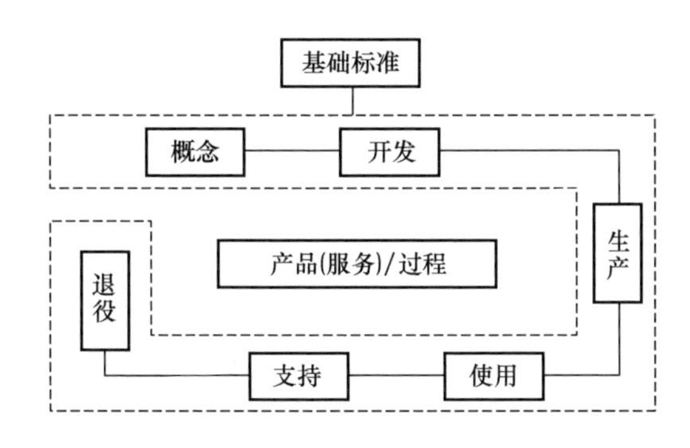

图 5－3　序列结构图

注①序列中节点名称仅作示例用。②基础标准指用于指导产品（服务）、过程等序列标准的上层标准。③企业编制两个以上的序列结构标准体系表时，应将它们归纳成层次结构标准体系表，以利于综合性管理。

④本图中的序列划分参考 ISO/IEC 15288：2002 的有关内容。

⑤两个以上的序列结构，宜编制合并为一个层次结构。

的标题编号。

标准明细表的一般格式见表 5－2。

表 5－2　　××（层次或序列编号）标准明细表

序号	标准体系表编号	标准号	标准名称	宜定级别	实施日期	国际国外标准号及采用关系	被代替标准号或作废	备注

表5－2中的“标准号”系对应于现有标准，而“宜定级别”则对应于尚未制定的标准。对现有标准也可同时标出“标准号”和“宜定级别”，表示拟将标准的现有级别改成宜定级别。“标准体系表编号”指该条明细在本标准明细表中的编号。

3. 标准统计表

根据统计目的，标准统计表可设置不同的标准类别及统计项，一般格式见表5－3。

表5－3 标准统计表

统计项	应有数（__个）	现有数（__个）	现有数/应有数（__%）
标准类别			
国家标准			
行业标准			
地方标准			
企业标准			
共计			
基础标准			
方法标准			
产品、过程、服务标准			
零部件、元器件标准			
原材料标准			
安全、卫生、环保标准			
其他			
共计			

4. 编制说明

标准体系表应同时包括编制说明，其内容一般包括：编制体系表的依据及要达到的目标；国内、外标准概括；结合统计表，分析现有标准与国际的差距和薄弱环节，明确今后的主攻方向；专业划分依据和划分情况；与其他体系交叉情况和处理意见；需要其他体系协调配套的意见；其他。

（三）综合标准体系表

综合标准体系表应重点突出行业、专业间的配套标准。凡已纳入本产品、过程、服务所属的行业、专业标准体系表内的通用标准，可不再标出或从简标出。行业、专业标准体系表应全面成套，是行业、专业范围内标准体系表的主体。两者纵横配合，组成整体。

为了使不同的综合标准体系表对同一类配套标准的不同要求之间取得协调和既满足于用户需要又有利于生产，应将综合标准体系表对有关行业、专业提出的配套标准，协调和纳入有关行业、专业标准体系表内。

综合标准化工作的基本原则和方法见 GB/T 12366—2009。

（四）企业标准体系表

企业标准体系以技术标准为主体，还应包括管理标准和工作标准。企业标准体系应贯彻和采用上层国家或行业基础标准，在上层基础标准的指导下，制定本企业的企业标准。企业标准应在上级标准化法规和本企业的方针目标及各种相关国际、国家法律和法规指导下形成。

企业标准体系表编制的具体要求见 GB/T 13017—2018。

项目三 标准的制定

制定标准是标准化工作的重要任务，影响面大、政策性强，不仅需要大量的技术工作，而且需要大量的组织和协调工作。标准是社会广泛参与的产物，在市场经济条件下，严格按照统一规定的程序开展标准制定工作，是保障标准编制质量，提高标准技术水平，缩短标准制定周期，实现标准制定过程公平、公正、协调、有序的基础和前提。

一、标准制定的原则与依据

制定食品标准时，起草人员除了要明确制定食品标准的范围、用途和目的以外，还要了解制定食品标准的基本原则。

1. 遵守国家法律、法规和部门规章

制定食品标准，首先要考虑我国有关食品方面的法律、法规和部门规章的要求。目前我国有《中华人民共和国食品安全法》《中华人民共和国产品质量法》等。这些法律、法规和部门规章有些是直接关系到食品的安全与质量，有些是间接关系到食品的安全与质量，这些都是制定食品标准需要遵循的重要依据。

2. 与现行标准协调一致

制定食品标准要做到与现行食品标准的协调、配套，避免重复制定标准，更不能与现行标准相抵触。标准的本质是统一，因此，制定食品标准时也要遵循统一的原则，要考虑与现行有关标准协调、统一。标准的术语以及确立的定义与现行标准要统一。标准的技术指标与现行标准的技术指标要协调一致，不应与现行标准相抵触、相矛盾。制定食品企业标准时，应以现行相应的食品国家标准为准则，技术指标应严于现行国家标准、行业标准或地方标准。

3. 合理利用资源和保护环境

资源是国家经济发展最重要的物质基础。制定食品标准要考虑资源的合理利用和节约能源的问题。规定10个指标就可以满足食品的使用和卫生要求的标准，就不必规定20个指标。因此，制定标准首先要符合我国国情，其次是满足目的性要求，取得最佳秩序和最佳效益。超出了有效、合理的指标以外的指标，并不是越多越好，指标规定得越多，成本越高，特别是检验成本的增加，会造成不必要的资源浪费。

制定食品标准，特别是制定与生产中间环节有关的食品标准时，要慎重考虑食品原料、污染物排放、包装、运输、贮存等环节可能造成对环境的污染和破坏。

4. 满足生产和使用要求

制定食品标准要充分考虑使用要求和科学技术发展的最新水平。要从社会的需求，消费者的实际需要出发来制定食品标准。在编写时就要考虑标准的可操作性、适用性、经济性和保证产品的安全性。比如要编写某种蔬菜或水果标准，就要考虑农药残留限量，包括我国农药的使用情况，哪些是可以使用的，哪些是禁止使用的；同时还要考虑标准发布后的实施问题，有无相应的检验方法，国内的检验设备和检验条件是否能满足标准使用要求，是否与国际接轨等都是制定标准前要考虑和研究的方面。满足使用要求应包括各方面的使用要求，也就是说不但要满足生产者的要求，还要满足使用者以及检验机构的要求。

5. 科学性和经济合理性

制定食品标准时，要考虑标准的科学性和经济合理性。科学性是指标准的各项指标能够反映当前科学技术的最新成果，有科学实验支撑。经济合理性是指通过标准的实施能够正确指导生产，满足使用者要求，可以产生最佳的经济效益。标准的科学性和经济合理性，实际上是用先进的科学技术和生产经验促进生产力发展。要求食品标准技术先进，并不是盲目地追求高指标，还要考虑它的经济性，是否符合我国的实际情况和消费者的需求。在制定食品标准时，有国际标准和国外先进标准的，要积极采用。采用国际标准实际上是一种技术引进，有利于消除贸易技术壁垒，促进国际间产品的互换和经济合作。采用国际标准时要充分考虑我国的国情、自然条件。能等同采用的尽可能等同采用，不能等同采用的可以修改采用。采用国际标准要优先采用与食品标准有关的安全（卫生）、环保、原材料和食品检验方法标准。

6. 通俗易懂

标准的用词准确、逻辑严谨，是编写标准必须注意的一个方面。食品标准中禁忌使用模棱两可、谁也看不懂的词、术语、语句。食品标准不但要求参加制定的人员理解，同时也要让没有参加制定的人员理解，因此标准的内容表述一定要通俗易懂，简单明了，避免使用深奥的词汇、方言和口语。特别是采用国际标准时，翻译一定要符合我国的语言表达方式。

7. 适时复审

食品标准随着社会主义市场经济的不断完善，人们的生活水平日益提高，对食品质量的要求也越来越高，“标龄”过长的食品标准已不适应社会的发展，需要新的标准来替代。我国与世界各国之间的贸易交往日趋频繁，人们的饮食文化相互影响、相互渗透，新的食品层出不穷，也促使食品标准不断更新。在食品标准实施的过程中，各使用单位对标准中存在的问题，还要及时向标准的发布或归口部门提出修改意见或建议。因此一项新的食品标准发布后，标准的制（修）订工作并没有结束，标准起草和编写部门还要适时对标准进行复审，特别是当新的国家食品标准发布后，与之相关的行业标准、地方标准和企业标准都要复审，以保证各层次标准的协调和有效。在没有新的食品标准发布的情况下，各层次的食品标准也要定期进行复审。根据《中华人民共和国标准化法实施条例》和《企业标准化管理办法》规定，国家标准、行业标准和地方标准的复审周期一般不超过5年，企业标准的复审周期一般不超过3年。复审结果分为三种：确认有效、修订和废止。标准的批准发布部门应及时向社会公布标准的复审结果。

8. 发挥专业技术机构和企业作用

标准是各使用方协调的产物。制定食品标准要注意充分发挥食品行业协会、食品标准化专业技术委员会、科研机构、学术团体、专家和企业的作用。标准的提出和发布单位要组织由用户、生产企业、食品标准化专业技术委员会等组成的专家组，负责食品标准的起草和标准的审查工作。标准起草过程中要广泛征求食品生产者、消费者和科研机构及有关专家的意见，以保证标准的适用和顺利实施。

二、 标准制定程序和方法步骤

为了保证标准制（修）订的质量和适用性，提高标准的制（修）订水平，缩短标准制（修）订周期，实现标准制（修）订过程的公平、公正、协调和有序，标准的制（修）订要遵循一定的工作程序。食品标准的制（修）订程序与一般标准的制（修）订程序是一致的。1997年颁布的《国家标准制定程序的阶段划分及代码》（GB/T 16733—1997）在借鉴世界贸易组织（WTO）、国际标准化组织（ISO）和国际电工委员会（IEC）关于标准制定阶段划分规定的基础上，结合我国的实际情况，确立了国家标准的制定程序为9个阶段，见表5-4。

表5-4 国家标准制定程序的阶段划分

阶段代码	阶段名称	阶段任务	阶段成果	完成周期/月	WTO对应阶段	ISO/IEC对应阶段
0	预备阶段	提出新工作项目建议	PWI（新工作项目建议）	—	—	0

续表

阶段代码	阶段名称	阶段任务	阶段成果	完成周期/月	WTO 对应阶段	ISO/IEC 对应阶段
10	立项阶段	提出新工作项目	NP（新工作项目）	3	Ⅰ	10
20	起草阶段	提出标准草案征求意见稿	WD（标准草案征求意见稿）	10	Ⅰ	20
30	征求意见阶段	提出标准草案送审稿	CD（标准草案送审稿）	5	Ⅱ	30
40	审查阶段	提供标准草案报批稿	DS（标准草案报批稿）	5	Ⅲ	40
50	批准阶段	提供标准出版稿	FDS（标准出版稿）	8	Ⅳ	50
60	出版阶段	提供标准出版物	GB，GB/T，GB/Z	3	Ⅳ	60
90	复审阶段	定期复审	继续有效、修订或废止	60	Ⅴ	90
95	废止阶段	—	废止	—	—	95

1. 预备阶段

预备阶段是标准计划项目建议的提出阶段，这一阶段自全国专业标准化技术委员会或部门收到新工作项目建议提案起，至将新工作项目建议上报国务院标准化行政主管部门止。这一阶段，技术委员会应根据我国市场经济和社会发展的需要，对将要立项的新工作项目进行研究及必要的论证，并在此基础上提出新工作项目建议，包括标准草案或标准大纲。这一阶段的任务为提出新工作项目建议。

国家标准、行业标准和地方标准的制（修）订项目建议可在网上提出申请。国家标准可随时提出来，行业标准按照部门的规定，一般是每年的下半年提出下一年度标准制（修）订项目建议并填写《标准任务书》，同时还要提交标准草案或标准大纲，提出项目建议书的可以是单位、组织或个人。

提出食品标准制定的项目建议要从以下几个方面考虑：一是制定标准的必要性，即制定标准的目的和规范是否符合当前社会和经济发展的客观需要，要解决的问题是否是普遍存在的问题。二是目前现行的标准中是否有相同或类似的标准，要制定的标准与现行标准的差异是什么。三是制定标准要从整体的利益出发，国家标准就要考虑到全国各个地区差异和所有使用者的利益，行业标准就要考虑整个行业的利益和行业规范，企业标准就要考虑到企业所有部门的利益和执行问题，要保证制定出来的标准在执行过程中不会出现大的分歧。

2. 立项阶段

确定制定标准的项目，通常称为标准立项。立项阶段自各有关标准化行政主管部门收到新工作项目建议起，至其下达新工作项目计划止。国家标准、行业标准、地方标准提出制定标准的项目建议后，要由各有关标准化行政主管部门对上报的新工作项目建议统一汇总、审查、协调、确认，直至下达标准制（修）订项目计划。企业标准由企业的技术部门制定项目计划。立项的目的是保证标准的统一协调性，避免标准的交叉和重复制定。

立项阶段的时间周期一般不超过 3 个月，这一阶段的任务为提出新工作项目。

3. 起草阶段

起草阶段自技术委员会收到新工作项目计划起，落实计划组织项目的实施，至标准起草工作组完成标准征求意见稿止。新工作项目由技术委员会组织落实，由承担任务的单位负责完成。起草阶段的时间周期一般不超过 10 个月。这一阶段的任务为提出标准草案征求意见稿。

起草阶段的任务主要是：制订工作计划，广泛调查研究，收集与起草标准有关的资料，确定标准的技术内容或技术指标，对需要试验验证的项目，要选择有条件的单位承担，并提出试验报告和结论意见。

4. 征求意见阶段

征求意见阶段自标准起草工作组将标准草案征求意见稿发往有关单位征求意见起，经过收集、整理回函意见，提出征求意见汇总处理表，至完成标准送审稿止。标准草案征求意见是制定标准的重要环节，要做到周密、细致、完备。征求意见阶段的时间周期一般不超过 5 个月，这一阶段的任务为提出标准草案送审稿。

5. 审查阶段

审查阶段自技术委员会收到起草工作组完成的标准草案送审稿起，经过会审或函审，至工作组最终完成标准报批稿止。

审查标准草案送审稿是对标准草案的技术内容、适用性及市场需求等方面进行全面审查，确保标准与其他相关标准的协调一致，不与国家有关法律、行政法规、强制性标准相抵触。审查标准草案送审稿，可采取会审，也可采取函审。采用会议方式审查的，应写出《会议纪要》，并附参加审查会议的代表名单；采用函审方式审查的，应写出《函审结论》并附《函审单》。

强制性标准必须会议审查。

起草工作组应根据会审或函审意见完成标准报批稿及其附件。若标准送审稿没通过，则应责成起草工作组完成标准送审稿（第二稿）并再次进行审查。此时，项目负责人应主动向有关部门提出延长或终止该项目计划的申请报告。审查阶段的时间周期一般不超过 5 个月，这一阶段的任务为提供标准草案报批稿。

6. 批准阶段

批准阶段自国务院有关行政主管部门、国务院标准化行政主管部门收到标准草案报批稿起，至国务院标准化行政主管部门批准发布国家标准止。

标准批准阶段是标准化行政主管部门对上报的标准草案报批稿及相关文件进

行程序、技术审核。符合报批要求的，批准、发布。批准阶段主要包括：上报标准草案报批稿、审查标准草案报批稿、统一编号、批准、发布等程序。国家标准由国务院标准化行政主管部门批准、发布；行业标准由国务院有关行政主管部门批准、发布；地方标准由省、自治区、直辖市标准化行政主管部门批准、发布；企业标准由企业法人代表或法人代表授权的主管领导批准、发布。若报批稿中存在技术方面的问题或协调方面的问题，一般应退回部门或有关专业标准化技术委员会限时解决问题后再行报批。涉及贸易的标准中的强制性标准应根据我国关于《制定、采用和实施标准的良好行为规范》的承诺，各世界贸易组织（WTO）各成员国通报，自通报之日起60天之后，无反对意见，国务院标准化行政主管部门方可批准、发布。

依据《中华人民共和国标准化法》，行业标准、地方标准批准发布后，还应向国务院标准化行政主管部门和国务院有关行政主管部门备案。企业产品标准批准发布后，须报当地政府标准化行政主管部门和有关行政主管部门备案。

批准阶段总的时间周期一般不超过6个月，这一阶段的任务为提供标准出版稿。

7. 出版阶段

标准出版阶段自国家标准出版单位收到国家标准出版稿起，至国家标准正式出版止。

出版阶段的时间周期一般不超过3个月，这一阶段的任务为提供标准出版物。

8. 复审阶段

标准实施一个阶段后，应根据科学技术的发展、生产的革新和消费者需求的变化，及时对标准复审，从而确认标准是否继续有效、修订或废止。国家标准、行业标准和地方标准实施后，应根据科学技术的发展和经济建设的需要适时进行复审，复审周期一般不超过5年。企业标准的复审周期一般为3年。标准的复审结果分为：继续有效、修订或废止。

国家标准复审后，对不需要修改的国家标准可确认其继续有效；对需作修改的国家标准可作为修订项目申报，列入国家标准修订计划。对已无存在必要的国家标准，由技术委员会或部门对该国家标准提议废止。

9. 废止阶段

经复审，标准的内容已不适应当前的经济建设和科学技术发展的需要，则应予以废止。已无存在必要的国家标准，由国务院标准化行政主管部门予以废止。标准废止后，要由标准化行政主管部门批准、公告。原标准编号同时废止，其他标准不得再引用。

项目四

标准的结构与编写

GB/T 1.1—2020《标准化工作导则 第1部分：标准化文件的结构和起草规则》

规定了编写标准的原则、标准的结构、起草标准中的各个要素的规则、要素中条款内容的表述、标准编写中涉及的各类问题的规则以及标准的编排格式。

一、 基本概念

（1）规范（specification） 规定产品、过程或服务需要满足的要求的文件。适宜时，规范宜指明可以判定其要求是否得到满足的程序。

（2）规程（code of practice） 为设备、构件或产品的设计、制造、安装、维护或使用而推荐惯例或程序的文件。

（3）指南（guideline） 给出某主题的一般性、原则性、方向性的信息、指导或建议的文件。

（4）规范性要素（normative elements） 声明符合标准而需要遵守的条款的要素。

（5）规范性一般要素（general normative elements） 描述标准的名称、范围，给出对于标准的使用必不可少的文件清单等要素。

（6）规范性技术要素（technical normative elements） 规定标准技术内容的要素。

（7）资料性要素（informative elements） 标示标准、介绍标准、提供标准附加信息的要素。

（8）资料性概述要素（preliminary informative elements） 标示标准，介绍内容，说明背景、制定情况以及该标准与其他标准或文件的关系的要素。

（9）资料性补充要素（supplementary informative elements） 提供有助于标准的理解或使用的附加信息的要素。

（10）必备要素（required elements） 在标准中不可缺少的要素。

（11）可选要素（optional elements） 在标准中存在与否取决于特定标准的具体需求的要素。

（12）条款（provisions） 规范性文件内容的表述方式，一般采取要求、推荐或陈述等形式。条款的这些形式以其所用的措辞加以区分，例如，推荐用助动词“宜”，要求用助动词“应”。

（13）要求（requirement） 表达如果声明符合标准需要满足的准则，并且不准许存在偏差的条款。

（14）推荐（recommendation） 表达建议或指导的条款。

（15）陈述（statement） 表达信息的条款。

（16）最新技术水平（state of the art） 根据相关科学、技术和经验的综合成果判定的在一定时期内产品、过程或服务的技术能力的发展程度。

二、 编写标准的基本规则

制定标准的目标是规定明确且无歧义的条款，以便促进贸易和交流。为此，标准应在其范围所规定的界限内按需要力求完整；清楚和准确；充分考虑最新技术水平；为未来技术发展提供框架；能被未参加标准编制的专业人员所理解。

1. 统一性

每项标准或系列标准（或一项标准的不同部分）内，标准的文体和术语应保持一致。系列标准的每项标准（或一项标准的不同部分）的结构及其章、条的编号应尽可能相同。类似的条款应使用类似的措辞来表述；相同的条款应使用相同的措辞来表述。

每项标准或系列标准（或一项标准的不同部分）内，对于同一个概念应使用同一个术语。对于已定义的概念应避免使用同义词。每个选用的术语应尽可能只有唯一的含义。

2. 协调性

为了达到所有标准整体协调的目的，标准的编写应遵守现行基础标准的有关条款，尤其涉及下列方面：标准化原理和方法；标准化术语；术语的原则和方法；量、单位及其符号；符号、代号和缩略语；参考文献的标引；技术制图和简图；技术文件编制；图形符号。

对于某些技术领域，标准的编写还应遵守涉及下列内容的现行基础标准的有关条款：极限、配合和表面特征；尺寸公差和测量的不确定度；优先数；统计方法；环境条件和有关试验；安全；电磁兼容；符合性和质量。

3. 适用性

标准的内容应便于实施，并且易于被其他的标准或文件所引用。

4. 一致性

如果有相应的国际文件，起草标准时应以其为基础并尽可能保持与国际文件相一致。与国际文件的一致性程度为等同、修改或非等效的我国标准的起草应符合 GB/T 20000. 2 的规定。

5. 规范性

在起草标准之前应确定标准的预计结构和内在关系，尤其应考虑内容的划分。如果标准分为多个部分，则应预先确定各个部分的名称。为了保证一项标准或一系列标准的及时发布，从起草工作开始到随后的所有阶段均应遵守GB/T 1的本部分规定的规则以及 GB/T 1 的另一部分规定的程序，根据编写标准的具体情况还应遵守 GB/T 20000、GB/T 20001 和 GB/T 20002 相应部分的规定。

术语（词汇、术语集）标准、符号（图形符号、标志）标准、方法（化学分析方法）标准、产品标准、管理体系标准的技术内容的确定、起草、编写规则或指导原则分别见 GB/T 20001.1、GB/T 20001.2、GB/T 20001.4、GB/T 20001.52、GB/T 20000.7。

三、标准的结构

（一）按内容划分

由于标准之间的差异较大，较难建立一个普遍接受的内容划分规则。

通常，针对一个标准化对象应编制成一项标准并作为整体出版，特殊情况下，可编制成若干个单独的标准或在同一个标准顺序号下将一项标准分成若干个单独的部分。标准分成部分后，需要时每一部分可以单独修订。

1. 部分的划分

一项标准分成若干个单独的部分时，通常有诸如下列特殊需要或具体原因：标准篇幅过长；后续的内容相互关联；标准的某些内容可能被法规引用；标准的某些内容拟用于认证。

标准化对象的不同方面有可能分别引起各相关方（例如：生产者、认证机构、立法机关等）的关注时，应清楚地区分这些不同方面，最好将它们分别编制成一项标准的若干个单独的部分。例如，这些不同方面可能有：健康和安全要求；性能要求；维修和服务要求；安装规则；质量评定。

标准化对象的不同方面也可编制成若干项单独的标准，从而形成一组系列标准。

一项标准分成若干个单独的部分时，可使用下列两种方式：将标准化对象分为若干个特定方面，各个部分分别涉及其中的一个方面，并且能够单独使用；将标准化对象分为通用和特殊两个方面，通用方面作为标准的第 1 部分，特殊方面（可修改或补充通用方面，不能单独使用）作为标准的其他各部分。

2. 单独标准的内容划分

标准由各类要素构成，一项标准的要素可按下列方式进行分类。

（1）按要素的性质划分　可分为：资料性补充要素；规范性技术要素。

（2）按要素的性质以及它们在标准中的具体位置划分　可分为：资料性概述要素；规范性一般要素；规范性技术要素；资料性补充要素。

（3）按要素的必备的或可选的状态划分　可分为：必备要素；可选要素。

3. 标准中要素的典型编排

各类要素在标准中的典型编排以及每个要素所允许的表述形式见表 5-5。

一项标准不一定包括表 5-5 中的所有规范性技术要素，然而可以包含表 5-5 之外的其他规范性技术要素。规范性技术要素的构成及其在标准中的编排顺序根据所起草的标准的具体情况而定。

表 5 -5　　标准中要素的典型编排

要素类型	要素的编排	要素所允许的表述形式
资料性概述要素	封面	文字（标示标准的信息）
	目次	文字（自动生成的内容）
	前言	条文 注 脚注
	引言	条文 图 表 注 脚注
规范性一般要素	标准名称	文字
	范围	条文 图 表 注 脚注
规范性一般要素	规范性引用文件	文件清单（规范性引用） 注 脚注
规范性技术要素	术语和定义 符号、代号和缩略语 要求 分类、标记和编码 规范性附录	条文 图 表 注 脚注
资料性补充要素	资料性附录	条文 图 表 注 脚注
	参考文献	文件清单（资料性引用） 脚注
	索引	文字（自动生成的内容）

（二）按层次划分

一项标准可能具有的层次见表 5 -6。

表 5－6 层次及其编号示例

层次	编号示例
部分	××××.1
章	5
条	5.1
条	5.1.1
段	［无编号］
列项	列项符号；字母编号 a）、b）和下一层次的数字编号 1）、2）
附录	附录 A

1. 部分

应使用阿拉伯数字从 1 开始对部分编号。部分的编号应置于标准顺序号之后，并用下脚点与标准顺序号隔开，例如：9999.1、9999.2 等。部分可以连续编号，也可以分组编号。部分不应再分成分部分。

同一标准的各个部分名称的引导要素（如果有）和主体要素应相同，而补充要素应不同，以便区分各个部分。在每个部分的名称中，补充要素前均应使用部分编号标明“第×部分：”（×为与部分编号完全相同的阿拉伯数字）。

2. 章

章是标准内容划分的基本单元，应使用阿拉伯数字从 1 开始对章编号。编号应从“范围”一章开始，一直连续到附录之前。每一章均应有章标题，并应置于编号之后。

3. 条

条是章的细分，应使用阿拉伯数字对条编号。第一层次的条（例如 5.1、5.2 等）可分为第二层次的条（例如 5.1.1、5.1.2 等），需要时，一直可分到第五层次（例如 5.1.1.1.1.1、5.1.1.1.1.2 等）。

一个层次中有两个或两个以上的条时才可设条，例如，第 10 章中，如果没有 10.2，就不应设 10.1。应避免对无标题条再分条。

第一层次的条宜给出条标题，并应置于编号之后。第二层次的条可同样处理。某一章或条中，其下一个层次上的各条，有无标题应统一，例如，第 10 章的下一层次，10.1 有标题，则 10.2、10.3 等也应有标题。

可将无标题条首句中的关键术语或短语标为黑体，以标明所涉及的主题。这类术语或短语不应列入目次。

4. 段

段是章或条的细分，不编号。

为了不在引用时产生混淆，应避免在章标题或条标题与下一层次条之间设段（称为“悬置段”）。

5. 列项

列项应由一段后跟冒号的文字引出。在列项的各项之前应使用列项符号（“破折号”或“圆点”），在一项标准的同一层次的列项中，使用破折号还是圆点应统一。列项中的项如果需要识别，应使用字母编号（后带半圆括号的小写拉丁字母）在各项之前进行标示。在字母编号的列项中，如果需要对某一项进一步细分成需要识别的若干分项，则应使用数字编号（后带半圆括号的阿拉伯数字）在各分项之前进行标示。

在列项的各项中，可将其中的关键术语或短语标为黑体，以标明各项所涉及的主题。这类术语或短语不应列入目次；如果有必要列入目次，则不应使用列项的形式，而应采用条的形式，将相应的术语或短语作为条标题。

6. 附录

附录按其性质分为规范性附录和资料性附录。每个附录均应在正文或前言的相关条文中明确提及。附录的顺序应按在条文（从前言算起）中提及它的先后次序编排（前言中说明与前一版本相比的主要技术变化时，所提及的附录不作为编排附录顺序的依据）。

每个附录均应有编号。附录编号由“附录”和随后表明顺序的大写拉丁字母组成，字母从“A”开始，例如：“附录 A”、“附录 B”、“附录 C”等。只有一个附录时，仍应给出编号“附录 A”。附录编号下方应标明附录的性质，即“（规范性附录）”或“（资料性附录）”，再下方是附录标题。

每个附录中章、图、表和数学公式的编号均应重新从 1 开始，编号前应加上附录编号中表明顺序的大写字母，字母后跟下脚点。例如：附录 A 中的章用“A. 1”、“A. 2”、“A. 3”等表示；图用“图 A. 1”、“图 A. 2”、“图 A. 3”等表示。

四、 要素的起草

（一）资料性概述要素

1. 封面

封面为必备要素，它应给出标示标准的信息，包括：标准的名称、英文译名、层次（国家标准为“中华人民共和国国家标准”字样）、标志、编号、国际标准分类号（ICS 号）、中国标准文献分类号、备案号（不适用于国家标准）、发布日期、实施日期、发布部门等。

如果标准代替了某个或几个标准，封面应给出被代替标准的编号；如果标准与国际文件的一致性程度为等同、修改或非等效，还应按照 GB/T 20000. 2 的规定在封面上给出一致性程度标识。

标准征求意见稿和送审稿的封面显著位置应按 GB/T 1. 1 的规定，给出征集标准是否涉及专利的信息。

2. 目次

目次为可选要素。为了显示标准的结构，方便查阅，设置目次是必要的。目次所列的各项内容和顺序如下：前言；引言；章；带有标题的条（需要时列出）；附录；附录中的章（需要时列出）；附录中的带有标题的条（需要时列出）；参考文献；索引；图（需要时列出）；表（需要时列出）。

目次不应列出“术语和定义”一章中的术语。电子文本的目次应自动生成。

3. 前言

前言为必备要素，不应包含要求和推荐，也不应包含公式、图和表。前言应视情况依次给出下列内容。

（1）标准结构的说明　对于系列标准或分部分标准，在第一项标准或标准的第1部分中说明标准的预计结构；在系列标准的每一项标准或分部分标准的每一部分中列出所有已经发布或计划发布的其他标准或其他部分的名称。

（2）标准编制所依据的起草规则　例如：“本标准按照 GB/T 1.1—2020 给出的规则起草。”

（3）标准代替的全部或部分其他文件的说明　给出被代替的标准（含修改单）或其他文件的编号和名称，列出与前一版本相比的主要技术变化。

（4）与国际文件、国外文件关系的说明　以国外文件为基础形成的标准，可在前言中陈述与相应文件的关系。与国际文件的一致性程度为等同、修改或非等效的标准，应按照 GB/T 20000.2 的有关规定陈述与对应国际文件的关系。

（5）有关专利的说明　凡可能涉及专利的标准，如果尚未识别出涉及专利，应按照 GB/T 1.1 的规定在前言中给出有关专利的说明。

（6）标准的提出信息（可省略）或归口信息　如果标准由全国专业标准化技术委员会提出或归口，则应在相应技术委员会名称之后给出其国内代号，并加圆括号。使用下述适用的表述形式：“本标准由全国××××标准化技术委员会（SAC/TC×××）提出。”“本标准由××××提出。”“本标准由全国××××标准化技术委员会（SAC/TC×××）归口。”“本标准由×××××归口。”

（7）标准的起草单位和主要起草人　使用以下表述形式：“本标准起草单位：……”“本标准主要起草人：……”

（8）标准所代替标准的历次版本发布情况　针对不同的文件，应将以上列项中的“本标准……”改为“GB/T×××××的本部分……”、“本部分……”或“本指导性技术文件……”

4. 引言

引言为可选要素。如果需要，则给出标准技术内容的特殊信息或说明，以及编制该标准的原因。引言不应包含要求。

如果已经识别出标准涉及专利，则在引言中应给出 GB/T 1.1 所规定的相关内容。

引言不应编号。当引言的内容需要分条时，应仅对条编号，编为0.1、0.2等。

(二) 规范性一般要素

1. 标准名称

标准名称为必备要素，应置于范围之前。标准名称应简练并明确表示出标准的主题，使之与其他标准相区分。标准名称不应涉及不必要的细节。必要的补充说明应在范围中给出。标准名称应由几个尽可能短的要素组成，其顺序由一般到特殊。通常，所使用的要素不多于下述三种。

(1) 引导要素（可选）　表示标准所属的领域（可使用该标准的归口标准化技术委员会的名称）。

(2) 主体要素（必备）　表示上述领域内标准所涉及的主要对象。

(3) 补充要素（可选）　表示上述主要对象的特定方面，或给出区分该标准（或该部分）与其他标准（或其他部分）的细节。

2. 范围

范围为必备要素，应置于标准正文的起始位置。

范围应明确界定标准化对象和所涉及的各个方面，由此指明标准或其特定部分的适用界限。必要时，可指出标准不适用的界限。

如果标准分成若干个部分，则每个部分的范围只应界定该部分的标准化对象和所涉及的相关方面。

范围的陈述应简洁，以便能作内容提要使用。范围不应包含要求。

标准化对象的陈述应使用下列表述形式："本标准规定了……的方法。""本标准确立了……的系统。" "本标准给出了……的指南。" "本标准界定了……的术语。"

标准适用性的陈述应使用下列表述形式："本标准适用于……" "本标准不适用于……"

3. 规范性引用文件

规范性引用文件为可选要素，它应列出标准中规范性引用其他文件的文件清单，这些文件经过标准条文的引用后，成为标准应用时必不可少的文件。文件清单中，对于标准条文中注日期引用的文件，应给出版本号或年号（引用标准时，给出标准代号、顺序号和年号）以及完整的标准名称；对于标准条文中不注日期引用的文件，则不应给出版本号或年号。标准条文中不注日期引用一项由多个部分组成的标准时，应在标准顺序号后标明"（所有部分）"及其标准名称中的相同部分，即引导要素（如果有）和主体要素。

文件清单中，如列出国际标准、国外标准，应在标准编号后给出标准名称的中文译名，并在其后的圆括号中给出原文名称；列出非标准类文件的方法应符合GB/T 7714—2005的规定。

如果引用的文件可在线获得，宜提供详细的获取和访问路径。应给出被引用文件的完整的网址。为了保证溯源性，宜提供源网址。

凡起草与国际文件存在一致性程度的我国标准，在其规范性引用文件清单所列的标准中，如果某些标准与国际文件存在着一致性程度，则应按照 GB/T 20000.2 的规定，标示这些标准与相应国际文件的一致性程度标识。具体标示方法见 GB/T 20000.2 的规定。

文件清单中引用文件的排列顺序为：国家标准（含国家标准化指导性技术文件）、行业标准、地方标准（仅适用于地方标准的编写）、国内有关文件、国际标准（含 ISO 标准、ISO/IEC 标准、IEC 标准）、ISO 或 IEC 有关文件、其他国际标准以及其他国际有关文件。国家标准、国际标准按标准顺序号排列；行业标准、地方标准、其他国际标准先按标准代号的拉丁字母和（或）阿拉伯数字的顺序排列，再按标准顺序号排列。

文件清单不应包含：不能公开获得的文件、资料性引用文件、标准编制过程中参考过的文件。

规范性引用文件清单应由下述引导语引出：“下列文件对于本文件的应用是必不可少的。凡是注日期的引用文件，仅注日期的版本适用于本文件。凡是不注日期的引用文件，其最新版本（包括所有的修改单）适用于本文件。”

（三）规范性技术要素

1. 术语和定义

“术语和定义”为规范性技术要素，在非术语标准中该要素是一个可选要素。如果标准中有需要界定的术语，则应以“术语和定义”为标题单独设章，以便对相应的术语进行定义。“术语和定义”的表述形式由“引导语 + 术语条目”构成。

（1）引导语　在给出具体术语条目之前应有一段引导语。只有标准中界定的术语和定义适用时使用下述引导语：“下列术语和定义适用于本文件。”除了标准中界定的术语和定义外，其他文件中界定的术语和定义也适用时使用下述引导语：“……界定的以及下列术语和定义适用于本文件。”只有其他文件界定的术语和定义适用时使用下述引导语：“……界定的术语和定义适用于本文件。”

（2）术语条目　术语条目最好按照概念层级进行分类编排。属于一般概念的术语和定义应安排在最前面。任何一个术语条目应至少包括四个必备内容：条目编号、术语、英文对应词、定义。根据需要术语条目还可增加以下附加内容：符号、专业领域、概念的其他表述方式（例如：公式、图等）、示例和注等。

2. 符号、代号和缩略语

符号、代号和缩略语为可选要素，它给出为理解标准所必需的符号、代号和缩略语清单。除非为了反映技术准则需要以特定次序列出，所有符号、代号和缩略语宜按以下次序以字母顺序列出：大写拉丁字母置于小写拉丁字母之前；无角标的字母置于有角标的字母之前，有字母角标的字母置于有数字角标的字母之前；希腊字母置于拉丁字母之后；其他特殊符号和文字。

为了方便，该要素可与要素“术语和定义”合并。可将术语和定义、符号、代号、缩略语以及量的单位放在一个复合标题之下。

3. 要求

要求为可选要素，它应包含下述内容：直接或以引用方式给出标准涉及的产品、过程或服务等方面的所有特性；可量化特性所要求的极限值；针对每个要求，引用测定或检验特性值的试验方法，或者直接规定试验方法。

要求的表述应与陈述和推荐的表述有明显的区别。该要素中不应包含合同要求（有关索赔、担保、费用结算等）和法律或法规的要求。

4. 分类、标记和编码

分类、标记和编码为可选要素，它可为符合规定要求的产品、过程或服务建立一个分类、标记和（或）编码体系。

5. 规范性附录

规范性附录为可选要素，它给出标准正文的附加或补充条款。附录的规范性的性质应通过下述方式加以明确：条文中提及时的措辞方式，例如“符合附录 A 的规定”、“见附录 C”等；目次中和附录编号下方标明。

（四）资料性补充要素

1. 资料性附录

资料性附录为可选要素，它给出有助于理解或使用标准的附加信息。资料性附录可包含可选要求。例如，一个可选的试验方法可包含要求，但在声明符合标准时，并不需要符合这些要求。

2. 参考文献

参考文献为可选要素。如果有参考文献，则应置于最后一个附录之后。

文献清单中每个参考文献前应在方括号中给出序号。文献清单中所列的文献（含在线文献）以及文献的排列顺序等均应符合 GB/T 1.1 的相关规定。然而，如列出国际标准、国外标准和其他文献无需给出中文译名。

3. 索引

索引为可选要素。如果有索引，则应作为标准的最后一个要素，电子文本的索引宜自动生成。

五、要素的表述

1. 通则

不同类型条款的组合构成了标准中的各类要素。标准中的条款可分为要求型条款、推荐型条款、陈述型条款。表述不同类型的条款应使用不同的助动词。

标准名称中含有“规范”，则标准中应包含要素“要求”以及相应的验证方法；标准名称中含有“规程”，则标准宜以推荐和建议的形式起草；标准名称中含有“指南”，则标准中不应包含要求型条款，适宜时，可采用建议的形式。

标准中应使用规范汉字。标准中使用的标点符号应符合 GB/T 15834—2011 的规定。

2. 条文的注、示例和脚注

条文的注和示例的性质为资料性。在注和示例中应只给出有助于理解或使用标准的附加信息，不应包含要求或对于标准的应用是必不可少的任何信息。

注和示例宜置于所涉及的章、条或段的下方。

章或条中只有一个注，应在注的第一行文字前标明“注：”。同一章（不分条）或条中有几个注，应标明“注 1：”、“注 2：”、“注 3：”等。

章或条中只有一个示例，应在示例的具体内容之前标明“示例：”。同一章（不分条）或条中有几个示例，应标明“示例 1：”、“示例 2：”、“示例 3：”等。

条文的脚注的性质为资料性，应尽量少用。条文的脚注用于提供附加信息，不应包含要求或对于标准的应用是必不可少的任何信息。条文的脚注应置于相关页面的下边。脚注和条文之间用一条细实线分开。细实线长度为版心宽度的 1/4，置于页面左侧。

通常应使用阿拉伯数字（后带半圆括号）从“1”开始对条文的脚注进行编号，条文的脚注编号从“前言”开始全文连续，即 1）、2）、3）等。在条文中需注释的词或句子之后应使用与脚注编号相同的上标数字“1、∞、”等标明脚注。

某些情况下，例如为了避免和上标数字混淆，可用一个或多个星号代替条文脚注的数字编号。

3. 图

如果用图提供信息更有利于标准的理解，则宜使用图。每幅图在条文中均应明确提及。

应采用绘制形式的图，只有在确需连续色调的图片时，才可使用照片。应提供准确的制版用图，宜提供计算机制作的图。

每幅图均应有编号。图的编号由“图”和从 1 开始的阿拉伯数字组成，例如“图 1”、“图 2”等。只有一幅图时，仍应给出编号“图 1”。图的编号从引言开始一直连续到附录之前，并与章、条和表的编号无关。

图题即图的名称。每幅图宜有图题。标准中的图有无图题应统一。

图中的字体应符合 GB/T 14691—1993 的规定。斜体字应该用于：代表量的符号、代表量的下标符号、代表数的符号。正体字应该用于所有其他情况。

如果某幅图需要转页接排，在随后接排该图的各页上应重复图的编号、图题（可选）和“（续）”，续图均应重复关于单位的陈述。

图注应区别于条文的注。图注应置于图题之上，图的脚注之前。图中只有一个注时，应在注的第一行文字前标明“注：”；图中有多个注时，应标明“注 1：”、“注 2：”、“注 3：”等。每幅图的图注应单独编号。

图的脚注应区别于条文的脚注。图的脚注应置于图题之上，并紧跟图注。应使用上标形式的小写拉丁字母从“a”开始对图的脚注进行编号。在图中需注释的位置应以相同上标形式的小写拉丁字母标明图的脚注。每幅图的脚注应单独编号。

分图会给标准的编排和管理增加麻烦，只要可能，通常宜避免使用。当分图对理解标准的内容必不可少时，才可使用。

4. 表

如果用表提供信息更有利于标准的理解，则宜使用表。每个表在条文中均应明确提及。不准许表中有表，也不准许将表再分为次级表。

每个表均应有编号。表的编号由“表”和从1开始的阿拉伯数字组成，例如“表1”、“表2”等。只有一个表时，仍应给出编号“表1”。表的编号从引言开始一直连续到附录之前，并与章、条和图的编号无关。

表题即表的名称。每个表宜有表题，标准中的表有无表题应统一。

每个表应有表头。表栏中使用的单位一般应置于相应栏的表头中量的名称之下。

如果某个表需要转页接排，则随后接排该表的各页上应重复表的编号、表题（可选）和“（续）”，续表均应重复表头和关于单位的陈述。

表注应区别于条文的注。表注应置于表中，并位于表的脚注之前。表中只有一个注时，应在注的第一行文字前标明“注:”；表中有多个注时，应标明“注1:”、“注2:”、“注3:”等。每个表的表注应单独编号。

表的脚注应区别于条文的脚注。表的脚注应置于表中，并紧跟表注。应用上标形式的小写拉丁字母从“a”开始对表的脚注进行编号。在表中需注释的位置应以相同的上标形式的小写拉丁字母标明表的脚注。每个表的脚注应单独编号。

六、其他规则

在编写标准时还会涉及一些其他问题，例如，标准中用到的一些组织机构的全称、简称如何表述，标准中的缩略语如何编写，涉及商品名、专利等问题的处理，还有数值的选择与表述，量、单位及其符号、数学公式、尺寸和公差的表达等，在GB/T 1.1的第8章给出了这些问题的表述规则。

七、标准编排格式

按GB/T 1.1的标准编排格式的要求，给出食品企业产品标准模板实例如下。

速冻复合肉卷

前　言

本标准按照 GB/T 1. 1—2020 给出的规则起草。

本标准由××××××食品有限公司提出并起草。

本标准主要起草人：×××。

本标准 2020 年 12 月 1 日首次发布。

1. 范围

本标准规定了复合肉卷的要求、试验方法、检验规则、标志、包装、运输及贮存。

本标准适用于以鲜（冻）牛肉或羊肉为主要原料，配以猪肉、鸭肉、鸡肉，经清洗、去皮、去骨分割成片、制卷、成型并采用快速冻结工艺制成的主要原料大于 60% 的复合肉卷。

2. 规范性引用文件

下列文件对本文件的应用是必不可少的。凡是注日期的引用文件，仅所注日期的版本适用于本文件。凡是不注日期的引用文件，其最新版本（包括所有的修改单）适用于本文件。

GB 2760　食品安全国家标准　食品添加剂使用标准

GB 2762　食品中污染物的限量

GB 4789. 2　食品安全国家标准　食品微生物学检验　菌落总数检验

GB 4789. 4　食品安全国家标准　食品微生物学检验　沙门氏菌检验

GB/T 4789. 5　食品微生物学检验　志贺氏菌检验

GB 4789. 10　食品安全国家标准　食品微生物学检验　金黄色葡萄球菌检验

3. 要求

3. 1　原料要求

3. 1. 1　鲜（冻）牛肉：应符合 GB/T 17238 的要求。

3. 1. 2　鲜（冻）羊肉：应符合 GB/T 9961 的要求。

3. 1. 3　猪肉：应符合 GB 9959. 1 的要求。

3. 1. 4　鸡肉、鸭肉：应符合 GB 16869 的要求。

3. 2　感官要求

应符合表 1 的规定。

表 1　感官要求

项目	要求	试验方法
色泽	肌肉有光泽，具有该产品应有的色泽，不欠色，呈乳白色或微黄色	GB/T 5009. 44
气味	具有本品特有的香气味，无异味	
加热后肉汤	煮沸后的肉汤清澈透明，脂肪团聚于液面，具有本产品特有的滋气味	
组织状态	呈卷装，肉质紧密、坚实，肌纤维韧性强	
杂质	无杂质	

3.3 理化指标

理化指标应符合表2的规定。

表2 理化指标

项目	指标	试验方法
解冻失水率/%	≤6	GB 16869
挥发性盐基氮/（mg/kg）	≤20	GB/T 5009.44
品温（产品中心温度）/℃	-18	SB/T 10482
铅（Pb）/（mg/kg）	≤0.2	GB 5009.12
无机砷（As）/（mg/kg）	≤0.05	GB/T 5009.11
镉（Cd）/（mg/kg）	≤0.1	GB/T 5009.15
总汞（Hg）/（mg/kg）	≤0.05	GB/T 5009.17
六六六/（mg/kg）	≤0.1	GB/T 5009.19
滴滴涕/（mg/kg）	≤0.2	

3.4 微生物指标

微生物指标应符合表3的规定。

表3 微生物指标

项目	指标	试验方法
菌落总数/（CFU/g）	≤300 0000	GB 4789.2
致病菌（沙门氏菌、志贺氏菌、金黄色葡萄球菌、溶血性链球菌）	不得检出	GB 4789.4、GB/T 4789.5、GB 4789.10、GB/T 4789.11

3.5 食品污染物限量

应符合GB 2762的规定。

3.6 农、兽药残留

应符合国家有关规定。

3.7 食品添加剂

3.7.1 食品添加剂质量应符合国家相应的标准和有关规定。

3.7.2 食品添加剂的品种和使用量应符合GB 2760的规定。

3.8 生产加工过程的卫生要求

应符合GB 12694的卫生要求。

3.9 净含量偏差

应符合国家《定量包装商品计量监督管理办法》的规定。

4. 检验规则

4.1 组批与抽样

同一批投料、同一品种、同一班次生产的产品为一批次。每批产品按照国家有关规定在产品成品库中随机抽取3kg，2kg为检验样品，1kg为备检样品。

4.2　出厂检验

4.2.1　每批产品应按本标准规定的方法检验，并出具产品合格证。

4.2.2　出厂检验项目包括感官、净含量、挥发性盐基氮、菌落总数。

4.3　型式检验

4.3.1　型式检验项目为要求中的全部项目。

4.3.2　型式检验每半年进行一次，有下列情况应进行型式检验：

a）产品定型投产时；

b）停产6个月以上恢复生产时；

c）原辅料产地、供应商发生改变或更新主要生产设备时；

d）检验结果与型式检验差异较大时和质检部门认为有必要时；

e）供需双方对产品质量有争议，请第三方进行仲裁时；

f）国家质量监督管理部门提出要求时。

4.3.3　判定规则：产品经检验全部指标符合本标准要求时，判定为合格品。若有不合格项时，可在同批产品中加倍取样对不合格项进行复检，以复检结果为准。微生物指标不得复检。

5. 标志、标签、包装、贮存、运输、保持期

5.1　标志、标签

产品销售标志、标签应符合GB 7718和《食品标识管理规定》，还需标注“生制”或“熟制”字样，应标注主料占净含量的质量分数。运输包装标志应按GB/T 6388规定执行，外包装箱应标注“-18℃以下保存”字样。

5.2　包装

包装材料应符合GB/T 6543、GB 9683标准要求，应能保证速冻食品的产品质量。

5.3　贮存及运输

5.3.1　冷藏库内应保持在-18℃或更低，温度波动控制在2℃以内。

5.3.2　运输产品厢体必须保持在-18℃或更低的温度，厢体在装载前必须预冷到-10℃或更低的温度，并装有能在运输中记录产品温度的仪表。

5.3.3　产品从冷藏库运出后，运输途中允许升温到-15℃，但交货后应尽快降至-18℃。

5.4　保质期

在低于-18℃贮存条件下12个月。

小　结

标准化是我国重要的技术经济政策，与国民经济和人民生活息息相关。标准化是为在一定范围内获得最佳秩序，对现实问题或潜在问题制定共同使用和重复

使用的条款的活动，其主要形式有系列化、统一化、简化、通用化、组合化和模块化，主要作用在于保证工业生产各环节的技术衔接和协调，提高产品质量，合理发展产品品种，合理利用资源，促进科研成果和新技术的推广，便于产品的使用和维修，提高劳动生产率，缩短试制和生产准备周期，保证安全、健康，保护用户和消费者利益，消除贸易障碍等。

根据标准制定的主体不同，标准可分为国际标准、区域标准、国家标准、行业标准、地方标准和企业标准；按约束力分为强制性标准、推荐性标准和指导性技术文件；按标准的性质分为技术标准、管理标准、工作标准和服务标准；按标准的内容分则分为基础标准、产品标准、卫生标准、方法标准、管理标准、环境保护标准等。

我国国家标准的制定程序分为预备阶段、立项阶段、起草阶段、征求意见阶段、审查阶段、批准阶段、出版阶段、复审阶段和废止阶段9个阶段。制定行业标准和地方标准的程序与国家标准相似，而企业标准的制定程序可适当简化，其程序为调查研究、起草标准草案、征求意见、标准审查、标准编号、批准和发布。

GB/T 1.1—2020《标准化工作导则 第1部分：标准化文件的结构和起草规则》规定了编写标准的原则、标准的结构、起草标准中的各个要素的规则、要素中条款内容的表述、标准编写中涉及的各类问题的规则以及标准的编排格式。

复习思考题

1. 名词解释：标准、标准化、国家标准、企业标准、规范性要素、资料性要素、必备要素、可选要素。
2. 什么是标准和标准化？标准和标准化的主要区别是什么？
3. 标准化的主要作用是什么？
4. 食品标准通常可以分为哪几类？
5. 简述标准制定的一般程序和编写的基本原则。
6. 强制性标准和推荐性标准的异同点是什么？什么条件下推荐性标准可以转化成强制性标准？
7. 什么是规范性要素和资料性要素？在标准中两者的主要区别是什么？
8. 什么是产品标准？产品标准的主要内容包括哪些？
9. 企业产品标准在什么情况下需要制定？

模块六 我国的食品标准

【学习目标】

知识目标

1. 了解中国食品标准的现状，清楚中国食品标准与国外标准的区别。

2. 熟悉《食品添加剂使用标准》等食品安全标准、食品流通标准以及其他相关标准的基本内容。

3. 掌握《食品理化检验方法标准》等食品检验方法标准、畜产加工食品标准等食品产品标准的主要内容。

技能目标

1. 能够根据《食品安全国家标准 食品添加剂使用标准》、畜产加工食品标准、使用植物油标准等标准的要求指导相关食品的生产工作。

2. 能够运用畜产加工食品标准、使用植物油标准、食品理化检验方法标准等标准的规定做好相关食品的质量监控工作。

项目一 我国食品标准概述

根据《中华人民共和国标准化法》的规定，我国的标准按效力或标准的权限分为国家标准、行业标准、地方标准和企业标准4大类。按标准性质分，国家标准和行业标准又可分为强制性标准和推荐性标准。保障人体健康、人身和财产安全的标准和法律法规规定强制执行的标准是强制性标准，其他标准为推荐性标准。

食品卫生标准为强制性标准，大部分产品标准为推荐性标准。

食品标准，是指为保证食品卫生安全、营养，保障人体健康，对食品及其生产经营过程中的各种相关因素所作的技术性规定，是食品工业领域各类标准的总和，包括食品产品标准、食品卫生标准、食品分析方法标准、食品安全控制与管理技术标准、食品添加剂标准、食品术语标准、食品设备标准、食品包装卫生标准及进出口食品标准等。

一、 食品标准的作用

（1）食品标准是食品现代化大生产的必要条件和基础　食品现代化大生产以先进的科学技术和生产的高度社会化为特征。具体表现为生产规模大、速度快、连续性和节奏性强、生产协作广泛、技术要求严、产品质量要求高。许多食品加工的原辅料和设备供应往往涉及众多其他企业、协作点遍布全国甚至全球，这就要求企业必须制定和执行一系列统一的标准，使各生产部门和生产环节在技术要求上达到高度统一，才能保证生产有序进行，确保质量水平和目标的实现。

（2）食品标准是提升食品质量和安全水平的关键　食品从生产、加工到销售、使用的每个环节都离不开科学的指导和技术的保障。而将食品生产加工中的科学技术、安全卫生管理理念、质量安全卫生监控措施，转化为具体的食品原料控制、生产加工、检验、包装等操作行为的桥梁，就是食品标准。制定并有效实施食品标准，可以使食品生产全过程标准化、规范化，为食品质量安全提供控制目标、技术依据和技术保证，实现对食品安全各个关键环节和关键因素的有效监控，满足食品质量安全标准的规定和要求，全面保证和提升食品质量安全水平，切实保护消费者的健康和权益。

（3）食品标准是规范生产流程、提高生产效率的有效途径　食品标准是实践经验的总结，食品标准化是对科学、技术和经验加以消化、提炼和概括的过程。通过制定和实施标准，企业可以对复杂的生产过程进行科学的组织和管理，促进新技术的应用和专业化水平的提高，改善生产工艺，优化生产流程，从而加快产品生产的节奏和进度。食品标准不仅可以对企业的最终产品提出严格的市场准入要求，而且能够对企业的中间产品进行层层把关，保证产品质量，为企业在激烈的市场竞争中胜出奠定基础。食品企业按照一定的业务标准实施内部控制，可以加强员工之间的专业化协作，从而提高组织的整体运行效率。

（4）食品标准为提高人们的生活质量提供技术支撑　通过在标准中规定生产和操作的流程以及最终产品应符合的安全指标，可以使消费者得到基本的安全保障。在标准中规定产品标志、标签、说明书等需要明示的内容，可以使消费者的知情权得到保护。在标准中建立较高的性能指标，可以带动产品质量的提高。

通过对标准包含的各个指标加以细分、对标准本身进行模块化和内部组合，可以满足人们多样化的需求，实现以顾客为中心的定制服务。政府可以通过制定相关的法律法规以及相应的政策（如《食品安全法》）达到保护人民的安全与健康、提高生活质量的目的，而技术标准将对这些法律法规提供具体、可操作的技术支撑。

（5）食品标准是食品安全监督管理的重要依据　食品标准规定了食品生产、加工、流通和销售等过程以及食品产品及其性能、试验方法等的质量安全基本要求和具体指标。食品质量安全标准是判定食品合格与否的依据，是食品进入市场的门槛。依据食品标准可以鉴别以次充好、假冒伪劣食品，保护消费者的利益，整顿和规范市场经济秩序，营造公平竞争的市场环境。通过标准的技术要求，设置合理的市场准入门槛，限制产品质量低劣、浪费资源、污染严重和不具备安全生产条件的企业的发展，淘汰一大批落后的产品、设备、技术和工艺，压缩过剩生产能力，推广先进技术，使整个食品产业统筹规划、突出重点、合理布局，从而实现食品产业持续健康发展。

（6）食品标准是提高国家食品产业竞争力的重要技术支撑　食品行业是我国的支柱性产业，其发达程度直接影响到我国的综合国力和国际竞争力。一个既符合我国国情又与国际接轨的食品标准化体系，可为企业提供一套完整有效、科学合理的安全生产和监控管理技术标准与规程，引导和规范企业行为，促进企业加强质量管理，强化食品从业人员的自主管理意识，采用新技术、新设备，全面提高产品质量，增强我国食品产业的国际市场竞争力。同时食品标准化将有助于打破食品贸易技术壁垒，建立技术性贸易措施，促进食品贸易全球化。

二、 我国食品标准现状

“吃得安全”“吃得健康”是人民群众美好生活的重要内容。近十年来，我国在食品安全标准、风险监测评估等工作方面取得了积极进展。

一是全面打造最严谨标准体系，吃得放心，有章可依。食品安全标准是强制性技术法规，是生产经营者基本遵循，也是监督执法重要依据。十年来，组建含17 个部门单位近 400 位专家的国家标准审评委员会，坚持以严谨的风险评估为科学基础，建立了程序公开透明、多领域专家广泛参与、评审科学权威的标准研制制度，以及全社会多部门深入合作的标准跟踪评价机制，不断提升标准的实用性和公信力。截至 2025 年 3 月，已发布食品安全国家标准 1660 项，包括通用标准 15 项，食品产品标准 72 项，特殊膳食食品标准 10 项，食品添加剂质量规格及相关标准 643 项，食品营养强化剂质量规格标准 79 项，食品相关产品标准 18 项，生产经营规范标准 36 项，理化检验方法标准 267 项，寄生虫检验方法标准

6 项，微生物检验方法标准 46 项，毒理学检验方法与规程标准 29 项，农药残留检测方法标准 120 项，兽药残留检测方法标准 95 项，被替代（拟替代）和已废止（待废止）标准 221 项。涵盖了从农田到餐桌、从生产加工到产品全链条、各环节主要的健康危害因素，保障包括儿童、老年等全人群的饮食安全。标准体系框架既契合中国居民膳食结构，又符合国际通行做法。我国连续 15 年担任国际食品添加剂法典委员会、国际食品法典农药残留委员会主持国，牵头协调亚洲食品法典委员会食品标准工作，为国际和地区食品安全标准研制与交流发挥了积极作用。

二是着力强化风险监测评估能力，及时预警维护健康。建立了国家、省、市、县四级食品污染和有害因素监测、食源性疾病监测两大监测网络以及国家食品安全风险评估体系。食品污染和有害因素监测已覆盖 99% 的县区，食源性疾病监测已覆盖 7 万余家各级医疗机构。食品污染物和有害因素监测类别涵盖我国居民日常消费的粮油、蔬果、蛋奶、肉禽、水产等全部 32 类食品。这些措施使得重要的食品安全隐患能够比较灵敏地得以识别和预警，不仅为标准制定提供了科学依据，同时为服务政府风险管理、行业规范有序发展和守护公众健康提供了有力支撑。

项目二

食品基础标准

基础标准是指在一定范围内作为其他标准的基础普遍使用，并具有广泛指导意义的标准。它规定了各种标准中最基本的共同的要求。食品基础标准主要包括食品工业基础术语标准、食品综合基础标准、食品添加剂标准、食品中有毒物质最高限量标准、食品企业卫生规范、食品加工机械与设备基础标准以及食品标准的编写标准等。

一、 食品术语标准

术语是在特定学科领域用来表示概念的称谓的集合，是通过语音或文字来表达或限定科学概念的约定性语言符号，是思想和认识交流的工具。术语标准化指的是术语的标准化和术语工作方法（术语工作本身也要有标准化的原则和方法）上的标准化，即运用标准化的原理和方法，通过制定术语标准，使之达到一定范围内的术语统一，从而获得最佳秩序和社会效益。术语标准化是当代社会发展的需要，也是信息技术兴起的需要，是标准化工作的重要基础。

GB/T 15091—1994《食品工业基本术语》标准规定了食品工业常用的基本术语。内容包括：一般术语、产品术语、工艺术语、质量、营养及卫生术语等内容。

本标准适用于食品工业生产、科研、教学及其他有关领域。

各类食品工业的名词术语标准如：GB/T 9289—2010《制糖工业术语》、GB/T 12140—2007《糕点术语》、GB/T 12728—2006《食用菌术语》、GB/T 15069—2008《罐头食品机械术语》、GB/T 8874—2008《粮油通用技术、设备名词术语》、GB/T 8875—2008《粮油术语　碾米工业》、GB/T 19420—2021《制盐工业术语》、GB/T 15109—2021《白酒工业术语》、GB/T 12729. 1—2008《香辛料和调味品 名称》、GB/T 19480—2009《肉与肉制品术语》、GB/T 31120—2014《糖果术语》等。

二、食品图形符号、代号类标准

图形符号是指以图形为主要特征，用以传递某种信息的视觉符号。图形符号跨越语言和文化的障碍，具有世界通用效果。符号代表的含义比文字丰富，具有直观、简明、易懂、易记的特点，便于信息的传递。术语标准体系和图形符号标准体系属于标准体系中的两大分支，是各行业、各领域开展标准化工作的基础。

我国食品的图形符号、代号标准主要包括 GB/T 13385—2008《包装图样要求》、GB/T 12529. 1—2008《粮油工业用图形符号、代号　第一部分：通用部分》、GB/T 12529. 4—2008《粮油工业用图形符号、代号　第四部分：油脂工业》等。

三、食品分类标准

食品分类标准是对食品大类产品进行分类规范的标准，我国目前发布的食品分类标准中有国家标准和行业标准，如 GB/T 8887—2021《淀粉分类》、GB/T 10784—2020《罐头食品分类》、GB 10789—2015《饮料通则》、GB/T 41545—2022《水产品及水产加工品分类与名称》、GB/T 14156—2009《食品用香料分类与编码》、GB/T 17204—2021《饮料酒术语分类》、GB/T 20977—2007《糕点通则（含第 1 号修改单）》、SB/T 10171—1993《腐乳分类》、SB/T 10172—1993《酱的分类》、SB/T 10173—1993《酱油分类》、SB/T 10174—1993《食醋的分类》。

项目三

食品安全标准

一、食品安全标准的概念

《中华人民共和国食品安全法》第一百五十条对食品安全作了规定，“食品安全，指食品无毒、无害、符合应当有的营养要求，对人体健康不造成任何急性、慢性和潜在性的危害。”显然，食品安全标准是指为了对食品生产、加工、流通和消费（即“从农田到餐桌”）食品链全过程影响食品安全和质量的各种要素以及各关键环节进行控制和管理，经协商一致制定并由公认机构批准，共同使用的和重复使用的一种规范性文件。

《中华人民共和国食品安全法》规定，食品安全标准是强制执行的标准，分为国家标准和地方标准；没有国家标准的，可以制定地方标准。除食品安全标准外，不得制定其他有关食品的强制性标准。

二、 食品安全标准的主要内容

《中华人民共和国食品安全法》第十六和第十七条规定，食品安全标准主要包括下列内容：①食品、食品添加剂、食品相关产品中的致病性微生物，农药残留、兽药残留、生物毒素、重金属等污染物质以及其他危害人体健康物质的限量规定；②食品添加剂的品种、使用范围、用量；③专供婴幼儿和其他特定人群的主辅食品的营养成分要求；④对与卫生、营养等食品安全要求有关的标签、标志、说明书的要求；⑤食品生产经营过程的卫生要求；⑥与食品安全有关的质量要求；⑦与食品安全有关的食品检验方法与规程；⑧其他需要制定为食品安全标准的内容。

同时，制定、修订食品安全国家标准，应当依据食品安全风险评估结果并充分考虑食用农产品质量安全风险评估结果，参照相关的国际标准，与我国经济、社会和科学技术发展水平相适应，并广泛听取食品生产经营者和其他有关单位和个人的意见。

根据食品安全标准的内容，食品安全标准可分为以下几类：食品中有毒有害物质限量标准、食品添加剂标准、食品标签标准、食品安全检测方法标准、食品安全基础标准、食品安全控制与管理标准以及其他标准。

三、 食品安全限量标准

食品中有害物质的残留直接影响到人体的健康，降低食品中有毒有害物质的含量是提高食品安全性的重要环节之一。食品安全限量标准是对食品中天然存在的或者由外界引入的不安全因素限定安全水平所作出的规定，主要包括农药最大残留限量标准、兽药最大残留限量标准、污染物限量标准、生物毒素限量标准、有害微生物限量标准等。食品安全限量标准规定了食品中存在的有毒有害物质的人体可接受的最高水平，其目的是将有毒有害物质限制在安全阈值内，保证食用安全性，最大限度的保障人体健康。

（一）食品中农药最大残留量限量标准

使用农药控制病虫草害，保证粮食安全是必要的技术措施，也是国际上通行的做法。使用农药就会产生农药残留，无论哪个国家生产的农产品都是这样。既然无法避免，各国通过制定农药最大残留限量标准的方式，保证农产品质量安全，避免农药残留对人体健康可能造成的危害。

国家卫生健康委员会 、农业农村部、国家市场监督管理总局发布了 GB 2763—2021《食品安全国家标准 食品中农药最大残留限量》，于 2023 年 9 月 30 日正式实施，同时，GB 2763—2021《食品安全国家标准 食品中农药最大残留量》废止。新版农药残留限量标准规定了 564 种农药在 376 种（类）食品中 10092 项最大残留限量，标准数量首次突破 1 万项，达到国际食品法典委员会（CAC）的近 2 倍。其中，部分农药的最大残留限量如表 6 – 1 所示。

表 6 – 1 《食品安全国家标准 食品中农药最大残留限量》中部分农药最大残留限量

农药名称	食品种类	最大残留限量/（mg/kg）
2，4 – 滴丁酯	小麦、玉米	0. 05
倍硫磷	鲜茎类蔬菜	0. 05
敌草快	植物油	0. 05
丁醚脲	结球甘蓝	2
啶酰菌胺	黄瓜	5
啶氧菌酯	枣（鲜）	5
毒死蜱	甜菜	1
对硫磷	蔬菜、水果	0. 01
多菌灵	草莓	0. 5

2021 版 GB 2763 对标“最严谨的标准”要求科学设定残留限量，突出高风险农药和重点农产品监管，更大范围保障农产品质量安全，确保老百姓“舌尖上的安全”。主要表现在三个方面：

一是突出高风险农药品种监管。规定了甲胺磷等 29 种禁用农药 792 项限量标准、氧乐果等 20 种限用农药 345 项限量标准，实现了植物源性农产品种类的全覆盖，为严格违法违规使用禁限农药监管提供了充分的判定依据。

二是突出鲜食农产品监管。蔬菜、水果等鲜食农产品在我国膳食中比例越来越大，其质量安全备受关注。新版农药残留限量标准规定了蔬菜、水果等鲜食农产品的 5766 项残留限量，为强化鲜食农产品质量安全监管提供了有力支撑。

三是突出进口农产品监管。针对进口农产品中可能含有我国尚未登记农药的情况，通过评估转化国际食品法典标准等方式，制定了除我国禁用农药外的87种尚未在我国批准使用农药的1742项残留限量，为更好地把牢食品安全的国门关提供了技术依据，有利于保障我国人民群众对进口食品的消费安全。

农药残留限量标准都是基于我国农药登记残留试验及市场监测数据、居民膳食消费数据、农药毒理学数据等，经过科学风险评估后制定的。我国采用的农药残留膳食风险评估原则、方法、数据量需求等方面已与国际食品法典委员会（CAC）和欧美接轨，确保了标准的先进性。

（二）食品中污染物限量标准

食品中污染物是指食品在生产（包括农作物种植、动物饲养和兽医用药）、加工、贮存、运输、销售、直至食用过程或环境污染所导致产生的任何物质，这些非有意加入食品中的物质为污染物，包括除农药、兽药和真菌毒素以外的污染物。

GB 2762—2022《食品安全国家标准 食品中污染物限量》于2023年6月30日正式施行，同时GB 2762—2017《食品安全国家标准 食品中污染物限量》废止。标准修订工作坚持以下原则：一是坚持《食品安全法》立法宗旨，以保障公众健康为基础，重点对我国居民健康构成较大风险的食品污染物和对居民膳食暴露量有较大影响的食品种类设置限量规定，突出安全性要求。二是坚持以风险评估为基础，遵循国际食品法典委员会（CAC）食品中污染物标准制定原则，结合污染物监测和暴露评估，确定污染物及其在相关食品中的限量，确保科学性。三是坚持食品污染物源头控制和生产过程控制相结合，重点对食品原料中污染物进行控制，通过严格生产过程卫生控制，降低食品终产品中相关污染物含量。四是强调无论是否制定污染物限量，食品生产和加工者均应采取控制措施，突出食品生产经营过程中的污染物控制要求，使食品中各种污染物的含量达到最低水平，从而最大程度维护消费者健康利益。五是坚持标准工作的公开透明和各领域专家广泛参与。

新标准增加了螺旋藻及其制品中铅限量要求，修改了应用原则，调整了黄花菜中镉限量要求，增加了特殊医学用途配方食品、辅食营养补充品、运动营养食品、孕妇及乳母营养补充食品中污染物限量要求更新了检验方法标准号，增加了无机砷限量检验要求的说明。新标准是食品安全通用标准，对保障食品安全、规范食品生产经营、维护公众健康具有重要意义。不同食品中铅限量指标如表6－2所示。

表6－2　食品中铅限量指标

食品类别（名称）	限量（以Pb计）/（mg/kg）
谷物及其制品［麦片、面筋、八宝粥罐头、带馅（料）面米制品除外］	0.2

续表

食品类别（名称）	限量（以 Pb 计）/（mg/kg）
麦片、面筋、八宝粥罐头、带馅（料）面米制品	0.5
新鲜蔬菜（芸薹类蔬菜、叶菜蔬菜、豆类蔬菜、薯类除外）	0.1
叶菜蔬菜	0.3
芸薹类蔬菜、豆类蔬菜、生姜、薯类	0.2
蔬菜制品（酱腌菜、干制蔬菜除外）	0.3
新鲜水果（蔓越霉、醋栗除外）	0.1
蔓越霉、醋栗	0.2
水果制品	0.2
食用菌及其制品	0.5
豆类	0.2
豆类制品（豆浆除外）	0.3
豆浆	0.05
婴幼儿配方食品	0.08（以粉状产品计）
婴幼儿辅助食品	0.2

（三）食品中真菌毒素限量标准

食品中真菌毒素是指某些真菌在生长繁殖过程中产生的一类内源性天然污染物，主要对谷物及其制品和部分加工水果造成污染，人和动物食用后会引起致死性的急性疾病，并且与癌症风险增高有关，且一般加工方式难以去除，所以要对食品中真菌毒素制定严格的限量标准。

国家卫计委和食品药品监督管理总局对 GB 2761—2011《食品安全国家标准 食品中真菌毒素限量》标准进行了修订，主要修改了应用原则、增加了葡萄酒和咖啡中赭曲霉毒素 A 限量要求、增加了特殊医学用途配方食品、辅食营养补充品、运动营养食品、孕妇及乳母营养补充食品中真菌毒素限量要求等内容，新标准 GB 2761—2017 于 2017 年 9 月 17 起执行。标准中规定的食品中黄曲霉毒素 B_1 限量指标见表 6－3。

表 6－3　食品中黄曲霉毒素 B_1 限量指标

食品类别（名称）	限量/（μg/kg）
玉米、玉米面（渣、片）及玉米制品	20
稻谷、糙米、大米	10
小麦、大麦、其他谷物	5.0
小麦粉、麦片、其他去壳谷物	5.0

续表

食品类别（名称）	限量/（μg/kg）
酱油、醋、酿造酱（以粮食为主要原料）	5.0
婴幼儿配方食品	0.5（以粉状产品计）
婴儿配方食品	0.5（以粉状产品计）
较大婴儿和幼儿配方食品	0.5（以粉状产品计）
婴幼儿辅助食品	0.5
发酵豆制品	5.0
花生及其制品	20
其他熟制坚果及籽类	5.0
植物油脂（花生油、玉米油除外）	10
花生油、玉米油	20

（四）食品中兽药最大残留限量标准

兽药残留是影响动物源食品安全的主要因素之一。随着人们对食品安全的重视，动物性食品中的兽药残留也越来越被关注，在国际贸易中的技术壁垒也有越来越严重的趋势。根据 WTO 关于货物贸易多边协议的技术性贸易壁垒协议（WTO/TBT）和实施动植物卫生检疫协议（WTO/SPS），进口国为保障本国人民的健康和安全，有权制定比国际标准更加严厉的标准。

1. 我国兽药残留标准状况

近年来，由于动物源性食品出口贸易因对贸易国兽药残留限量标准不清楚，造成很大的经济损失，所以我国加大力度修订了兽药最高残留限量。目前限量指标的数量和限量值设定达到了发达国家的水平，基本与国际接轨。农业部 2002 年发布的 235 号公告《动物性食品中兽药最大残留限量标准》大量采用了 CAC、欧盟等标准，我国兽药检测项目增至 96 种。

我国的兽药最高残留限量具体分为 4 种情况，即为公告中注释部分，由附录 1、附录 2、附录 3 和附录 4 组成。具体 4 种情况如下：①凡农业部批准使用的兽药，按质量标准、产品使用说明书规定用于食品动物，不需要制定最高残留量的，包括乙酰水杨酸、氢氧化铝、双甲脒、氨丙啉、安普霉素、阿托品、甲基吡啶磷、甜菜碱等共有 62 种；②凡农业部批准使用的兽药，按质量标准、产品使用说明书规定用于食品动物，需要制定最高残留限量的，包括阿灭丁、乙酰异戊酰泰乐菌素、阿苯达唑、双甲脒、阿莫西林、氨苄西林、氨丙啉、安普霉素等共 96 种；③凡农业部批准使用的兽药，按质量标准、产品使用说明书规定可以用于食品动物，但不得检出兽药残留的，包括氯丙嗪、地西泮（安定）、地美稍唑、苯甲酸雌二醇、潮霉素 B、甲硝唑、苯丙酸诺龙等共 9 种；④农业部明文规定禁止用于所有食品动物的兽药，包括氯霉素及其盐、酯、克伦特罗及其盐、酯、氨苯砜、呋喃它酮、呋喃唑酮、林丹、安眠酮等共31种。对于附录2中需要制定限量的物质共有96种，其中抗生素类药物共36种、抗虫类药物有32种、兽用农药有10种。

2. 我国兽药残留标准与国外的差异性分析

在兽药生产使用上，我国和国外是有一定差异的。有些兽药在国外有注册批准使用并且制定了最大残留限量标准，而在我国没有注册生产，也没有制定残留限量标准。我国与CAC、欧盟、美国、日本兽药MRL指标对比分析表明，就畜禽产品兽药残留限量标准涉及的兽药种类而言，我国共规定最大残留限量标准的兽药有96种，CAC共涉及兽药39种，欧盟共涉及兽药108种，美国共涉及兽药87种，日本共涉及兽药22种（抗生素为一类）。

（1）我国96种兽药有限量指标，有64种兽药与其他组织限量指标相同，其中与CAC限量指标相同的兽药有13种，与欧盟相同的有40种，与美国相同的有11种，与日本相同的有8种。

（2）在各自标准规定的兽药残留种类中，中国有限量，而在CAC和欧盟、美国、日本标准限量中未作规定的，主要有倍硫磷、氰戊菊酯、醋酸氟孕酮、氟胺氰菊酯、吉它霉素、马拉硫磷、巴胺磷、氯苯胍、盐霉素、甲基三嗪酮（托曲珠利）、敌百虫等。

（3）CAC、欧盟、美国的限量标准中规定得比较具体细化，对每种药物的标志残留物都有明确的规定，尤其美国对畜禽性激素类残留限量分别按不同性别、不同生长阶段、不同部位、不同用途都作了较为清楚的规定。日本的标准限量很严，尤其是抗生素类全部规定为不得检出。

（4）还有一些是在我国未注册生产使用，而其他国家生产使用且有限量标准的，这类兽药共有41种，这也是我国今后制定兽药残留限量标准需要重点研究的对象与范围。

对在我国未注册生产使用，而在其他国家生产使用且有限量标准的兽药，我们不仅要研究残留检测方法标准，还要有针对性地进行危害性评价，在毒理分析的基础上，进行安全性评估。

按照兽药残留安全性评价程序，首先进行毒性试验、致癌试验、致畸试验、神经孽性、遗传基因毒性、免疫毒性及体内吸收分布、代谢、降解等试验来决定ADI值（每日允许摄入量），然后根据毒理学评价、ADI值、GAP及人群暴露（接触）程度，确定这些农药和兽药的毒性以及ADI，以帮助我们制定限量标准的重点，哪些必须要建立限量指标，哪些是可以暂缓考虑的。在科学的毒理性评价的基础上，再根据实际国情、贸易需要，乃至市场供求状况甚至政治因素多方考虑，来制定限量指标或采用现有国际及国外先进标准。这既符合WTO/SPS－TPT协议精神，又能增强我国兽药残留限量标准的技术壁垒作用，最终达到提高进口食品质量，保护人民身体健康的目的。

(五) 食品及食品原料安全卫生标准

食品及食品原料卫生标准的制定与实施，有效地保障了食品的卫生质量，降低了食源性疾病的发生，提高了国民的身体素质。据统计，全国食品卫生评价抽检合格率已由20年前的60%提高到现在的90%以上，全国重大食物中毒事件和死亡率也得到有效控制。在日益增加的食品国际贸易中，食品卫生标准有效地阻止了国外低劣食品进入中国市场，防止我国消费者遭受健康和经济权益损害，维护国家的主权与利益，起到了重要的技术保障作用。同时，它为提高国内出口食品的卫生质量，增强国内食品的国际市场竞争力，起到了重要的技术支持作用。

近年来我国开展了大规模的标准清理、修订工作，将大批原国际通用标准CAC或ISO进行调整规范，有关的食品及食品原料卫生标准合并调整，表6-4列出了部分现行的食品及原料卫生标准。

表6-4 部分食品及食品原料卫生国家标准目录

序号	标准编号	标准名称	序号	标准编号	标准名称
1	GB 2707—2016	食品安全国家标准 鲜（冻）畜、禽产品	13	GB 2726—2016	食品安全国家标准 熟肉制品
2	GB 2711—2014	食品安全国家标准 面筋制品	14	GB 2730—2015	食品安全国家标准 腌腊肉制品
3	GB 2712—2014	食品安全国家标准 豆制品	15	GB 2733—2015	食品安全国家标准 鲜、冻动物性水产品
4	GB 2713—2015	食品安全国家标准 淀粉制品	16	GB 2749—2015	食品安全国家标准 蛋与蛋制品
5	GB 2714—2015	食品安全国家标准 酱腌菜	17	GB 2757—2012	食品安全国家标准 蒸馏酒及其配制酒
6	GB 2715—2016	食品安全国家标准 粮食	18	GB 2758—2012	食品安全国家标准 发酵酒及其配制酒
7	GB 2716—2018	食品安全国家标准 植物油	19	GB 2759—2015	食品安全国家标准 冷冻饮品和制作料
8	GB 2717—2018	食品安全国家标准 酱油	20	GB 2760—2024	食品安全国家标准 食品添加剂使用标准
9	GB 2718—2014	食品安全国家标准 酿造酱	21	GB 5420—2021	食品安全国家标准 干酪
10	GB 2719—2018	食品安全国家标准 食醋	22	GB 5749—2022	生活饮用水卫生标准
11	GB 2720—2015	食品安全国家标准 味精	23	GB 7096—2014	食品安全国家标准 食用菌及其制品
12	GB 2721—2015	食品安全国家标准 食用盐	24	GB 7098—2015	食品安全国家标准 罐头食品

续表

序号	标准编号	标准名称	序号	标准编号	标准名称
25	GB 7099—2015	食品安全国家标准 糕点、面包	42	GB 19298—2014	食品安全国家标准 包装饮用水
26	GB 7100—2015	食品安全国家标准 饼干	43	GB 19299—2015	食品安全国家标准 果冻
27	GB 7101—2022	食品安全国家标准 饮料	44	GB 19300—2015	食品安全国家标准 坚果与籽类制品
28	GB 8537—2018	食品安全国家标准 饮用天然矿泉水	45	GB 19301—2010	食品安全国家标准 生乳
29	GB 9678. 2—2014	食品安全国家标准 巧克力、代可可脂巧克力及其制品卫生标准	46	GB 19302—2010	食品安全国家标准 发酵乳
30	GB 10133—2014	食品安全国家标准 水产调味品	47	GB 19640—2016	食品安全国家标准 冲调谷物制品
31	GB 10136—2015	食品安全国家标准 动物性水产制品	48	GB 19641—2015	食品安全国家标准 食用植物油料
32	GB 14967—2015	食品安全国家标准 胶原蛋白肠衣	49	GB 19643—2016	食品安全国家标准 藻类及其制品
33	GB 15196—2015	食品安全国家标准 食用油脂制品	50	GB 19644—2024	食品安全国家标准 乳粉
34	GB 15203—2014	食品安全国家标准 淀粉糖	51	GB 19645—2010	食品安全国家标准 巴氏杀菌
35	GB 16325—2005	干果食品卫生标准	52	GB 19646—2010	食品安全国家标准 奶油、稀奶油和无水奶油
36	GB 16565—2003	油炸小食品卫生标准	53	GB 11674—2010	食品安全国家标准 乳清粉和乳清蛋白粉
37	GB 17325—2015	食品安全国家标准 食品工业用浓缩液（汁、浆）	54	GB 13102—2022	食品安全国家标准 浓缩乳制品
38	GB 17399—2016	食品安全国家标准 糖果	55	GB 10146—2015	食品安全国家标准 食用动物油脂
39	GB 17400—2015	食品安全国家标准 方便面	56	GB 13104—2014	食品安全国家标准 食糖
40	GB 17401—2014	食品安全国家标准 膨化食品	57	GB 14880—2012	食品安全国家标准 食品营养强化剂使用标准
41	GB 19295—2021	食品安全国家标准 速冻面米与调制食品	58	GB 14884—2016	食品安全国家标准 蜜饯

续表

序号	标准编号	标准名称	序号	标准编号	标准名称
59	GB 14932—2016	食品安全国家标准 食品加工用粕类	61	GB 14963—2011	食品安全国家标准 蜂蜜
60	GB 14936—2012	食品安全国家标准 硅藻土			

四、 食品添加剂使用标准

《食品安全国家标准 食品添加剂使用标准》是食品添加剂的通用标准，规定了食品添加剂的使用原则、允许使用的食品添加剂品种、使用范围及最大使用量或残留量。现行版本为2024年3月12日国家卫生健康委员会、国家市场监督管理总局发布《食品安全国家标准 食品添加剂使用标准》（GB 2760—2024），该标准于2025年2月8日起实施。

《食品安全国家标准 食品添加剂使用标准》规定了食品添加剂的使用原则、允许使用的食品添加剂品种、使用范围及最大使用量或残留量。包括前言、正文和附录三部分。第一部分前言主要阐述本标准与2014年版本相比的主要变化。第二部分正文包括范围、术语和定义、食品添加剂的使用原则等内容。第三部分附录共六个，涵盖本标准正文部分规定的具体内容，分别为：附录A 食品添加剂的使用规定；附录B 食品用香料使用规定；附录C 食品工业用加工助剂使用规定；附录D 食品添加剂功能类别；附录E 食品分类系统；附录F 附录A中食品添加剂使用规定索引。

《食品安全国家标准 食品添加剂使用标准》（GB 2760—2024）列入的食品添加剂种类有23类，分别为：酸度调节剂、抗结剂、消泡剂、抗氧化剂、漂白剂、膨松剂、胶基糖果中基础剂物质、着色剂、护色剂、乳化剂、酶制剂、增味剂、面粉处理剂、被膜剂、水分保持剂、营养强化剂、防腐剂、稳定剂和凝固剂、甜味剂、增稠剂、食品用香料、食品工业用加工助剂、其他。总数量2300多种，包含附录A所列278种（类）；附录B所列允许使用的食品用天然香料388种，合成香料1504种；附录C所列可在各类食品加工过程中使用，残留量不需要限定的加工助剂37种，需要规定功能和使用范围的加工助剂80种，食品用酶制剂66种。使用食品添加剂必须严格遵守GB 2760—2024（及以后每年的增补品种）限定的使用范围和最大使用量，严禁食品添加剂超范围、超量使用。

五、 食品安全控制与管理标准

食品安全控制与管理作为确保食品安全的重要手段，变得越来越重要，国际组织和各国都在对建立科学而有效的食品安全管理规范进行积极的探索。国际上标准化工作发展的一个显著趋势是，标准已经从传统的以产品标准、方法标准为主发展到了相当多的控制与管理标准。我国自20世纪90年代以来，已在部分食品行业中推广应用HACCP、GMP、ISO 9000等管理体系标准，并制定了一系列的食品安全管理与控制标准以及操作规范，为保障我国的食品安全发挥了重要作用。如何确保食品安全，最大限度的降低风险，已成为现代食品行业所追求的核心管理目标，也是各国政府不断加大对食品安全行政监督管理力度的重要方向。

食品安全控制与管理标准主要包括食品安全管理体系、食品企业通用良好操作规范（GMP）、良好农业规范（GAP）、良好卫生规范（GHP）、危害分析和关键控制点（HACCP）体系等。食品安全控制与管理标准作为食品行业的指导性标准，在食品安全控制领域和认证已经得到国内外的普遍认可，并对食品安全改进起着基础性作用，成为食品安全控制的基础手段，可以多种形式满足食品行业需要，同时又为政府主管部门对食品加工企业的监督和管理提供了科学全面的法律依据。

目前，我国已经初步构建和形成了食品安全法律法规体系、监管体系、标准体系和检测体系，从农田到餐桌为百姓提供了安全保障，这些体系的建立和完善为确保食品安全奠定了良好的基础。部分相关标准目录见表6－5。

表6－5　　部分食品安全生产控制标准

序号	标准编号	标准名称
1	GB/T 20014.1—2005	良好农业规范第1部分：术语
2	GB/T 20014.2—2013	良好农业规范第2部分：农场基础控制点与符合性规范
3	GB/T 20014.3—2013	良好农业规范第3部分：作物基础控制点与符合性规范
4	GB/T 20014.4—2013	良好农业规范第4部分：大田作物控制点与符合性规范
5	GB/T 20014.5—2013	良好农业规范第5部分：水果和蔬菜控制点与符合性规范
6	GB/T 20014.6—2013	良好农业规范第6部分：畜禽基础控制点与符合性规范
7	GB/T 20014.7—2013	良好农业规范第7部分：牛羊控制点与符合性规范
8	GB/T 20014.8—2013	良好农业规范第8部分：奶牛控制点与符合性规范
9	GB/T 20014.9—2013	良好农业规范第9部分：猪控制点与符合性规范
10	GB/T 20014.10—2013	良好农业规范第10部分：家禽控制点与符合性规范
11	GB/T 20014.11—2005	良好农业规范第11部分：禽畜公路运输控制点与符合性规范
12	GB/T 20014.12—2013	良好农业规范第12部分：茶叶控制点与符合性规范

续表

序号	标准编号	标准名称
13	GB/T 20014. 13—2013	良好农业规范第 13 部分：水产养殖基础控制点与符合性规范
14	GB/T 20014. 14—2013	良好农业规范第 14 部分：水产池塘养殖基础控制点与符合性规范
15	GB/T 20014. 15—2013	良好农业规范第 15 部分：水产工厂化养殖基础控制点与符合性规范
16	GB 8950—2016	食品安全国家标准　罐头食品生产卫生规范
17	GB 8951—2016	食品安全国家标准　蒸馏酒及配制酒生产卫生规范
18	GB 8952—2016	食品安全国家标准　啤酒生产卫生规范
19	GB 8953—2018	食品安全国家标准　酱油厂卫生规范
20	GB 8954—2016	食品安全国家标准　食醋生产卫生规范
21	GB 8955—2016	食品安全国家标准　食用植物油及其制品生产卫生规范
22	GB 8956—2016	食品安全国家标准　蜜饯生产卫生规范
23	GB 8957—2016	食品安全国家标准　糕点、面包卫生规范
24	GB 12693—2010	食品安全国家标准　乳制品企业良好生产规范
25	GB 12694—2016	食品安全国家标准　畜禽屠宰加工卫生规范
26	GB 12695—2016	食品安全国家标准　饮料生产卫生规范
27	GB 12696—2016	食品安全国家标准　发酵酒及其配制酒生产卫生规范
28	GB 13122—2016	食品安全国家标准　谷物加工卫生规范
29	GB 14881—2013	食品安全国家标准　食品生产通用卫生规范
30	GB 16568—2006	奶牛场卫生规范
31	GB 17403—2016	食品安全国家标准　糖果巧克力生产卫生规范
32	GB 19303—2003	熟肉制品企业生产卫生规范
33	GB 19304—2018	食品安全国家标准　包装饮用水生产卫生规范
34	GB/T 19479—2019	畜禽屠宰良好操作规范　生猪
35	GB/T 19537—2004	蔬菜加工企业 HACCP 体系审核指南
36	GB/T 19538—2004	危害分析与关键控制点（HACCP）体系及其应用指南
37	GB/T 19838—2005	水产品危害分析与关键控制点（HACCP）体系及其应用指南
38	SN/T 1346—2004	肉类屠宰加工企业卫生注册规范
39	GB 20799—2016	食品安全国家标准　肉和肉制品经营卫生规范
40	WS 103—1999	学生营养餐生产企业卫生规范

项目四 食品检验方法标准

食品检验方法标准是指对食品的质量要素进行测定、试验、计量所作的统一规定，包括感官、物理、化学、微生物学、生物化学分析。食品检验检测的方法有感官分析法、化学分析法、仪器分析法、微生物分析法和生物鉴定法等。感官分析是利用人的感觉器官如眼、耳、口、鼻等对食品的特性进行分析判断的一种方法；物理检验是对食品的一些物理特性的检验，如密度、折光度、旋光度等；化学检验是以物质的化学反应为基础，多用于常规检验，如营养成分的检验；仪器检验是以物质的物理或物理化学性质为基础，利用光电仪器来测定物质的含量，多用于微量成分的分析，如利用专用的自动分析仪分析蛋白质、脂肪、糖、纤维等。

一、 食品感官检验方法标准

我国自 1988 年以来，相继制定、颁布和修改了一系列感官分析方法的国家标准（部分标准见表 6 – 6），这些标准一般都是采用或等效采用相关的国标标准（ISO），具有较高的权威性，对推进和规范我国的感官分析方法起了重要作用，也是执行感官分析的法律依据。

表 6 – 6　　感官分析方法标准

标准或计划号	标准名称
GB/T 9605—2013	感官分析　食品感官质量控制导则
GB/T 10220—2012	感官分析　方法学　总论
GB/T 10221—2021	感官分析　术语
GB/T 12310—2012	感官分析　成对比较检验
GB/T 12311—2012	感官分析　三点检验
GB/T 12312—2012	感官分析　味觉敏感度的测定
GB/T 12313—1990	感官分析方法　风味剖面检验
GB/T 12314—1990	感官分析方法　不能直接感官分析的样品制备准则
GB/T 12315—2008	感官分析　方法学　排序法
GB/T 39558—2020	感官分析　方法学　“A” – “非 A” 检验
GB/T 13868—2009	感官分析　建立感官分析实验室的一般导则
GB/T 16291.1—2012	感官分析　选拔、培训与管理评价员一般导则 第 1 部分 优选评价员

续表

标准或计划号	标准名称
GB/T 15549—2022	感官分析　方法学　检测和识别气味方面评价员的入门和培训
GB/T 16291. 2—2010	感官分析　选拔、培训和管理评价员一般导则 第 2 部分：专家评价员
GB/T 16860—1997	感官分析方法　质地剖面检验
GB/T 17321—2012	感官分析方法　二 - 三点检验
GB/T 19547—2004	感官分析　方法学　量值估计法
GB/T 21172—2022	感官分析　食品颜色评价的总则和检验方法
GB/T 22366—2022	感官分析　方法学　采用三点选配法（3 - AFC）测定嗅觉、味觉和风味觉察阈值的一般导则

二、 食品理化检验方法标准

食品理化检验是卫生检验工作的一个重要组成部分，为食品卫生监督和卫生行政法提供公正、准确的检测数据。食品理化检验包括食品中水分、蛋白质、脂肪、灰分、还原糖、蔗糖、淀粉、食品添加剂、重金属及有毒有害物质等的测定方法。通过对标准的整理修订，2003 年我国发布了 203 个 GB 5009 系列标准，此后对此系列标准又做了大量的制定和修订工作，如，2005 年发布了 GB/T 5009. 204—2005《食品中丙烯酰胺含量的测定方法 气相色谱 - 质谱（GC - MS）法》，2007 年发布了 GB/T 5009. 205—2007《食品中二噁英及其类似物毒性当量的测定》、GB/T 5009. 206—2007《鲜河豚鱼中河豚毒素的测定》，2008 年发布了 GB/T 5009. 207—2008《糙米中 50 种有机磷农药残留量的测定》、GB/T 5009. 208—2008《食品中生物胺含量的测定》、GB/T 5009. 209—2008《 谷物中玉米赤霉烯酮的测定》、GB/T 5009. 210—2008《食品中泛酸的测定》，2010 年发布了 GB 5009. 3—2010《食品安全国家标准 食品中水分的测定》 等。根据《中华人民共和国食品安全法》和《食品安全国家标准管理办法》规定，经食品安全国家标准审评委员会审查通过，先后发布了《食品安全国家标准食品添加剂 磷酸氢钙》（GB 1886. 3—2016）等食品安全国家标准。为了便于了解我国食品理化检验方法的标准，其部分目录如表 6 - 7 所示。

表 6 - 7　　部分食品理化检验方法标准目录

序号	标准编号	标准名称
1	GB/T 5009. 1—2003	食品卫生检验方法　理化部分　总则
2	GB 5009. 2—2024	食品安全国家标准　食品的相对密度的测定
3	GB 5009. 3—2010	食品安全国家标准　食品中水分的测定

续表

序号	标准编号	标准名称
4	GB 5009.4—2016	食品安全国家标准　食品中灰分的测定
5	GB 5009.5—2025	食品安全国家标准　食品中蛋白质的测定
6	GB 5009.6—2016	食品安全国家标准　食品中脂肪的测定
7	GB 5009.7—2016	食品安全国家标准　食品中还原糖的测定
8	GB 5009.8—2023	食品安全国家标准　食品中果糖、葡萄糖、蔗糖、麦芽糖、乳糖的测定
9	GB 5009.9—2023	食品安全国家标准　食品中淀粉的测定
10	GB/T 5009.10—2003	植物类食品中粗纤维的测定
11	GB 5009.11—2024	食品安全国家标准　食品中总砷及无机砷的测定
12	GB 5009.12—2023	食品安全国家标准　食品中铅的测定
13	GB 5009.13—2017	食品安全国家标准　食品中铜的测定
14	GB 5009.14—2017	食品安全国家标准　食品中锌的测定
15	GB 5009.15—2023	食品安全国家标准　食品中镉的测定
16	GB 5009.16—2023	食品安全国家标准　食品中锡的测定
17	GB 5009.17—2021	食品安全国家标准　食品中总汞及有机汞的测定
18	GB 5009.18—2025	食品安全国家标准　食品中氟的测定
19	GB/T 5009.19—2008	食品中有机氯农药多组分残留量的测定
20	GB/T 5009.20—2003	食品中有机磷农药残留量的测定
21	GB/T 5009.21—2003	粮、油、菜中甲萘威残留量的测定
22	GB 5009.22—2016	食品安全国家标准　食品中黄曲霉毒素 B 族和 G 族的测定
23	GB 5009.24—2010	食品安全国家标准　食品中黄曲霉毒素 M 族的测定
24	GB 5009.25—2016	食品安全国家标准　植物性食品中杂色曲霉素的测定
25	GB 5009.26—2023	食品安全国家标准　食品中 *N* - 亚硝胺类的测定
26	GB 5009.27—2016	食品安全国家标准　食品中苯并（a）芘的测定
27	GB 5009.28—2016	食品安全国家标准　食品中苯甲酸、山梨酸和糖精钠的测定
28	GB/T 5009.30—2003	食品中叔丁基羟基甲基茴香醚（BHA）与 2，6 - 二叔丁基对甲酚（BHT）的测定
29	GB 5009.31—2025	食品安全国家标准　食品中对羟基苯甲酸酯类的测定
30	GB 5009.32—2016	食品安全国家标准　食品中 9 种抗氧化剂的测定
31	GB 5009.33—2016	食品安全国家标准　食品中亚硝酸盐和硝酸盐的测定
32	GB 5009.34—2016	食品安全国家标准　食品中二氧化硫的测定
33	GB 5009.35—2023	食品安全国家标准　食品中合成着色剂的测定

续表

序号	标准编号	标准名称
34	GB 5009. 36—2023	食品安全国家标准　食品中氰化物的测定
35	GB/T 5009. 38—2003	蔬菜、水果卫生标准的分析方法
36	GB/T 5009. 40—2003	酱卫生标准的分析方法
37	GB/T 5009. 41—2003	食醋卫生标准的分析方法
38	GB 5009. 42—2025	食品安全国家标准　食用盐指标的测定
39	GB 5009. 43—2023	食品安全国家标准　味精中谷氨酸钠的测定
40	GB 5009. 44—2016	食品安全国家标准　食品中氯化物的测定
41	GB/T 5009. 47—2003	蛋与蛋制品卫生标准的分析方法
42	GB/T 5009. 48—2003	蒸馏酒与配制酒卫生标准的分析方法
43	GB/T 5009. 49—2008	发酵酒及其配制酒卫生标准的分析方法
44	GB/T 5009. 50—2003	冷饮食品卫生标准的分析方法
45	GB/T 5009. 51—2003	非发酵性豆制品及面筋卫生标准的分析方法
46	GB/T 5009. 52—2003	发酵性豆制品卫生标准的分析方法
47	GB/T 5009. 53—2003	淀粉类制品卫生标准的分析方法
48	GB/T 5009. 54—2003	酱腌菜卫生标准的分析方法
49	GB/T 5009. 55—2003	食糖卫生标准的分析方法
50	GB/T 5009. 56—2003	糕点卫生标准的分析方法
51	GB/T 5009. 57—2003	茶叶卫生标准的分析方法
52	GB/T 5009. 58—2003	食品包装用聚乙烯树脂卫生标准的分析方法
53	GB/T 5009. 59—2003	食品包装用聚苯乙烯树脂卫生标准的分析方法
54	GB/T 5009. 73—2003	粮食中二溴乙烷残留量的测定
55	GB 5009. 74—2014	食品安全国家标准　食品添加剂中重金属限量试验
56	GB 5009. 75—2014	食品安全国家标准　食品添加剂中铅的测定
57	GB 5009. 76—2014	食品安全国家标准　食品添加剂中砷的测定
58	GB/T 5009. 77—2003	食用氢化油、人造奶油卫生标准的分析方法
59	GB 5009. 82—2016	食品安全国家标准　食品中维生素 A 和维生素 E 的测定
60	GB 5009. 83—2016	食品安全国家标准　食品中胡萝卜素的测定
61	GB 5009. 84—2016	食品安全国家标准　食品中维生素 B_1 的测定
62	GB 5009. 85—2016	食品安全国家标准　食品中核黄素的测定
63	GB 5009. 86—2016	食品安全国家标准　食品中抗坏血酸的测定
64	GB 5009. 87—2016	食品安全国家标准　食品中磷的测定

续表

序号	标准编号	标准名称
65	GB 5009.88—2023	食品安全国家标准　食品中膳食纤维的测定
66	GB 5009.89—2023	食品安全国家标准　食品中烟酸和烟酰胺的测定
67	GB 5009.90—2016	食品安全国家标准　食品中铁的测定
68	GB 5009.91—2017	食品安全国家标准　食品中钾、钠的测定
69	GB 5009.92—2016	食品安全国家标准　食品中钙的测定
70	GB 5009.93—2017	食品安全国家标准　食品中硒的测定
71	GB 5009.94—2012	食品安全国家标准　植物性食品中稀土元素的测定
72	GB/T 5009.95—2003	蜂蜜中四环素族抗生素残留量的测定
73	GB 5009.96—2016	食品安全国家标准　食品中赭曲霉毒素 A 的测定
74	GB 5009.97—2023	食品安全国家标准　食品中环己基氨基磺酸钠的测定
75	GB/T 5009.102—2003	植物性食品中辛硫磷农药残留量的测定
76	GB/T 5009.103—2003	植物性食品中甲胺磷和乙酰甲胺磷农药残留量的测定
77	GB/T 5009.104—2003	植物性食品中氨基甲酸酯类农药残留量的测定
78	GB/T 5009.105—2003	黄瓜中百菌清残留量的测定
79	GB/T 5009.106—2003	植物性食品中二氯苯醚菊酯残留量的测定
80	GB/T 5009.107—2003	植物性食品中甲胺磷和乙酰甲胺磷农药残留量的测定
81	GB/T 5009.108—2003	植物性食品中二嗪磷残留量的测定
82	GB/T 5009.109—2003	柑桔中水胺硫磷残留量的测定
83	GB/T 5009.110—2003	植物性食品中氯氰菊酯、氰戊菊酯和溴氰菊酯残留量的测定
84	GB 5009.111—2016	食品安全国家标准　脱氧雪腐镰刀菌烯醇及其乙酰化衍生物的测定
85	GB/T 5009.112—2003	大米和柑橘中喹硫磷残留量的测定
86	GB/T 5009.113—2003	大米中杀虫环残留量的测定
87	GB/T 5009.114—2003	大米中杀虫双残留量的测定
88	GB/T 5009.115—2003	谷物中三环唑残留量的测定
89	GB/T 5009.116—2003	畜禽肉中土霉素、四环素、金霉素残留量的测定（高效液相色谱法）
90	GB 5009.118—2016	食品安全国家标准　谷物中 T－2 毒素的测定
91	GB 5009.120—2025	食品安全国家标准　食品中丙酸及其盐的测定
92	GB 5009.121—2016	食品安全国家标准　食品中脱氢乙酸的测定
93	GB 5009.123—2023	食品安全国家标准　食品中铬的测定
94	GB 5009.124—2016	食品安全国家标准　食品中氨基酸的测定
95	GB/T 5009.126—2003	植物性食品中三唑酮残留量的测定

续表

序号	标准编号	标准名称
96	GB/T 5009. 127—2003	食品包装用聚酯树脂及其成型品中锗的测定
97	GB 5009. 128—2016	食品安全国家标准　食品中胆固醇的测定
98	GB/T 5009. 129—2023	食品中乙氧基喹残留量的测定
99	GB/T 5009. 130—2003	大豆及谷物中氟磺胺草醚残留量的测定
100	GB/T 5009. 131—2003	植物性食品中亚胺硫磷残留量的测定
101	GB/T 5009. 132—2003	食品中莠去津残留量的测定
102	GB/T 5009. 133—2003	粮食中氯麦隆残留量的测定
103	GB/T 5009. 134—2003	大米中禾草敌残留量的测定
104	GB/T 5009. 135—2003	植物性食品中灭幼脲残留量的测定
105	GB/T 5009. 136—2003	植物性食品中无氯硝基苯残留量的测定
106	GB 5009. 137—2025	食品安全国家标准　食品中锑的测定
107	GB 5009. 138—2024	食品安全国家标准　食品中镍的测定
108	GB 5009. 139—2014	食品安全国家标准　饮料中咖啡因的测定
109	GB 5009. 140—2023	食品安全国家标准　饮料中乙酰磺胺酸甲的测定
110	GB 5009. 141—2016	食品安全国家标准　食品中诱惑红的测定
111	GB/T 5009. 142—2003	植物性食品中吡氟禾草灵、精吡氟禾草灵残留量的测定
112	GB/T 5009. 143—2003	蔬菜、水果、食用油中双甲脒残留量的测定
113	GB/T 5009. 144—2003	植物性食品中甲基异柳磷残留量的测定
114	GB/T 5009. 145—2003	植物性食品中有机磷和氨基甲酸酯类农药多种残留量的测定
115	GB/T 5009. 146—2008	植物性食品中有机氯和拟除虫菊酯类农药多种残留量的测定
116	GB/T 5009. 147—2003	植物性食品中除虫脲残留量的测定
117	GB 5009. 148—2014	食品安全国家标准　植物性食品中游离棉酚的测定
118	GB 5009. 149—2016	食品安全国家标准　食品中栀子黄的测定
119	GB 5009. 150—2016	食品安全国家标准　食品中红曲色素的测定
120	GB/T 5009. 151—2003	食品中锗的测定
121	GB 5009. 153—2016	食品安全国家标准　食品中植酸的测定
122	GB 5009. 154—2023	食品安全国家标准　食品中维生素 B_6 的测定
123	GB/T 5009. 155—2003	大米中稻瘟残留量的测定
124	GB 5009. 156—2016	食品安全国家标准　食品接触材料及制品迁移试验预处理方法通则
125	GB 5009. 157—2016	食品安全国家标准　食品中有机酸的测定
126	GB 5009. 158—2016	食品安全国家标准　蔬菜中维生素 K_1 的测定

续表

序号	标准编号	标准名称
127	GB/T 5009.160—2003	水果中单甲脒残留量的测定
128	GB/T 5009.161—2003	动物性食品中有机磷农药多组分残留量的测定
129	GB/T 5009.162—2008	动物性食品中有机氯农药和拟除虫菊酯农药多组分残留量测定
130	GB/T 5009.163—2003	动物性食品中氨基甲酸酯类农药多组分残留高效液相色谱测定
131	GB/T 5009.164—2003	大米中丁草胺残留量的测定
132	GB/T 5009.165—2003	粮食中2，4－滴丁酯残留量的测定
133	GB/T 5009.166—2003	食品包装用树脂及其制品的预试验
134	GB 8538—2016	食品安全国家标准　饮用天然矿泉水检验方法
135	GB 5009.168—2016	食品安全国家标准　食品中脂肪酸的测定
136	GB 5009.169—2016	食品安全国家标准　食品中牛磺酸的测定
137	GB/T 5009.170—2003	保健食品中褪黑素含量的测定
138	GB/T 5009.171—2003	保健食品中超氧化物歧化酶（SOD）活性的测定
139	GB/T 5009.172—2003	大豆、花生、豆油、花生油中氟乐灵残留量的测定
140	GB/T 5009.173—2003	梨、柑桔类水果中塞螨酮残留量的测定
141	GB/T 5009.174—2003	花生、大豆中异丙甲草胺的测定
142	GB/T 5009.175—2003	粮食和蔬菜中2，4－滴残留量的测定
143	GB/T 5009.176—2003	茶叶、水果、食用植物油中三氯杀螨醇残留量的测定
144	GB/T 5009.177—2003	大米中敌稗残留量的测定
145	GB 31604.48—2016	食品安全国家标准　食品接触材料及制品 甲醛迁移量的测定
146	GB 5009.179—2016	食品安全国家标准　食品中三甲胺氮的测定
147	GB/T 5009.180—2003	稻谷、花生仁中恶草酮残留量的测定
148	GB 5009.181—2016	食品安全国家标准　食品中丙二醛的测定
149	GB 5009.182—2017	食品安全国家标准　面制食品中铝的测定
150	GB 5009.183—2025	食品安全国家标准　食品中脲酶的测定
151	GB/T 5009.184—2003	粮食、蔬菜中噻嗪酮残留量的测定
152	GB 5009.185—2016	食品安全国家标准　食品中展青霉素的测定
153	GB/T 5009.186—2003	乳酸菌饮料中脲酶的定性测定
154	GB/T 5009.188—2003	蔬菜、水果中甲基托布津、多菌灵的测定
155	GB 5009.189—2023	食品安全国家标准　食品中米酵菌酸的测定
156	GB 5009.190—2014	食品安全国家标准　食品中指示性多氯联苯含量的测定
157	GB 5009.191—2024	食品安全国家标准　食品中氯丙醇及其脂肪酸酯含量的测定

续表

序号	标准编号	标准名称
158	GB/T 5009. 192—2003	动物性食品中克仑特罗残留量的测定
159	GB/T 5009. 193—2003	保健食品中脱氢表雄甾酮（DHEA）的测定
160	GB/T 5009. 194—2003	保健食品中免疫球蛋白（IgG）的测定
161	GB/T 5009. 195—2003	保健食品中吡啶甲酸铬含量的测定
162	GB/T 5009. 196—2003	保健食品中肌醇的测定
163	GB/T 5009. 197—2008	保健食品中盐酸硫胺素、盐酸吡哆醇、烟酰胺和咖啡因的测定
164	GB 5009. 198—2016	食品安全国家标准　贝类中失忆性贝类毒素的测定
165	GB/T 5009. 199—2003	蔬菜中有机磷和氨基甲酸酯类农药残留量快速检测
166	GB/T 5009. 200—2003	小麦中野燕枯残留量的测定
167	GB/T 5009. 201—2003	梨中烯唑醇残留量的测定
168	GB 5009. 202—2016	食品安全国家标准　食用油中极性组分（PC）的测定
169	GB 5009. 204—2014	食品安全国家标准　食品中丙烯酰胺含量的测定方法
170	GB 5009. 205—2024	食品安全国家标准　食品中二噁英及其类似物毒性当量的测定
171	GB/T 5009. 207—2008	糙米中 50 种有机磷农药残留量的测定
172	GB 5009. 208—2016	食品安全国家标准　食品中生物胺含量的测定
173	GB 5009. 209—2016	食品安全国家标准　谷物中玉米赤霉烯酮的测定
174	GB 5009. 210—2023	食品安全国家标准　食品中泛酸的测定
175	GB 5009. 211—2022	食品安全国家标准　食品中叶酸的测定
176	GB 5009. 212—2016	食品安全国家标准　贝类中腹泻性贝类毒素的测定
177	GB 5009. 213—2016	食品安全国家标准　贝类中麻痹性贝类毒素的测定
178	GB 5009. 215—2016	食品安全国家标准　食品中有机锡的测定
179	GB/T 5009. 217—2008	保健食品中维生素 B_{12} 的测定
180	GB/T 5009. 218—2008	水果和蔬菜中多种农药残留量的测定
181	GB/T 5009. 219—2008	粮谷中矮壮素残留量的测定
182	GB/T 5009. 220—2008	粮谷中敌菌灵残留量的测定
183	GB/T 5009. 221—2008	粮谷中敌草快残留量的测定
184	GB 5009. 222—2016	食品安全国家标准　食品中桔青霉素的测定
185	GB 5009. 224—2016	食品安全国家标准　大豆制品中胰蛋白酶抑制剂活性的测定
186	GB 5009. 225—2023	食品安全国家标准　酒和食用酒精中乙醇浓度的测定
187	GB 5009. 228—2016	食品安全国家标准　食品中挥发性盐基氮的测定
188	GB 5009. 229—2025	食品安全国家标准　食品中酸价的测定

续表

序号	标准编号	标准名称
189	GB 5009. 230—2016	食品安全国家标准　食品中羰基价的测定
190	GB 5009. 231—2016	食品安全国家标准　水产品中挥发酚残留量的测定
191	GB 5009. 232—2016	食品安全国家标准　水果、蔬菜及其制品中甲酸的测定
192	GB 5009. 233—2016	食品安全国家标准　食醋中游离矿酸的测定
193	GB 5009. 234—2016	食品安全国家标准　食品中铵盐的测定
194	GB 5009. 235—2016	食品安全国家标准　食品中氨基酸态氮的测定
195	GB 5009. 236—2016	食品安全国家标准　动植物油脂水分及挥发物的测定
196	GB 5009. 237—2016	食品安全国家标准　食品 pH 值的测定
197	GB 5009. 238—2016	食品安全国家标准　食品水分活度的测定
198	GB 5009. 239—2016	食品安全国家标准　食品酸度的测定
199	GB 5009. 240—2023	食品安全国家标准　食品中伏马毒素的测定
200	GB 5009. 243—2016	食品安全国家标准　高温烹调食品中杂环胺类物质的测定
201	GB 5009. 244—2016	食品安全国家标准　食品中二氧化氯的测定
202	GB 5009. 245—2016	食品安全国家标准　食品中聚葡萄糖的测定
203	GB 5009. 246—2016	食品安全国家标准　食品中二氧化钛的测定
204	GB 5009. 247—2025	食品安全国家标准　食品中纽甜的测定
205	GB 5009. 248—2016	食品安全国家标准　食品中叶黄素的测定
206	GB 5009. 249—2016	食品安全国家标准　铁强化酱油中乙二胺四乙酸铁钠的测定
207	GB 5009. 250—2016	食品安全国家标准　食品中乙基麦芽酚的测定
208	GB 5009. 251—2016	食品安全国家标准　食品中1，2-丙二醇的测定
209	GB 5009. 252—2016	食品安全国家标准　食品中乙酰丙酸的测定
210	GB 5009. 253—2016	食品安全国家标准　动物源性食品中全氟辛烷磺酸（PFOS）和全氟辛酸（PFOA）的测定
211	GB 5009. 254—2016	食品安全国家标准　动植物油脂中二甲基硅氧烷的测定
212	GB 5009. 255—2016	食品安全国家标准　食品中果聚糖的测定
213	GB 5009. 256—2025	食品安全国家标准　食品中多种磷酸盐的测定
214	GB 5009. 257—2016	食品安全国家标准　食品中反式脂肪酸的测定
215	GB 5009. 258—2016	食品安全国家标准　食品中棉子糖的测定
216	GB 5009. 259—2023	食品安全国家标准　食品中生物素的测定
217	GB 5009. 260—2016	食品安全国家标准　食品中叶绿素铜钠的测定
218	GB 31604. 1—2023	食品安全国家标准　食品接触材料及制品迁移试验通则

续表

序号	标准编号	标准名称
219	GB 31604.2—2016	食品安全国家标准　食品接触材料及制品　高锰酸钾消耗量的测定
220	GB 31604.3—2016	食品安全国家标准　食品接触材料及制品　树脂干燥失重的测定
221	GB 31604.4—2016	食品安全国家标准　食品接触材料及制品　树脂中挥发物的测定
222	GB 31604.5—2016	食品安全国家标准　食品接触材料及制品　树脂中提取物的测定
223	GB 31604.6—2016	食品安全国家标准　食品接触材料及制品　树脂中灼烧残渣的测定
224	GB 31604.7—2023	食品安全国家标准　食品接触材料及制品　脱色试验
225	GB 31604.8—2021	食品安全国家标准　食品接触材料及制品　总迁移量的测定
226	GB 31604.9—2016	食品安全国家标准　食品接触材料及制品　食品模拟物中重金属的测定
227	GB 31604.10—2016	食品安全国家标准　食品接触材料及制品 2，2－二（4－羟基苯基）丙烷（双酚 A）迁移量的测定
228	GB 31604.11—2016	食品安全国家标准　食品接触材料及制品 1，3－苯二甲胺迁移量的测定
229	GB 31604.12—2016	食品安全国家标准　食品接触材料及制品 1，3－丁二烯的测定和迁移量的测定
230	GB 31604.13—2016	食品安全国家标准　食品接触材料及制品 11－氨基十一酸迁移量的测定
231	GB 31604.14—2016	食品安全国家标准　食品接触材料及制品 1－辛烯和四氢呋喃迁移量的测定
232	GB 31604.15—2016	食品安全国家标准　食品接触材料及制品 2，4，6－三氨基－1，3，5－三嗪（三聚氰胺）迁移量的测定
233	GB 31604.16—2016	食品安全国家标准　食品接触材料及制品 苯乙烯和乙苯的测定

除了 GB/T 5009 系列标准外，检测方法标准还有 GB 23200.8 —2016《食品安全国家标准水果和蔬菜中 500 种农药及相关化学品残留量的测定 气相色谱－质谱法》、GB 23200.9—2016《食品安全国家标准 粮谷中 475 种农药及相关化学品残留量的测定 气相色谱－质谱法》、GB/T 19650—2006《动物肌肉中 478 种农药及相关化学品残留量的测定 气相色谱－质谱法》、GB/T 18932.24～28—2005《蜂蜜中呋喃它酮、呋喃西林、呋喃妥因和呋喃唑酮代谢物残留量的测定方法 液相色谱－串联质谱法》《蜂蜜中青霉素 G、青霉素 V 乙氧萘青霉素、苯唑青霉素、邻氯青霉素、双氰青霉素残留量的测定方法 液相色谱－串联质谱法》《蜂蜜中甲硝哒唑、洛硝哒唑、二甲硝咪唑残留量的测定方法 液相色谱法》《蜂蜜中泰乐菌素残留量测定方法 酶联免疫法》《蜂蜜中四环素族抗生素残留量测定方法 酶联免疫法》、GB 31604 系列《食品安全国家标准 食品接触材料及制品》等测定方法标准。

三、 食品卫生微生物检验方法标准

食品卫生微生物检验方法标准主要包括：总则、菌落总数测定、大肠菌群测定、各类致病菌的检验、常见产毒霉菌的鉴定、各类食品的检验、抗生素残留量检验、双歧杆菌检验等。

根据重新修订的食品卫生标准将食品样品重新分类，并按照 GB/T 1. 1—2000《标准化工作导则》对标准 GB/T 4789—1994《食品卫生微生物学检验》进行修改，形成了 GB/T 4789—2003。根据微生物学检验的实际需要，2008 年以来国家标准委员会组织相关部门对 2003 年版的部分标准进行了修订，同时并制定了一些新的标准。近年来，随着食品安全问题的不断出现，原有的标准又逐步得以细化和完善，国家卫计委根据《中华人民共和国食品安全法》和《食品安全国家标准管理办法》规定，制定并公布了新的标准，部分微生物学检验标准见表 6 –8。

表 6 –8　食品卫生微生物学检验标准目录

序号	标准编号	标准名称
1	GB 4789. 1—2016	食品安全国家标准　食品卫生微生物学检验　总则
2	GB 4789. 2—2022	食品安全国家标准　食品卫生微生物学检验　菌落总数测定
3	GB 4789. 3—2025	食品安全国家标准　食品卫生微生物学检验　大肠菌群计数
4	GB 4789. 4—2024	食品安全国家标准　食品卫生微生物学检验　沙门氏菌检验
5	GB 4789. 5—2012	食品安全国家标准　食品卫生微生物学检验　志贺氏菌检验
6	GB 4789. 6—2016	食品安全国家标准　食品卫生微生物学检验　致泻大肠埃希氏菌检验
7	GB 4789. 7—2013	食品安全国家标准　食品卫生微生物学检验　副溶血性弧菌检验
8	GB 4789. 8—2016	食品安全国家标准　食品卫生微生物学检验　小肠结肠炎耶尔森氏菌检验
9	GB 4789. 9—2014	食品安全国家标准　食品卫生微生物学检验　空肠弯曲菌检验
10	GB 4789. 10—2016	食品安全国家标准　食品卫生微生物学检验　金黄色葡萄球菌检验
11	GB 4789. 11—2014	食品安全国家标准　食品卫生微生物学检验　溶血性链球菌检验
12	GB 4789. 12—2016	食品安全国家标准　食品卫生微生物学检验　肉毒梭菌及肉毒素菌检验
13	GB 4789. 13—2012	食品安全国家标准　食品卫生微生物学检验　产气荚膜梭菌检验
14	GB 4789. 14—2014	食品安全国家标准　食品卫生微生物学检验　蜡样芽孢杆菌检验
15	GB 4789. 15—2016	食品安全国家标准　食品卫生微生物学检验　霉菌和酵母计数
16	GB 4789. 16—2016	食品安全国家标准　食品卫生微生物学检验　常见产毒霉菌的鉴定

续表

序号	标准编号	标准名称
17	GB/T 4789. 17—2024	食品卫生微生物学检验　肉与肉制品检验
18	GB 4789. 18—2024	食品安全国家标准　食品卫生微生物学检验　乳与乳制品检验
19	GB/T 4789. 19—2024	食品卫生微生物学检验　蛋与蛋制品检验
20	GB/T 4789. 20—2024	食品卫生微生物学检验　水产食品检验
21	GB/T 4789. 21—2003	食品卫生微生物学检验　冷冻饮品、饮料检验
22	GB/T 4789. 22—2024	食品卫生微生物学检验　调味品检验
23	GB/T 4789. 23—2024	食品卫生微生物学检验　冷食菜、豆制品检验
24	GB/T 4789. 24—2024	食品卫生微生物学检验　糖果、糕点、蜜饯检验
25	GB/T 4789. 25—2024	食品卫生微生物学检验　酒类检验
26	GB 4789. 26—2023	食品安全国家标准　食品卫生微生物学检验　商业无菌的检验
27	GB/T 4789. 27—2008	食品卫生微生物学检验　鲜乳中抗生素残留检验
28	GB 4789. 28—2024	食品安全国家标准　食品卫生微生物学检验　染色法、培养基和试剂
29	GB 4789. 29—2020	食品安全国家标准　食品卫生微生物学检验　椰毒假单胞菌酵米面亚种检验
30	GB 4789. 30—2025	食品安全国家标准　食品卫生微生物学检验　单核细胞增生李斯特氏菌检验
31	GB 4789. 31—2013	食品安全国家标准　食品卫生微生物学检验　沙门氏菌、志贺氏菌和致泻大肠埃希氏菌的肠杆菌科噬菌体检验方法
32	GB 4789. 34—2016	食品安全国家标准　食品卫生微生物学检验　双歧杆菌检验
33	GB 4789. 35—2023	食品安全国家标准　食品卫生微生物学检验　乳酸菌检验
34	GB 4789. 39—2013	食品安全国家标准　食品卫生微生物学检验　粪大肠菌群计数
35	GB 4789. 40—2024	食品安全国家标准　食品卫生微生物学检验　阪崎肠杆菌检验

四、 食品安全性毒理学评价程序和方法

应用食品毒理学的方法对食品进行安全性评价，为正确认识和安全使用食品添加剂（包括营养强化剂）、开发食品新资源和新资源食品及保健食品的开发提供了可靠的技术保证，为正确评价和控制食品容器和包装材料、辐照食品、食品及食品工具与设备用洗涤消毒剂、农药残留及兽药残留的安全性提供了可靠的操作

方法。关于食品安全性毒理学评价程序与方法的标准主要有以下 3 个。

（1）GB 15193. 1—2014《食品安全国家标准 食品安全性毒理学评价程序》 此标准规定了食品安全性毒理学评价的程序，用于评价食品生产、加工、贮藏、运输和销售过程中所涉及的可能对健康造成危害的化学生物和物理因素的安全性，评价对象包括食品添加剂（含营养强化剂）、食品新资源及其成分、新资源食品、辐照食品、食品容器与包装材料、食品工具、设备、洗涤剂、消毒剂、农药残留、兽药残留、食品工业用微生物等。

（2）GB 15193. 2—2014《食品安全国家标准 食品毒理学实验室操作规范》 此规范规定了食品毒理学实验室（包括实验动物房）的要求，适用于经卫生行政部门认可有资格进行食品安全性毒理学评价试验的单位。

（3）GB 15193. 3—2014《食品安全国家标准 急性经口毒性试验》 此标准规定了急性毒性试验的基本技术要求。

小 结

本模块主要讲述了食品添加剂使用标准、食品安全限量标准、食品理化检验方法标准、食品卫生微生物检验方法标准、畜产加工食品质量标准、营养强化食品标准等标准的基本内容。文中所给标准均为最新版本，内容选择根据市场实际需求，以应用为目的，以必要、够用为原则，要求学生熟练掌握相关标准，并且能够利用所学知识分析食品安全问题，监控食品质量，为食品行业健康发展服务。

复习思考题

1. 名词解释

（1）食品标准。

（2）残留物。

（3）最大残留限量。

（4）食品流通。

（5）有机食品。

（6）无公害农产品。

2. 问答题

（1）简述我国的食品基础标准主要包括的内容。

（2）简述我国食品安全标准的主要内容。

（3）食品安全限量标准包括哪些方面的内容？

（4）我国兽药残留标准与国外的相比有哪些差异？

(5) 简述我国饮料标准目前存在的问题。

3. 论述题

结合生产生活实际，分析我国食品标准的现状与存在的问题，并讨论解决的措施。

4. 案例分析　毒生姜事件

今年潍坊全市生姜种植面积290626亩，其中峡山全区今年共种植9866亩姜。除峡山外，还分布在潍坊市的安丘135000亩、昌邑81000亩、坊子20000亩、寒亭15000亩、青州12000亩、昌乐9980亩、诸城7080亩、临朐500亩和高密200亩。

然而，近日，山东潍坊农户使用剧毒农药“神农丹”种植生姜，被央视焦点访谈曝光，引发全国舆论哗然。

神农丹主要成分是一种叫涕灭威的剧毒农药，50毫克就可致一个50公斤重的人死亡。当地农民对神农丹的危害性都心知肚明，使用剧毒农药种出的姜，他们自己根本就不吃。而且当地生产姜本身就有两个标准。一个是出口国外的标准，那是绝对不使用剧毒农药的，因为检测严格骗不了外商。另一个就是国内销售的标准，可以使用剧毒农药，因为国内的检测不严格，当地农民告诉记者，只要找几斤不施农药的姜送去检验，就能拿到农药残留合格的检测报告出来。

(1) 上述的“毒生姜”案例中剧毒农药的添加与我国的哪些标准相违背？违反了我国哪些食品法律法规？

(2) 为解决类似上述出现的食品安全问题，您认为相关职能部门应该如何做？

5. 实训内容

利用实验实训或企业顶岗实习的机会，让学生关注某一种产品的整个生产过程，要求学生熟悉各个生产环节的质量安全问题、产品配料等。

(1) 分析其产品原料、配料、添加剂是否符合相关产品标准，生产环节是否存在安全隐患。

(2) 对所生产的产品按照相关产品的感官评价标准、理化标准和微生物标准进行感官、理化和微生物的评价和检测，并分析是否存在问题，同时给出合理的改进措施。

模块七 食品国际标准

【学习目标】

知识目标

1. 了解国际标准组织颁布的食品标准的基本内容及要求。
2. 理解发达国家食品标准的基本内容及要求。
3. 掌握采用国际标准的原则及方法。

技能目标

1. 能够对国际标准组织有深入的理解和把握。
2. 能够运用国际标准的原则和方法。

项目一 国际食品标准

一、国际标准化组织颁布的标准（ISO 标准）

（一）ISO 标准中的食品标准

ISO 系统的食品标准主要是由国际标准化组织的农产食品技术委员会（TC34）制定的，少数标准是由淀粉（包括衍生物和副产品）委员会（TC93）、化学委员会（TC47）和铁管、钢管和金属配件技术委员会（TC5）制定的。农产食品技术委员会下设了 14 个分委员会，见表 7－1。

（二）国际标准分类法

国际标准分类法（简称 ICS）是由国际标准化组织编制的标准文献分类法。它主要用于国际标准、区域标准和国家标准以及其他标准化文献的分类、编目、订购与建库，有利于标准文献分类的协调统一，促进国际、区域和国家间标准文献的交换和传播。国际标准分类法采用三级分类：第一级由 41 个大类组成，第二级为 387 个类目，第三级为 789 个类目（小类）。国际标准分类法采用数字编号，第一级采用两位阿拉伯数字，第二级采用三位阿拉伯数字，第三级采用两位阿拉伯数字表示，各类目之间以下脚点相隔。在食品领域的国际标准分类见表 7 - 2。

表 7 - 1　　农产食品技术委员会（TC34）分委员会设立情况表

分委员会代码	分委员会名称	分委员会代码	分委员会名称
TC34/SC 2	油料种子和果实	TC34/SC 9	微生物学
TC34/SC 3	水果和蔬菜制品	TC34/SC 10	动物饲料
TC34/SC 4	谷物和豆类	TC34/SC 11	动物和植物油脂
TC34/SC 5	乳和乳制品	TC34/SC 12	感官分析
TC34/SC 6	肉、禽、鱼、蛋及其制品	TC34/SC 13	脱水或干制水果和蔬菜
TC34/SC 7	香料和调味品	TC34/SC 14	新鲜水果和蔬菜
TC34/SC 8	茶	TC34/SC 15	咖啡

表 7 - 2　　国际标准分类法在食品领域的分类

国际标准分类	领域	国际标准分类	领域
67.020	食品加工过程	67.200	食用油脂、油籽
67.040	食品总则	67.220	香辛料和调味品，食品添加剂
67.050	食品试验和分析通用方法	67.230	预包装食品和调味品（包括婴儿食品）
67.060	谷类、豆类及其制品	67.240	感官分析
67.080	水果、蔬菜（包括灌装、干燥、速冻水果和蔬菜）	67.250	与食物接触的材料和制品（包括盛放食品的容器、与饮用水接触的材料和制品）
67.100	乳和乳制品	67.260	食品工艺和设备
67.120	肉、肉制品和其他畜产品	07.100.01	微生物总则
67.140	茶、咖啡、可可	07.100.20	水的微生物
67.160	饮料	07.100.30	食品微生物（包括动物饲料微生物）
67.180	糖、糖制品、淀粉	07.100.99	与微生物相关的其他方法
67.190	巧克力		

（三）ISO 质量管理体系

1. ISO 9000 质量管理体系

ISO 9000 族标准是国际标准化组织在 1994 年由 1987 年版的 ISO 系列标准修订的，是由国际标准化组织的质量管理和质量保证技术委员会（TC 176）制定的所有国际标准。与其他标准一样，ISO 9000 族标准也是为了适应科学、技术、社会、经济等客观因素发展变化的需要而产生的。ISO 9000 族标准可以帮助组织建立、实施并有效运行质量管理体系，是质量管理体系通用的要求或指南。

ISO 9000 族标准不受具体的行业或经济部门的限制，可广泛适用于包括食品制造企业和食品流通企业在内的各种类型和规模的组织，在国内和国际贸易中促进了贸易双方的相互理解和信任。

2000 版的 ISO 9000 族标准更强调了顾客满意度即服务质量，以及监督和检验的重要性，增强了标准的通用性和广泛的适用性，促进质量管理原则在各类组织中的应用，使标准更通俗易懂，强调了质量管理体系要求标准（ISO 9001）和指南标准（ISO 9004）的一致性。新版的 ISO 9000 族标准将对提高组织的运作能力，改善国际贸易、保护顾客利益、提高质量认证的有效性等方面产生积极而深远的影响。2000 版的 ISO 9000 族标准包括了 4 个核心标准、7 个支持性标准和文件以及 3 个手册，它们分别是：

（1）核心标准

①ISO 9000：2000《质量管理体系　基础和术语》。

②ISO 9001：2000《质量管理体系要求》。

③ISO 9004：2000《质量管理体系　业绩改进指南》。

④ISO 19011：2002《质量和（或）环境管理体系审核指南》。

（2）支持性标准和文件

①ISO 10012《测量控制系统》。

②ISO/TR 10006《质量管理　项目管理质量指南》。

③ISO/TR 10007《质量管理　技术状态管理指南》。

④ISO/TR 10013《质量管理体系文件指南》。

⑤ISO/TR 10014《质量经济性管理指南》。

⑥ISO/TR 10015《质量管理　教育和培训指南》。

⑦ISO/TR 10017《统计技术指南》。

（3）手册　《质量管理原则》《选择和使用指南》《小型企业的应用指南》。

ISO 9000 族标准通用性强，不受产品的限制，是技术要求的补充，可用于各行业。实用性强是 ISO 9000 族标准的另外一个特点，标准中只规定要求，不规定做法，强调结合生产实际。在标准的实施过程中要提倡以预防为主，强调事前控制，不依赖事后检查，强调计划的重要性，提倡事前对每一项工作的计划和预见。

2. ISO 14000 环境管理体系

国际标准化组织为帮助企业改善环境行为，协调、统一世界各国环境管理的标准，加快国际合作与交流，并消除世界贸易中的非关税壁垒，于 1993 年 6 月成立了环境管理技术委员会 ISO/TC 207，专门负责制定环境管理方面的国际标准，即 ISO 14000 系列标准。

ISO 14000 系列标准是一个庞大的环境管理标准系统，由若干个子系统构成，包括了环境管理体系、环境审核、环境标志、生命周期分析等当今世界环境管理领域最新的理解和成果，统一了世界各国在环境管理领域的差异，旨在指导各类组织（企业、公司）取得和表现正确的环境行为。其中 ISO 14001 标准是 ISO 14000 系列的核心与龙头标准，目的在于指导组织建立和保持一个符合要求的环境管理体系（environment management system，EMS）。在 ISO 14001 的基础上，ISO 14004 提供了具体的环境管理体系全面实施的指导书。

已正式颁布、实施的标准有：ISO 14001：1996《环境管理体系　规范及使用指南》；ISO 14004：1996《环境管理体系　原理、体系和支撑技术通用指南》；ISO 14010：1996《环境审核指南　通用原则》；ISO 14011：1996《环境审核指南　审核程序　环境管理体系审核》；ISO 14012：1996《环境审核指南　环境审核员资格要求》；ISO 14040：1997《生命周期评估　原则和框架》。

ISO 14000 系列标准，按照标准性质的不同，分为 3 类。

（1）基础标准　术语和定义。

（2）基本标准　环境管理体系、规范、原理、应用指南。

（3）支持技术标准（工具）　包括环境审核、环境标志、环境行为评价。

3. ISO 22000 食品安全管理体系

2005 年 9 月 1 日，国际标准化组织发布了 ISO 22000：2005《食品安全管理体系　整个食品供应链的要求》族标准，旨在确保全球的食品供应安全。

ISO 22000 标准体系的目标如下。

（1）规定食品安全管理体系。

（2）应用食品法典委员会（CAC）的 HACCP 7 个原理。

（3）协调自愿性的国际标准。

（4）可用于内部审核、自我认证和第三方认证的认证标准。

（5）将 HACCP 与 GMP、SSOP 等有机联系。

（6）结构上与 ISO 9000 和 ISO 14000 相一致。

（7）提供 HACCP 概念国际交流机制。

ISO 22000 族标准包括 ISO/TS 22004《食品安全管理体系　ISO 22000：2005 应用指南》、ISO/TS 22003《食品安全管理体系　提供食品安全管理体系审核和认证的机构的要求》和 ISO 22005《饲料和食品链的可追溯性　体系设计与开发的通用原则和指南》。其内容包括 8 个方面，即范围、规范性引用文件、术语和定义、政策和原理、食品安全管理体系的设计、实施食品安全管理体系、食品安全管理体系的保持和管理评审。

ISO 22000 系列标准有以下特点。

（1）食品供应链管理　食品通过供应链被送到消费者手中，而这种供应链涉及许多不同类型的组织，包括种植、养殖、初级加工、生产制造、分销，一直到消费者使用（包括餐饮），并且能延伸到许多国家。HACCP 只专注于单一企业自身环节的生产安全，ISO 22000 则将食品安全管理扩展到整个食品供应链，增强控制力度。

（2）可追溯体系　ISO 22000 提出饲料和食品链的可追溯性——体系设计和发展的一般原则和指导方针，作为 1 个国际标准草案运行。

（3）与 ISO 9001：2000 质量管理体系标准充分兼容　ISO 9001：2000 质量管理体系标准被广泛应用于所有行业，但它本身并不具体涉及食品安全，而 ISO 22000 标准是基于假设在一种结构管理体系框架内设计、运行和持续改进的最有效的食品安全体系，并且融入到组织的整个管理活动中。ISO 22000 标准可以单独使用，也可以同其他的管理体系标准结合使用，它的设计与 ISO 9001：2000 标准充分兼容，对已经获得 ISO 9001 认证的公司来说，很容易将其扩展到 ISO 22000 认证。

我国已将 ISO 22000 标准转化为国家标准，并于 2006 年 3 月 1 日发布了 GB/T 22000—2006《食品安全管理体系　食品链中各类组织的要求》。

二、食品法典标准

（一）国际食品法典委员会（CAC）标准体系的分类

食品法典标准体系可分为通用标准和专用标准两大类（表 7 -3）。通用标准包括通用的技术标准、法规和良好规范等，由一般专题委员会负责制定；专用标准是针对某一特定或某一类别食品的标准，由各个商品委员会制定。

（二）CAC 国际食品法典的构成

（1）第一卷第一部分　一般要求。

（2）第一卷第二部分　一般要求（食品卫生）。

（3）第二卷第一部分　食品中的农药残留（一般描述）。

（4）第二卷第二部分　食品中的农药残留（最大残留限量）。

（5）第三卷　食品中的兽药残留。

（6）第四卷　特殊功用食品（包括婴儿和儿童食品）。

（7）第五卷第一部分　速冻水果和蔬菜的加工过程。

（8）第五卷第二部分　新鲜水果和蔬菜。

（9）第六卷　果汁。

表 7-3　　　　食品法典通用与专用标准的内容和数量

标准类型	标准内容	标准数量/个
通用标准（两类以上食品或涉及两方面的标准）	一般准则	20
	食品标签	1
	食品添加剂与污染物	23
	农药和兽药残留	10
	食品进出口检验和认证	6
	食品卫生	4
	特色膳食与营养食品	15
	分析和取样方法	8
专用标准（指具体商品专用的质量及相关标准）	谷物、豆及豆类植物	21
	脂肪和油脂	7
	果蔬及其制品	110
	乳及乳制品	37
	糖、可可制品及其巧克力	8
	肉及肉制品	14
	鱼及鱼制品	24
	其他	6

(10) 第七卷　谷类、豆类（豆荚）和其派生产品和植物蛋白质。
(11) 第八卷　脂肪和油脂及相关产品。
(12) 第九卷　鱼和鱼类产品。
(13) 第十卷　肉和肉制品；汤和肉汤。
(14) 第十一卷　糖、可可产品、巧克力和各类不同产品。
(15) 第十二卷　乳及乳制品。
(16) 第十三卷　取样和分析方法。

各类包括了一般原则、一般标准、定义、法典、货物标准、分析方法和推荐性技术标准等内容，每卷所列内容都按一定顺序排列以便于参考。各卷标准分别用英文、法文和西班牙文出版，各个标准均可在万维网上阅览。

三、国际有机农业运动联盟标准

国际有机农业运动联盟（International Federation of Organic Agriculture Movements，IFOAM），于 1972 年 11 月 5 日在法国成立，成立初期只有英国、瑞典、南非、美国和法国 5 个国家的 5 个单位的代表。目前，IFOAM 组织已成为当今世界上最广泛、最庞大、最权威的一个拥有来自110多个国家700多个集体会员的国际有机农业组织。目前，国际市场上有机食品品种主要有粮食、蔬菜、油料、肉类、乳制品、蛋类、酒类、咖啡、可可、茶叶、草药、调味品等。此外，还有动物饲料、种子、棉花、花卉等有机产品。

IFOAM《基本标准》是IFOAM指导和规范全球有机农业运动的基础和指南，极具影响力，许多国家都将《基本标准》作为制定本国有机食品标准的框架或基础，食品法典委员会（CAC）也专门邀请了IFOAM参与制定有机农业和有机食品标准。

（一）IFOAM《基本标准》的内容

《基本标准》反映了有机生产与加工方法的现状，根据生产和技术的发展状况不断进行修改。它本身不能作为认证标准，而是为认证机构及世界范围的标准组织制定其认证标准提供了一个框架。

《基本标准》的内容包括以下几个方面。

（1）有机生产和加工的原则、目标。

（2）基因工程。

（3）种植业和畜牧业，包括转化要求并进行生产、有机管理的保持、农庄景色等。

（4）种植业，包括农作物及品种选择、转化期长度、种植多样性、施肥方针、病虫害及杂草管理、污染控制、土壤和水土保持、植物来源的非栽培材料等。

（5）畜牧业，包括畜牧业管理、转化期长度、动物引进、繁殖和育种、有关肢体残缺、动物营养、兽药、运输和屠宰、养蜂等。

（6）水产养殖（草案标准），包括向有机农业转化、基础条件、生产地点要求、捕捞区位置、动物健康和福利、繁殖和育种、营养、捕捞、活的海洋动物运输、屠宰等。

（7）食品加工和处理，包括综合、害虫和疾病控制、成分添加剂和加工辅助剂、加工方法、包装等。

（8）织物加工（草案标准），包括原材料、一般加工、湿加工的环境准则、投入品、加工过程中不同阶段的特殊规定、标签等。

（9）森林管理（草案标准），包括向有机森林管理转化、环境影响、天然林保护、种植园、非木材森林产品、标签、社会公正等。

《基本标准》的附录包括：用于施肥和土壤调节的产品；用于植物害虫和疾病控制、杂草管理的产品包括植物生长调节剂；对有机农业投入品评价准则；用于食品加工的加工辅料和非农业来源的允许成分列表；有机食品用加工辅料和添加剂评价准则。

《基本标准》以通则、推荐方法和标准的形式表现。通则部分是有机生产和加工要达到的总体目标。推荐方法给出IFOAM提倡但不是必须要求的标准。标准部分是必须完全满足的、与认证标准结合的最低要求，现行的有机农业基础标准（包括草案标准）有206个。

（二）IFOAM《基本标准》与有机食品认证

当产品使用有机标签在市场上进行销售时，生产者和加工者必须经过认证机构采用符合或超过IFOAM《基本标准》的标准进行认证。IFOAM的《基本标准》不能直接用于认证，它的作用是为世界范围内的认证机构提供一个制定国家或地区标准的框架，这些国家或地区在制定认证标准的时候必须满足《基本标准》规定的最低要求，可以比《基本标准》更为严格。

IFOAM基准虽没有法律性根据和约束力，但直到食品法典委员会颁布公众国际基准为止，是作为有机农业的唯一的国际性基准，被欧盟委员会发布委员会（EC）规则和食品基准所参考。

我国国家环境保护总局在2001年发布了环境保护行业标准HJ/T 80—2001《有机食品技术规范》，该标准是以IFOAM《基本标准》，以及FAO/WHO《关于有机食品生产、加工、标识和贸易的指南》（CAC/GL 32—1999）为主要依据，并参考有关地区和国家的有机生产标准和条例，结合我国农业生产和食品加工行业的有关标准而制定的。2003年8月，中国认证机构国家认可委员会正式发布实施《有机产品生产与加工认证规范》。

项目二

部分国家的食品标准

除了国际标准之外，世界上一些发达国家，诸如美国、英国、加拿大、澳大利亚、德国、日本、法国等，制定的国家标准也体现了先进的技术水平。在食品领域，这些国家都建立了完整严密的监管体系，国家标准涵盖了品质等级、取样检测方法、卫生标准、质量管理等多个层面，不同程度地将食品可追溯系统融入监管和标准中，从农田到餐桌实现全程监控。在食品进口方面，采取相当严格的标准，以确保进口食品的安全性，在贸易中争取本国利益的最大化。

一、 美国食品标准

在美国，负责食品安全管理的机构主要有4个：食品和药物管理局（FDA），负责除肉类和家禽产品外美国国内和进口的食品安全以及制订畜产品中兽药残留最高限量法规和标准；美国农业部（USDA），负责肉类和家禽食品安全，并被授权监督执行联邦食用动物产品安全法规；美国国家环保署（EPA），负责饮用水、新的杀虫剂及毒物、垃圾等方面的安全，制定农药、环境化学物的残留限量和有关法规；商业部的国家海洋渔业署（NMFS），负责通过非官方的水产品检查和等级制度来保证水产品的质量。这些机构权责分明，分别对不同种类、处于不同生产阶段的食品安全发挥着非常重要的作用。

（一）美国的食品标准

美国目前涉及食品安全和卫生的标准有660余项，主要是检验检测方法标准和被技术法规引用后的肉类、水果、乳制品等产品的质量分等分级标准两大类。这些标准的制定机构主要是经过美国国家标准学会（American National Standards Institute，ANSI）认可的与食品安全有关的行业协会、标准化技术委员会和政府部门3类。

1. 行业标准

行业标准是由民间团体制定的标准，诸如谷物化学师协会、苗圃主协会、乳制品学会、饲料工业协会等制定的标准。民间组织制定的标准具有很大的权威性，不仅在国内享有良好的声誉而颇受青睐，在国际上也得到高度评价而广泛采用。行业标准是美国标准的主体。以下是与食品安全有关的主要行业协会。

（1）美国官方分析化学师协会（AOAC）　前身是美国官方农业化学师协会，1884年成立，1965年改用现名，从事各种检验和分析方法标准的制定工作。标准内容包括：肥料、食品、饲料、农药、药材、化妆品、危险物质和其他与农业及公共卫生有关的材料等。

（2）美国谷物化学师协会（AACCH）　1915年成立，旨在促进谷物科学的研究，保持相关科学和技术工作者间的合作，协调各技术委员会的标准化工作，推动谷物化学分析方法和谷物加工工艺的标准化工作。

（3）美国饲料官方管理协会（AAFCO）　1909年成立，目前有14个标准制定委员会，涉及产品35个。制定各种动物饲料术语、官方管理及饲料生产的法规及标准。

（4）美国乳制品学会（ADPI）　1923年成立，进行乳制品的研究和标准化工作，制定产品定义、产品规格、产品分类等标准。

（5）美国饲料工业协会（AFIA）　1909年成立，主要从事与饲料有关的研究工作，并负责制定联邦与州的有关动物饲料的法规和标准，包括：饲料材料专用术语和饲料材料筛选精度的测定等。如AFIA 010 Feed Ingredient Guide Ⅱ（饲料成分指南）。

（6）美国油料化学师协会（AOCS）　1909年成立，原名为棉织物分析师协会，主要从事动物、海洋生物和植物油脂的研究，油脂的提取、精炼和在消费与工业产品中的使用，以及有关油脂的安全包装、质量控制等方面的研究。

（7）美国公共卫生协会（APHA）　1812年成立，主要制定卫生工作程序标准、人员条件要求及操作规程等。标准包括食品微生物检验方法、大气检测方法、水与废水检验方法、住宅卫生标准及乳制品检验方法等。

2. 国家标准

国家标准是由联邦农业部食品安全检验局、动植物健康检验局、农业市场局、粮食检验包装贮存管理局、卫生部食品与药品管理局、环境保护署等政府机构制定的标准，还包括联邦政府授权的机构如饲料官方管理协会制定的标准。

（1）乳制品和食品协会卫生标准委员会（DFISA）　由牛乳工业基金会、乳制品工业供应协会及国际乳牛与食品卫生工作者协会联合制定的关于乳制品和蛋制品标准，以及相关加工设备清洁度的卫生标准，并发布在《乳与食品工业》（Journal of Milk and Food Technology）上。

（2）烘烤业卫生标准委员会（BISSC）　1949 年成立，从事标准的制定、设备的认证、卫生设施的设计，以及建筑、食品加工设备的安装等。由政府和工业部门的代表参加标准编制工作，特殊的标准与标准修改由协会的工作委员会负责。协会的标准为制造商和烘烤业执法机关所采用。

3. 农产品分类分级标准

截至 2004 年，农业部农业市场服务局（AMS）制定的农产品分级标准有 360 个。其中，新鲜果蔬分级标准 158 个，涉及新鲜果蔬、加工用果蔬和其他产品等 85 种农产品；加工的果蔬及其产品分级标准 154 个，分为罐装果蔬、冷冻果蔬、干制和脱水产品、糖类产品和其他产品五大类；乳制品分级标准 17 个；蛋类产品分级标准 3 个；畜产品分级标准 10 个；粮食和豆类分级标准 18 个。

这些农产品分级标准是依据美国农业销售法制定的，对农产品的不同质量等级予以标明。同时，根据需要不断制定和更新标准，大约每年对约 7% 的分级标准进行修订。

4. 有机食品标准体系

美国农业部于 2001 年公布了“有机食品”的正式定义，并开始对有机食品发放统一许可证。对有机食品的管理主要包括以下内容：有机生产加工处理系统计划、土地法规、土壤肥力和作物营养管理标准、种子和栽种苗木的操作标准、作物轮作实施标准、作物害虫、杂草和疫病的管理措施标准、野生作物收获操作标准、家畜来源标准、家畜饲料标准、家畜保健标准、有机产品标签规定等。

（二）美国的质量认证体系

对食品质量进行认证是美国保证食品安全的一个重要措施。目前，美国食品企业生产的食品必须通过 3 项质量认证，即管理上要通过 ISO 9000 认证，安全卫生要通过 HACCP 认证，环保要通过 ISO 14000 认证。通过质量认证体系和标准等级制度的严格控制和管理，在生产源头控制食品生产，从而保证进入市场的食品质量符合安全要求。

20 世纪 60 年代，美国提出危害分析和关键控制点制度（HACCP）。作为一种综合有效地防范风险的模式，该制度已经应用于所有食品生产加工企业，以评估可能发生的风险，促使企业从生产源头上消除食品安全隐患。

（三）食品召回制度

根据危害程度的不同，美国食品召回分为 3 个等级：一级是召回针对可能导致难以治疗的健康损伤甚至致死的产品；二是召回针对可能对健康产生暂时的影响但可以治疗的产品；三是召回针对不会对健康产生威胁，但内容与标识不符的产品，如在普通饼干的包装上误贴了“减肥饼干”的标签。食品安全部门常设专门的“召回委员会”，由科研人员、技术专家、实地检验人员和执法人员组成，负责召回制度的具体实施。食品管理部门通过媒体向社会发布召回信息，并派出实地检查人员进行监督。

二、加拿大食品标准

加拿大实行联邦、省和市三级食品安全行政管理体制，采取分级管理、相互合作、广泛参与的模式。联邦级的主要管理机构是加拿大卫生部以及农业部下属的食品监督署（Canadian Food Inspection Agency，CFIA）；省级政府的食品安全机构负责自己管辖范围内食品企业的产品检验；市政当局负责监督执行标准和法规。

加拿大公共事务和政府服务部（Public Works and Government Services Canada）下的加拿大通用标准局（the Canadian General Standards Board，CGSB），在非强制性标准的制定中起重要作用，有许多标准就是由该机构负责起草制定的。非强制性标准由 CGSB 制定出来后，必须经过加拿大标准委员会（SCC，the Standards Council of Canada）批准颁布，SCC 是协调加拿大有关机构和组织参与国际标准体系的一家联邦国有公司，经他鉴定合格的标准发展（Development）组织有 4 家，还有 225 家在认证（Certification）、测试（Testing）和管理体系（Management System）注册三大评估（Assessment）领域合格的组织。非强制性标准也是一种国家标准，其制定和发布也需按照规定的程序进行。

（一）加拿大食品标准的制定

加拿大国家标准的制定通常有 2 种方法，即采用国际标准、制定国家标准。标准制定机构在制定一项新标准时，首先调查是否有国际标准，能否全部等同采用，或对国际标准进行修改，以符合加拿大的实际情况。如果没有现成的国际标准，那么 CSA 就调查加美自由贸易协议范围内的合作伙伴是否有合适的标准可供作为制定 CSA 标准的基础。如果还是找不到可参考的现成标准，才考虑制定新的加拿大国家标准。

在制定新标准时，加拿大标准化理事会委托 4 个获得国家认可的、指定性的标准制订机构，即加拿大标准化协会、国家产品实验室、加拿大通用标准协会和加拿大魁北克省标准理事会，起草制定标准。制定新标准必须考虑到以下几个原则。

（1）标准内容不能太复杂。

（2）制定的费用不能太昂贵。

（3）实施简易。

（4）标准的管理简便易行。

（5）以制定技术法规为主、制定强制性标准为次。

（6）以制定基础性、通用性标准为主。

（7）不制定具体产品描述性的标准。

标准制定一般由技术委员会组织进行，草案交加拿大标准化协会投票表决后，再进行非技术内容的审查，最后经加拿大标准化理事会批准后，成为加拿大国家标准。

加拿大国家标准的特点如下。

（1）国家标准在技术内容上强调与国际标准协调一致，现有标准中采用国际标准占标准总数的75%左右，其余25%左右为制定的国家级标准。

（2）标准采用英、法2种文字版本。

（3）100%为自愿采用标准，但经政府法规引用后即成为强制性标准。

（二）加拿大食品标准的内容

加拿大制定的食品安全标准主要是一些检验检测方面的方法标准和一些推荐性的标准。

1. 产品及产品质量分类标准

在加拿大，只要是用于境内省际贸易、出口或进口的食品，都必须符合一定的产品质量标准。加拿大标准中包括大宗谷物、油料种子、水果蔬菜、牲畜、乳酪等食品的详细等级标准。

2. 农药及添加剂残留限量标准

《食品药品条例》对食用农产品的健康和安全要求作了详细规定，主要涉及食品添加剂、营养成分标签和要求、食品微生物、射线辐射食品、化学残留物或其他食品污染等方面的内容。根据《食品药品条例》，有害物管理控制局制定了食品中的化学药品最大残留限量标准（MRL）。卫生部针对食物中允许含有的有害物质及农药残留量上限都作了详细规定，基本上对正在使用的各种农药在各种可食用农产品中的残留量都作了具体规定。

在食品添加剂的使用方面，加拿大标准也做了严格的限制，只有列入官方食品添加剂目录的物质才允许作为食品添加剂销售、使用，任何人不准将目录外的物质作为食品添加剂销售，或销售含有以该物质作为添加剂的食品。标准对每种食品添加剂的用法，以及在食品中允许含有的添加剂最大残留量都作了严格、详细的规定，不允许超过上限。食品包装上还必须注明添加剂种类、成分、用量。

3. 农产品包装及标识规定

为保证农产品质量在运输、销售过程中不受影响，加拿大对农产品包装的方法和容器普遍作了规定，例如包装采用的方式能确保农产品在装卸、运输过程中不致被损害；农产品净含量不少于标签数量；包装容器无污染、清洁、不变形、无破损。

加拿大在《消费者包装标签法》《消费者包装标签条例》以及其他许多法规

中，都对产品（包括农产品）的标记和标签作了明确的规定。对产品标签的要求包括：标签上必须标明产品的通用名称、数量、生产厂家的名称和地点；具体到各种产品，还有相应的具体要求。

4. 牲畜屠宰加工厂（场）标准

加拿大规定，只有在注册的屠宰厂（场）生产加工的肉类产品才允许销售、进口或出口。在加拿大《肉类检查条例》中，对注册屠宰加工厂（场）的有关标准作了详细规定，只有符合具体要求，才能申请成为注册屠宰加工厂（场）。

三、 澳大利亚食品标准

《澳大利亚新西兰食品标准法典》（Food Standards Code，FSC）规定了本地生产食品和进口食品都要遵守的一些标准，是单个食品标准的汇总，按类别分为4章。

第1章为一般食品标准，涉及的标准适用于所有食品，包括食品的基本标准、食品标签及其他信息的具体要求、食品添加物质的规定、污染物及残留物的具体要求，以及须在上市前进行申报的食品。

第2章为食品产品标准，具体阐述了特定食品类别的标准规定，涉及谷物、肉、蛋和鱼、水果和蔬菜、油、乳制品、非酒精饮料、酒精饮料、糖和蜂蜜、特殊膳食食品及其他食品共10类。

第3章为食品安全标准，具体包括了食品安全计划、食品安全操作和一般要求、食品企业的生产设施及设备要求。但该章的规定仅适用于澳大利亚，不属于澳大利亚新西兰共同食品标准体系的一部分，因为新西兰自有其特定的食品卫生规定。

第4章为初级产品标准，也仅适用于澳大利亚，内容包括澳大利亚海产品的基本生产程序标准和要求、特殊乳酪的基本生产程序标准和要求以及葡萄酒的生产要求。

《澳大利亚新西兰食品标准法典》具有法律效力，凡不遵守有关食品标准的行为在澳大利亚均属违法行为，在新西兰则属犯罪行为。

四、 德国食品标准

德国是大陆法系国家中法律非常健全的国家，在食品安全法领域也有着相当的经验。早在1879年，德国就制定了《食品法》，目前实行的《食品法》包罗万象，所列条款多达几十万个，对各种食品的卫生标准、食品加工技术、食品生产和流通的每一个环节都作了详细的规定。

（一）德国的标准制定组织

德国主要的标准制定组织是德国标准化协会（Deutsches Institut fur Normung,

DIN)，成立于1917年。DIN设立了78个标准委员会，管理着28000多项产品标准，负责德国与地区、国际标准化组织间的协调事务。

德国标准化协会中的食品和农产品标准委员会主管食品及农产品方面的标准。该委员会制定的标准有以下几个方面：食品和烟叶制品的抽查和检测；对食品和动物饲料消毒剂的检测；肥料、土壤改良剂和培养基的要求和检测方法；对生物技术的要求和检测方法等。

德国标准化协会虽然是一个民间团体，但它制定的标准由政府签发，作为国家标准使用，并具有法律效力。

（二）德国标准的概况

德国标准化协会（DIN）制定了一系列有关食品质量安全的标准，这些标准从食品产业链的角度可以分为以下几类。

（1）生产标准　这是针对食品生产环节而制定的标准，规定食品生产企业卫生、技术、环境、原料采购及贮存、产品贮存等各环节的标准，只有达到这些生产标准的企业才可拿到生产许可证，并且有关检查监督机构会根据这些标准定期对生产企业进行检查审核。

（2）食品加工标准　这是针对食品加工企业而制定的标准，如良好食品加工规范（GMP）等。这些标准旨在对食品加工企业的卫生、技术、环境等制定一系列标准，只有达到这些标准的企业才可以进行食品加工，并且检验机构会根据这些标准定期对加工企业进行检查审核。

（3）产品标签标准　这是针对食品进入市场的标识而制定的一系列标准。通过这些标准的制定，使得消费者购买食品时能够充分了解该食品的有关重要信息，方便消费者作出正确的购买决策。

（4）食品销售标准　这是针对食品销售环节制定的一系列标准，如良好食品销售规范（GDP）等。它包括有关有害物控制、员工培训、卫生状况、设备及其维护等方面的规定。

（5）贸易保护标准　根据德国市场管理规定，食品进出口由联邦德国食品、产品管理局和农产品市场管理局监督。前者负责酒类、蛋品、家禽肉、活植物、花草、水果蔬菜、鱼制品以及农产品的二级加工品；后者负责大米、猪牛肉、脂油、牛乳、乳制品、白糖、葡萄糖、乳清、茶叶、干饲料、羊肉等商品。进出口许可证由它们签发。

（6）农药残留、兽药残留标准　从2001年7月1日开始，德国联邦农林生态局对农药的使用作出新规定，严格划分出在哪些地区可以使用农药，规定了什么样的植物和消灭什么样的害虫应该使用什么样的农药，对于违反规定的将处以最多10万马克的罚金。

（7）质量安全标准体系　德国食品质量安全标准的形成主要有3种渠道：第一种是欧盟或国际通行的食品安全质量标准，如由WHO和FAO制定的食品法典、危害分析与关键控制点体系（HACCP）等；第二种是德国官方机构根据德国具体情况制定的具有法律效力的质量标准；第三种是由非官方组织自行制定的不具有国家法律效力的质量标准。这些标准共同构成了德国食品安全质量标准体系。

五、日本食品标准

日本食品标准体系分为国家标准、行业标准和企业标准三层。国家标准即JAS标准，以农产品、林产品、畜产品、水产品及其加工制品和油脂为主要对象；行业标准多由行业团体、专业协会和社团组织制定，主要是作为国家标准的补充或技术储备；企业标准是各株式会社制定的操作规程或技术标准。

（一）日本食品安全标准的制定

第一，起草标准。任何有关方都可以要求日本农业标准委员会（JASC）对其提出的日本农业标准草案进行审议。通常由农林水产大臣根据需求委托有关单位起草农业标准草案。

第二，日本农业标准委员会（JASC）审议。JASC将标准草案指定对口的分理事会对该草案审议，其间征集全社会的意见。若有必要，分理事会将要求对口的技术委员会做进一步的审议。JASC审议完毕且认为标准草案内容适宜、要求合理，则向农林水产大臣提出审议报告。

第三，标准的批准和发布。农林水产大臣确认JASC审议的标准草案对有关各方均不会造成歧视后，将予以批准发布。此外，日本在标准制定过程中，充分注意与国际标准的接轨。

（二）日本食品安全的有关标准

1. 日本农业标准

日本政府制定的《日本食品标准》（JAS）是指农产品的规格和品质两个方面的内容组成。规格是指农产品的使用性能和档次的要求，其内容包括使用范围、用语定义、等级档次、测定方法、合格标签、注册标准及生产许可证认可的技术标准等。日本已对393种农林水产品及食品制定了相应的规格，如面类分成8种规格，油脂分成6种规格，肉制品规格多达20多种。

2. 农药残留最高限量标准

日本厚生劳动省规定食品中不得含有有害、有毒物质，严格控制食品中的农药残留、放射性残留和重金属残留。目前，日本已对229种农药和130种农产品制定了近9000种限量标准。其中，对蔬菜类制定的农药残留限量标准最为齐全，达3728项，包括十字花科、薯类、葫芦科、菊科、蘑菇类、伞形科、茄科、百合科等蔬菜品种。

2003年4月，日本实行农药和动物药品残留“临时标准制度”，规定可以禁止销售或进口虽然没有正式规定残留量标准，但残留量超过一定数量的食品。

对畜产品和水产品则制定各种抗生素、激素以及有害微生物的限制标准。日本对动物源食品的检测项目多达30项，涉及微生物、农药残留等诸多方面。

3. 肯定列表制度

日本厚生劳动省修订了《食品卫生法》，开始对食品中农业化学品残留物限量引入所谓的“肯定列表制度”，禁止含有未制定最大残留限量标准（Maximum Residue Limits，MRLs）且含量超过一定水平（一律标准）的农用化学品的食品销售。

在新的“肯定列表”制度中，日方对714种农药、兽药及饲料添加剂设定了1万多个最大允许残留限量标准，即“暂定标准”，对尚不能确定具体“暂定标准”的农药、兽药及饲料添加剂，设定了0.01mg/kg的“一律标准”，一旦食品中残留物含量超过此标准，将被禁止或流通。该制度已在《食品卫生法》修正案发布（2003年5月30日）后的第三年（2006年5月29日）生效。这个制度的实施给我国对日食品出口形成了巨大的技术壁垒。

（三）日本食品标准的特点

1. 食品安全标准体系完善

日本的食品标准数量、种类繁多，要求较为具体。涉及食品的生产、加工、销售、包装、运输、贮存、标签、品质等级、食品添加剂和污染物、最大农兽药残留允许含量要求，还包括食品进出口检验和认证制度、食品取样和分析方法等方面的标准规定，形成了较为完备的标准体系，具有很强的可操作性。

2. 标准的制定注重与国际接轨

近年来，日本积极采用国际标准，不仅向ISO派常驻代表，积极参加国际标准化活动，在国际标准化活动中极力提出自己的主张，而且日本各行业协会或工业会，几乎都成立了与ISO各技术委员会相对应的国内对策委员会，以及时和认真地研究ISO文件，注重在食品标准中采用这些国际标准。此外，还注重采用国际食品法典委员会的食品标准，结合日本的实际情况加以细化，具有很强的可操作性。

3. 法制观念强

日本现有国家标准（JAS）为自愿性标准，无法律约束。一旦被法律部分或全部引用，其引用部分将具有法律属性，一般要强制执行。日本的法律观念很强，一切都按法律行事，而且制定了一套较为完善的法规，例如《食品卫生法》《营养改善法》《关于食品制造过程管理高度化临时措施法》等，有力保证了标准的实施。

六、 法国食品标准

法国是世界上开展标准化工作较早的国家之一，继英国、德国之后，建立了全国标准化组织。法国的标准化机构经过多次变革，最后采取了官助民办、政府监督的办法。政府内设置标准化专署，代表政府指导监督全国标准化工作。

法国标准的制定机构主要有法国标准化专署、法国标准化协会和法国行业标准化局。

（一）法国标准体系

根据1941年5月24日法令和1966年7月11日标准化专员关于法国标准化正式文件性质的第九号决定，法国标准的种类及性质如下。

第一类，批准标准，即经征求政府各部门意见后，由标准化专员代表政府批准的标准。条文规定："通过国家、省市、政府机构、特许的公共服务部门和国家资助的企业进行交易，均应参照此类标准"。可见，这类标准对国营企业是强制执行的，对私营企业则可以不执行，但如发生纠纷，法院将按此类标准裁决。这类标准约占总数的37%。

第二类，注册标准，即由标准化专员决定的标准。这类标准"对国家市场不起强制作用"，约占总数的48%。

第三类，试行标准，即由法国标准化协会会长批准的，用绿色纸印刷公布的标准。

第四类，由法国标准化协会会长批准公布的活页或小册子形式的标准资料。

（二）法国标准的特点

1. 历史悠久，高度集中

法国是一个有着美食传统的农业国家，食品工业极为发达。早在1905年，法国就颁布了有关食品安全的法律，1926年法国标准化协会成立后就致力于标准的制定。1941年5月24日，法国政府颁布法令，确认法国标准化协会为全国标准化主管机构，并在政府标准化管理机构——标准化专署领导下，组织和协调全国标准化工作。法国标准化协会颁布的标准为法国国家标准（NF标准），具有权威性，全国统一实施。由此可见，法国国家标准无论是管理、制定、实施，都属于高度集中的类型。

2. 法国标准与国际标准、欧洲标准联系紧密

法国积极地参加国际标准化活动，以扩大世界影响、发展出口贸易作为战略方针。法国标准化协会是国际标准化组织（ISO）的成员，承担ISO 21个技术委员会、63个分技术委员会及185个工作组秘书处的工作，在国际标准化工作中占有重要的地位，许多国际标准就是以法国标准为基础制定的。

法国标准化协会同时也是欧洲标准化委员会（European Committee for Standardization，CEN）的成员，对于欧洲标准也做出了突出贡献。作为CEN的成员，法国标准必须采用欧洲标准，每一项欧洲标准被正式批准发布后，法国必须在6个月内将其采用为国家标准，并撤销与此标准相抵触的本国国家标准。

项目三

采用国际标准的原则及方法

一、 采用国际标准的原则

采用国际标准是指将国际标准的内容经过分析研究和试验验证，等同或修改转化为本国标准（包括国家标准、行业标准、地方标准和企业标准），并按本国标准审批发布程序审批发布。

采用国际标准最明显的益处有两个：一是能协调国际贸易中有关各方的要求，减少和避免与贸易各方的争端；二是可使本国的产品或服务更容易打入和占领国际市场。采用国际标准还是促进技术进步，提高产品质量，扩大对外开放，加快与国际准则或惯例接轨，发展社会主义市场经济的重要措施。

根据《采用国际标准管理办法》的规定，我国采用国际标准的原则如下。

（1）采用国际标准，应当符合我国有关法律、法规，遵循国际惯例，做到技术先进、经济合理、安全可靠。

（2）制定（包括修订，下同）我国标准应当以相应国际标准（包括即将制定完成的国际标准）为基础。对于国际标准中通用的基础性标准、试验方法标准应当优先采用。

采用国际标准中的安全标准、卫生标准、环保标准制定我国标准，应当以保障国家安全、防止欺骗、保护人体健康和人身财产安全、保护动植物的生命和健康、保护环境为正当目标，除非这些国际标准由于基本气候、地理因素或者基本的技术问题等原因而对我国无效或者不适用。

（3）采用国际标准时，应当尽可能等同采用国际标准。由于基本气候、地理因素或者基本的技术问题等原因对国际标准进行修改时，应当将与国际标准的差异控制在合理的、必要的并且是最小的范围之内。

（4）我国的一个标准应当尽可能采用一个国际标准。当我国一个标准必须采用几个国际标准时，应当说明该标准与所采用的国际标准的对应关系。

（5）采用国际标准制定我国标准，应当尽可能与相应国际标准的制定同步，并可以采用标准制定的快速程序。

（6）采用国际标准，应当同我国的技术引进、企业的技术改造、新产品开发、老产品改进相结合。

（7）采用国际标准的我国标准的制定、审批、编号、发布、出版、组织实施和监督，同我国其他标准一样，按我国有关法律、法规和规章规定执行。

（8）企业为了提高产品质量和技术水平，提高产品在国际市场上的竞争力，对于贸易需要的产品标准，如果没有相应的国际标准或者国际标准不适用时，可以采用国外先进标准。

二、 采用国际标准的程度和方法

(一) 采用国际标准的程度

我国标准采用国际标准的程度，分为等同采用、修改采用。

(1) 等同采用　指与国际标准在技术内容和文本结构上相同，或者与国际标准在技术内容上相同，只存在少量编辑性修改。

我国标准等同采用（identical）国际标准程度的代号为 IDT。

(2) 修改采用　指与国际标准之间存在技术性差异，并清楚地表明这些差异以及解释其产生的原因，允许包含编辑性修改。修改采用不包括只保留国际标准中少量或者不重要的条款的情况。修改采用时，我国标准与国际标准在文本结构上应当对应，只有在不影响与国际标准的内容和文本结构进行比较的情况下才允许改变文本结构。

修改采用国际标准时，一个我国标准应尽可能仅采用一个国际标准。在个别情况下在一个标准中采用几个国际标准可能是适宜的，但这只有在使用列表形式对所做的修改作出标志和解释并很容易与相应国际标准做比较时，才是可行的。

修改采用还包括如下情况：我国标准的内容少于或多于相应的国际标准，我国标准更改了国际标准的一部分内容，我国标准增加了另一种供选择的方案。有时我国标准可能包括国际标准的全部内容，但还包括不属于该国际标准的一部分附加技术内容，这也是属于修改采用，而非等效。

我国标准修改采用（modified）国际标准程度的代号为 MOD。

(3) 非等效　不属于采用国际标准，只表明我国标准与相应国际标准有对应关系。非等效指我国标准与相应的国际标准在技术内容和文本结构上不同，同时它们之间的差异也没有得到清楚的标识。非等效还包括只保留了少量或不重要的国际标准条款的情况。

非等效（not equivalent）代号为 NEQ。

(二) 采用国际标准的方法

(1) 翻译法　指制定的标准纯粹是国际标准的译文。可以用一种文字或两种文字出版。还要编写前言，说明采用的情况，或作一些使用性说明。

(2) 重新起草法　根据国际标准重新起草，没有采用国际标准真正的原文，包括仅仅作了结构上的修改，都应看作重新起草。这样的采用应在前言中说明与国际标准是否存在差异，以及存在哪些差异。

(3) 引用法　指制定的标准无差异地采用了国际标准，并且应用于同一领域，但增加了内容，或者是应用领域不同。

等同采用国际标准时，应使用翻译法；修改采用国际标准时，应使用重新起草法。

与国际标准一致性程度为非等效时，应使用重新起草法。

使用翻译法时，对于国际标准中注日期规范性引用的文件，可用等同采用的我国国家标准替换。如果国家标准需增加资料性附录，则将附录用“NA NB ……”编号，排在国际标准的附录之后。

三、技术性差异和编辑性修改的标示方法

（一）技术性差异的标示方法

当技术性差异（及其原因）较少时，宜将这些差异在前言中陈述。当技术性差异（及其原因）较多时，宜编排一个附录，将归纳所有差异及其原因的表格列在其中，并在文中这些差异涉及的条款的外侧页边空白位置用垂直单线（|）进行标示。同时在前言中指出该附录并说明在正文中如何标示这些差异。

（二）编辑性修改的表述

（1）等同采用　仅陈述国际标准修正案或技术勘误的内容、标准名称的改变、增加的资料性附录、增加单位换算的内容。

（2）修改采用　除了仅需陈述上述四项最小限度的编辑性修改，还应陈述GB/T 20000.2—2009中4.2所列最小限度编辑性修改以外的其他主要编辑性修改，例如删除或修改国际标准的资料性附录。

四、等同采用国际标准的国家标准的编号方法

等同采用国际标准的，我国标准采用双编号的表示方法。双编号方法是将国家标准编号和国际标准编号排为一行，两者之间用一斜杠分开。

示例：GB 13000—2010/ISO/IEC 10646:2003

此方法仅限于等同采用，“修改”和“非等效”的国家标准只编国家标准的编号。

五、一致性程度的标示方法

（一）在国家标准封面上标示一致性程度

（1）与国际标准有一致性对应关系的国家标准，在标准封面上的国家标准英文译名下面的括号中标示一致性程度。

示例：电气和仪表回路检验规范

Electrical and instrumentation loop check（IEC 62382:2006，IDT）

（2）如果国家标准的英文译名与被采用国际标准名称不一致时，则在一致性程度标识中国际标准编号和一致性程度代号之间给出该国际标准英文名称。

示例：滚动轴承 钢球

Rolling bearings—Balls

（ISO 3290:1998，Rolling bearings—Balls—Dimensions and tolerances，NEQ）

（二）在国家标准规范性引用文件上标示一致性程度

（1）等同采用时规范性引用文件示例：

GB/T 20568—2006 金属材料 管环液压试验方法（ISO 15363:2000，IDT）

ISO 1027 射线照相像质计 原则与标识（Radiographic image quality indicators for non – destructive testing—Principles and identification）

ISO 3534（所有部分）统计学 词汇和符号（Statistics—Vocabulary and symbols）

（2）修改采用时规范性引用文件示例：

GB/T 15140 航空货运集装单元（GB/T 15140—2008，ISO 8097:2001，MOD）

六、采用国际标准产品认可程序

企业产品采用了国际标准或国外先进标准的，可申报办理采标认可和使用采标标志。可在经认可的产品或包装上标注产品采用国际标准的图形标记。

办理认可程序如下。

（1）填写“××省采用国际标准产品认可申请书”一式三份。

（2）提供以下资料（一式三份）

①产品标准文本和采用证明材料。

②被采用的国际标准的原文本、译文本。

③采用国际标准产品技术指标对比表。

④地级县以上法定质检部门形式检验报告书的复印件。

⑤当地法定质检部门近一年监督抽检报告书的复印件。

⑥产品有关技术标准（包括基础标准，原辅材料及外购件标准，检验方法标准，安全、卫生、环保标准等）目录。

（3）审查认可

①产品达到已采用国际标准的国家标准、行业标准的，所在地市标准化管理机构按“××省采用国际标准产品认可书”的要求组织有关科技人员到企业现场认可，资料上报省技术监督局。

②产品达到已采用国际标准的地方标准、企业标准或达到国际同类先进产品实际水平的，所在地市标准化管理机构将“申请书”和“××省采用国际标准产品认可计划表”报省质量技监局。经同意后，根据产品的类别，所在地市标准化管理机构组织有关科技人员到企业现场按“认可书”的要求进行认可。

③“认可书”经省质量技监局审定后发回，由省质量技监局颁发“××省采用国际标准产品认可证书”。

(4)“认可证书”有效期为三年，到期需重新申请认可。

(5)已通过或正在办理“采标”产品认可证书的，可申报办理使用“采标标志”图形。由省质量技监局颁发国家质量技监局统一印刷的《采用国际标准产品标志证书》。企业接到《采用国际标准产品标志证书》之日起，即可在“采标”产品的包装、标识、标签和产品的说明书上印刷“采标标志”图样。

七、实例分析

【例7-1】等同采用国际标准

GB/T 22004—2007/ISO/TS 22004:2005 食品安全管理体系 GB/T 22000—2006 的应用指南

(ISO/TS 22004:2005, Food safety management systems - Guidance on the application of ISO 22000:2005, IDT)

前　言

本标准等同采用国际标准 ISO/TS 22004:2005《食品安全管理体系 ISO 22000:2005应用指南》(Food safety management systems - Guidance on the application of ISO 22000:2005)。

本标准由中国标准化研究院提出并归口。

本标准起草单位：中国标准化研究院、中国合格评定国家认可中心、国家认监委认证认可技术研究所、中国检验认证集团质量认证有限公司、方圆标志认证中心。

本标准主要起草人：王菁、刘文、许建军、吴晶、刘克、姜宏、赵志伟、周陶陶。

正文(略)

【例7-2】修改采用国际标准

GB/T 17204—1998 饮料酒分类

前　言

葡萄酒、啤酒属于国际通畅型酒种。本标准葡萄酒等效采用国际葡萄酒与葡萄酒局(OIV)发布的《国际葡萄酒实用工艺法规》(1996年版)中有关分类定义部分。啤酒因无统一的国际标准和法规，所以只是参考一些啤酒工业发达国家的资料分类的。

白兰地、威士忌、俄得克及朗姆酒也是国际通畅型酒种，所以，非等效采用1989年5月29日欧洲经济共同体政府公报L160《关于烈性酒的定义、说明及广告用语总则的法规》(EEC) NO 1576/89号。

白酒、黄酒等是我国传统型酒种，在制定本标准时，密切结合我国饮料酒工业的发展历史和目前生产实际，突出民族特色，对其进行分类。

配制酒国内外均有，但由于各国的生产工艺和品种差异很大，故仍按我国的传统习惯进行分类。

本标准由中国轻工业总会提出。

本标准由全国食品发酵标准化中心归口。

本标准起草单位：中国食品发酵工业研究所、四川宜宾五粮液酒厂、北京亚洲双合盛五星啤酒有限公司。

本标准主要起草人：田栖静、胡嗣明、刘沛龙、杜绿君、康永璞、杜钟、郭新光。

正文（略）

【例7－3】采用发达国家的标准

GB/T 19479—2004 生猪屠宰良好操作规范

前　言

本标准是在依据了 CAC/RCP1—1969，Rev. 3（1997）和 CAC/RCP1—1969，Rev. 3（1997）Annex 原则，参考了美国 FDA21 part110 及加拿大相关标准内容的基础上，结合我国国情制定的。标准中明确规范了屠宰加工企业的厂区环境、厂房及设施、设备、组织结构、人员、卫生管理、加工管理、包装和卫生标志、标签、品质管理、贮运管理、质量信息反馈及处理、制度建立与记录等内容。

本标准由中国商业联合会提出。

本标准由中国肉类协会归口。

本标准由中国农业大学食品科学学院、国家经贸委屠宰技术鉴定中心负责起草。

本标准主要起草人：马长伟、金志雄、徐静、王贵际、张新玲、刘虎成。

正文（略）

小　结

国际标准组织和发达国家对食品标准体系的建设都非常重视，并以市场需求为导向，以保证人民的身体健康为目标，制定了一系列科学合理、适用有效的食品标准。标准的国际化成为协调各国经济共同发展的技术纽带，是消除国际贸易中商品流通障碍的途径，它的形成反映了世界经济国际化的客观要求。

食品国际标准主要有国际标准化组织（ISO）、食品法典委员会（CAC）、国际有机农业运动联盟（IFOAM）及各个国家的国家标准化组织发布的食品标准、指南等。目前最重要的国际食品标准分属两大系统，即ISO系统的食品标准和CAC系统的食品标准，其现状和发展趋势对世界各国食品发展有举足轻重的影响。主要对部分发达国家美国、加拿大、澳大利亚、德国、日本、法国的食品标准进行了概述。对采用国际标准的原则与措施、程度与方法等方面的内容进行了全面而详尽的论述。

复习思考题

1. 名词解释：国际食品标准、ISO、CAC、采用国际标准。
2. 简述ISO食品标准。
3. 简述美国食品标准的主要内容。
4. 简述我国采用国际标准的原则。
5. 简述采用国际标准的程度。

模块八 食品企业标准体系

【学习目标】

知识目标

1. 了解食品企业标准体系的构成及食品标准体系表的组成。
2. 掌握技术标准、管理标准和工作标准所包含的内容。
3. 理解食品企业标准体系编制的原则、要求及相关程序、持续评价和改进。

技能目标

会根据食品企业标准体系编制的原则、要求、程序及相关实例编制食品企业标准体系。

项目一 企业标准体系的构成

企业标准是对企业范围内需要协调、统一的技术要求、管理要求和工作要求所制定的标准。GB/T 13017—2018《企业标准体系编制指南》第 3 部分 术语和定义中对于企业标准的体系（Enterprise standard system）定义是：企业内的标准按其内在的联系形成的科学的有机整体。

企业标准体系是制定企业其他管理体系如质量管理体系（ISO9000 族）、环境管理体系（ISO 14001：2004）、职业健康安全管理体系（GB/T 28001—2011）、信息技术安全管理指南（GB/T 19715. 1—2005）等的基础。制定企业标准体系，应为企业的生产、服务、经营、管理、安全等方面提供全面系统的作业依据和技术保障，并促进企业形成一套完整的、有机的企业运行机制，提高经济效益。

企业标准体系由《企业标准体系　要求》（GB/T 15496—2017）、《企业标准体系　产品实现》（GB/T 15497—2017）、《企业标准体系　基础保障》（GB/T 15498—2017）以及《企业标准体系　评价与改进》（GB/T 19273—2017）组成。其组成形式如图 8－1 所示。

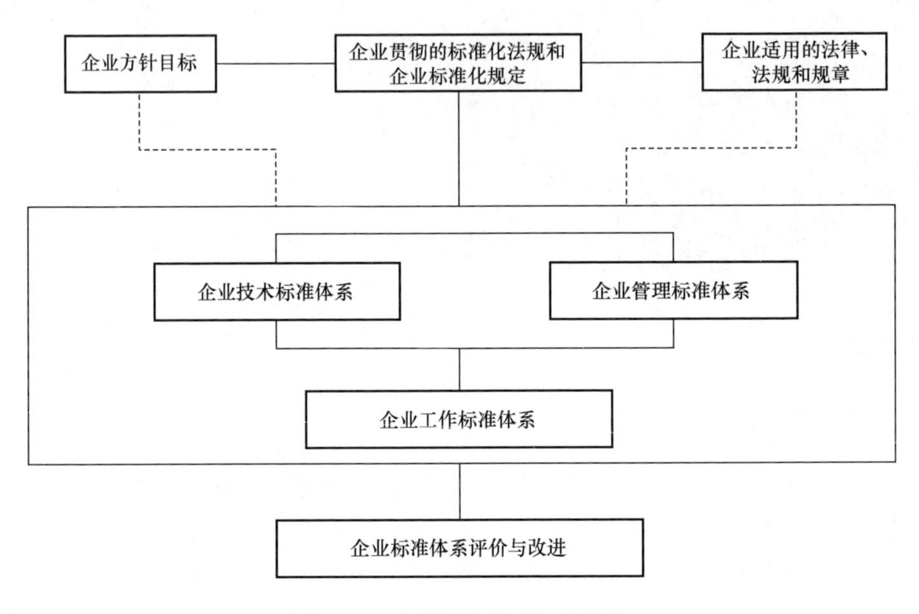

图 8－1　企业标准体系组成形式

一、企业技术标准体系

企业技术标准是指对标准化领域中需要协调统一的技术事项所制定的标准。企业技术标准是企业标准体系的主体，是企业组织生产、管理和经营的技术依据。企业技术标准体系是以与产品质量有关的标准为主，包括能源、安全、职业健康、环境、信息等技术标准。

技术基础标准是在一定范围内作为其他标准的基础，并普遍使用，具有广泛指导意义的标准。企业技术标准基础是在企业范围内，作为企业制定技术标准、管理标准、工作标准的基础。技术基础标准包括产品标准、采购技术标准、工艺技术标准、半成品技术标准、设备、基础设施和工艺准备技术标准、检验、验收和试验方法技术标准、测量、检验和试验设备技术标准、包装、搬运、贮存、标志技术标准、安装、交付技术标准、服务技术标准、能源技术标准、安全技术标准、职业健康技术标准、环境技术标准、信息技术标准。技术基础标准的结构形式如图 8－2 所示。

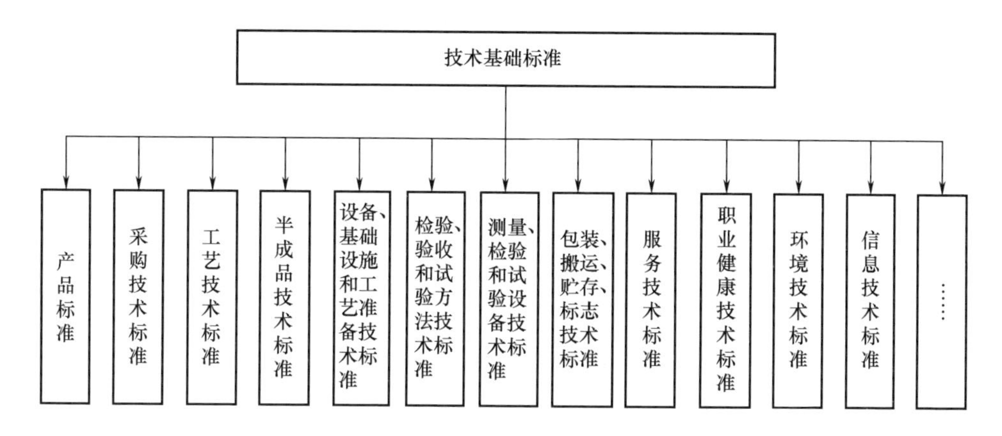

图8－2　技术基础标准的结构形式

（1）产品标准　是指对产品结构性能、规格、质量特性和检验方法所做的技术规定，它可以规定一个产品或同一系列产品应满足的要求，以确定其对用途的适应性。

（2）采购技术标准　是指对企业产品生产过程中所用的外购原料、辅助原料、燃料、零部件、元器件（以下简称采购物资）的质量要求而制定的标准。

（3）工艺技术标准　是指产品实现过程中，对原材料、半成品进行加工、装配和设备运行、维修的技术要求及服务提供而制定的标准。

（4）半成品技术标准　是指对产品在生产过程中已完成一个或几个生产阶段，经检验合格，尚待继续加工或装配的半成品应达到的质量要求而制定的标准。

（5）设备、基础设施和工艺准备技术标准　是指根据产品要求对企业生产设备、基础设施、工作环境和工艺装备的技术条件及设备维修保养后应达到的质量要求而制定的标准。

（6）检验、验收和试验方法技术标准　是指对成品、半成品、原材料、辅助材料等的质量进行感官检验、理化检验、抽样检验和生产过程控制指标进行检验或验收而制定的方法标准。

（7）测量、检验和试验设备技术标准　是指对测量、检验和试验设备质量要求和使用方法而制定的标准。

（8）包装、搬运、贮存、标志技术标准　是指为保障产品在包装、贮运、运输、销售中的安全和管理需要，以包装、搬运、贮存、标志的有关事项为对象所制定的标准。

（9）安装、交付技术标准　是指为满足和保证产品质量要求，对产品安装和交付的要求所制定的标准。

（10）服务技术标准　是指对产品销售过程中、销售后和服务所涉及的技术事项所制定的标准。

(11) 能源技术标准　是指以企业用能和节能为对象所制定的标准。

(12) 安全技术标准　是指以保护生命和财产的安全为目的而制定的标准。

(13) 职业健康技术标准　是指为消除、限制或预防职业活动中的健康损害和安全危险及其有害因素而制定的标准。

(14) 环境技术标准　是指为保护环境和有利于生态平衡，对大气、水、土壤、振动、电磁等环境质量、污染源、检测方法及其他事项制定的标准。

(15) 信息技术标准　是指对企业各种信息的收集、贮存、加工、传递、利用等信息技术活动制定的技术标准。

二、 企业管理标准体系

企业管理标准是指对企业标准化领域中需要协调统一的管理事项所制定的标准。企业管理标准体系是指企业标准体系中的管理标准按其内在联系形成的科学的有机整体。

企业管理标准的构成：管理基础标准、经营综合管理标准、合同管理标准、财务成本定额管理标准、人力资源管理标准、设计、开发与创新管理标准、采购管理标准、生产管理标准、质量管理标准、设备与基础设施管理标准、测量、检验、试验管理标准、包装、搬运、贮存管理标准、安装、交付管理标准、服务管理标准、能源管理标准、安全管理标准、职业健康管理标准、环境管理标准、信息管理标准、体系评价管理标准、标准化管理标准。

企业管理标准的结构形式如图 8－3 所示。

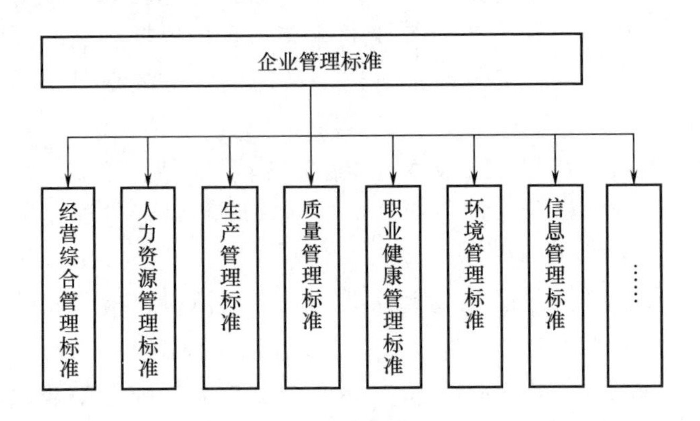

图 8－3　企业管理标准的结构形式

(1) 经营综合管理标准　是指企业各项工作应在其方针目标指导下进行。企业管理标准体系由多个体系构成时，可分别建立各体系的方针和目标；各体系的方针和目标应与企业总的方针和目标保持一致。

(2) 人力资源管理标准　包括人员招聘管理、人员培训管理、业绩考核管理标准等。

（3）生产管理标准　是指企业应对生产过程中资源配置（人力、设备、生产环境）、原料准备、技术提供、工艺加工直至产品实现的具体过程的管理制定生产管理标准。

（4）质量管理标准　是指企业在生产过程中，贯穿于企业管理各项活动的实施过程中的经营管理、采购、设备管理、服务管理等。

（5）职业健康管理标准　是指企业应参照 GB/T 45001 制定企业健康管理标准，并形成体系，以消除或减小因企业的活动而使员工和其他相关方可能面临的职业健康安全风险。

（6）环境管理标准　是指对可能对环境造成危害的废弃物处理采取必要的措施。

（7）信息管理标准　是指企业应明确对信息的收集、加工、传输、处理、存贮与利用方面的活动，编制信息管理标准。

三、 企业工作标准体系

企业工作标准是指对企业标准化领域中需要协调统一的工作事项所制定的标准。企业工作标准也是一大类，可以分成决策工作标准、管理工作标准和操作人员工作标准，如图 8－4 所示。构成企业工作标准体系的工作标准可以根据行业不同选择不同内容，一般包括岗位工作标准或岗位责任制等。

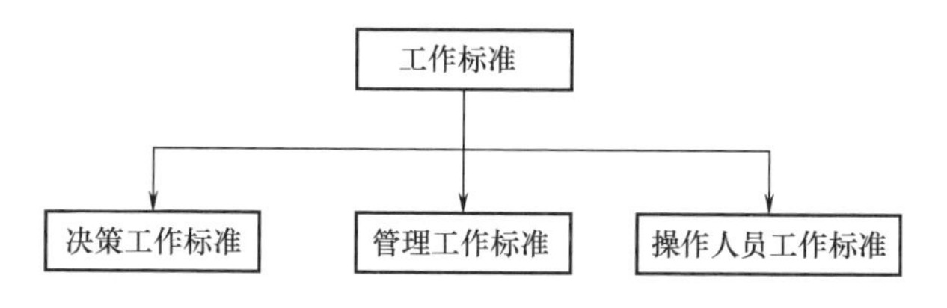

图 8－4　企业工作标准的结构形式

项目二

食品企业标准体系编制

一、 食品企业标准体系总要求

食品企业应按照 GB/T 15496—2017、GB/T 15497—2017、GB/T 15498—2017 的要求建立企业标准体系，加以实施，并持续评审以改进其有效性。

建立企业标准体系应符合以下要求。

（1）食品企业标准体系应以技术标准体系为主体，以管理标准体系和工作标准体系相配套。

（2）食品企业标准体系应符合国家有关法律、法规，实施有关国家标准、行业标准和地方标准。

（3）食品企业标准体系内的标准应能满足企业生产、技术和经营管理的需要。

（4）食品企业标准体系应在企业标准体系表的框架下制定。

（5）食品企业标准体系内的标准间相互协调。

（6）管理标准体系、工作标准体系应能保证技术标准体系的实施。

（7）食品企业标准体系应与其他管理体系相协调并提供支持。

二、食品企业标准体系的制定

（一）企业技术标准制定、修订基本要求

（1）纳入企业技术标准体系的标准，是企业质量管理体系、职业健康安全管理体系和环境管理体系实施中都应严格执行的技术性文件，企业必须严格执行。

（2）企业技术标准应符合国家有关标准化法律、法规及强制性标准的要求。

（3）企业技术标准应符合国家、行业有关的技术基础标准。

（4）有关质量的技术标准内容和要求应满足 GB/T 19001—2016 质量管理体系对技术性文件内容的要求。

（5）有关职业健康、安全和环境管理的技术标准内容和要求应满足 GB/T 45001—2020 职业健康安全管理体系和 GB/T 24001—2016 环境管理体系对技术性文件内容的要求。

（6）企业技术标准的各项要求应系统、协调、统一、切实可行。

（7）企业技术标准的表现形式可以是纸张、计算机磁盘、光盘或其他电子媒体、照片、标准样品或它们的组合。企业技术标准的存在形式可以是标准、规范、规程、守则、操作卡、作业指导书等。

（8）建立企业技术标准体系应编制企业技术标准体系表。标准体系表可参照 GB/T 13017 企业标准体系表编制指南规定的概念、原理、要求和方法编制。

（二）企业技术标准的结构和格式

（1）企业产品标准文本的结构和格式可参考 GB/T 1. 1—2020 标准化工作导则的规定。

（2）规程、规范、守则、操作卡、作业指导书的结构和格式也可按照有关行业指导性标准规定。

（三）企业管理标准体系和工作标准体系的编制原则及基本要求

1. 企业管理标准体系和工作标准体系的编制原则

（1）企业管理标准体系、工作标准体系应符合国家有关法律、法规和强制性

的国家标准、行业标准及地方标准的要求。

（2）企业管理标准体系应能保证技术标准体系实施。工作标准体系应确保技术标准体系和管理标准体系的实现。

（3）构成企业管理标准体系、工作标准体系的标准之间应相互协调一致。

（4）企业管理标准体系、工作标准体系应与企业的其他管理体系相互协调一致。

（5）企业对企业管理标准体系和工作标准体系应定期复审，并确定其有效。

（6）因评价或确认需要，构成企业管理标准体系的标准可为评价或确认提供所需要的文件，并组合成新的体系文件。

2. 企业管理标准体系的基本要求

（1）企业管理标准体系应在企业标准体系表的框架下制定，管理标准体系表也应符合 GB/T 13017 的要求。

（2）企业管理标准体系应贯彻国家、行业的管理基础标准。

（3）企业应充分吸收和运用国内外先进的管理理论和经验，结合实际，将其应用在管理标准体系的建立和实施中。

3. 企业工作标准体系的基本要求

（1）企业对于生产、经营、管理有关的工作岗位应建立工作标准，并形成体系，以保证技术标准和管理标准的实施。

（2）企业工作标准体系应在企业标准体系的框架下制定，并与企业技术标准和管理标准协调一致。

三、 食品企业标准体系的审定

食品企业按照企业标准体系系列标准建立了标准体系，在运行一段时间后，是否满足企业的实际需要，是否符合国家的相关法律、法规以及颁布的标准，如何持续改进和进一步完善，开展对已制定的标准体系的审定，是食品企业标准化工作中一项不可缺少的活动。通过对企业标准体系的评价、确认，企业可以发现和找出在生产、经营和管理各项活动中存在的欠缺，并通过采取制定纠正措施和持续改进达到进一步完善企业标准体系的目的。

食品企业标准体系的审定包括对已制定的标准体系进行评价、确认和改进三个过程。

（一）评价和确认

食品企业标准体系评价分为两种形式，一种是自我评价（又称内部评价），另一种是经标准化主管部门认可的评价机构的确认（又称社会确认）。无论是内部评价还是社会确认，评价和确认人员都应坚持和遵守以下原则，以保证评价的公正性和有效性。

①坚持以事实和客观证据为判定依据的原则。

②坚持标准与实际对照的原则。

③坚持独立、公正的原则。

1. 企业标准体系评价和确认的依据

（1）国家有关的方针、政策。

（2）标准化及相关法律、法规、规章和强制性标准。

（3）企业标准体系系列国家标准：GB/T 15496—2017、GB/T 15497—2017、GB/T 15498—2017、GB/T 13016—2018、GB/T 13017—2018。

2. 企业标准体系自我评价的基本条件

（1）企业建立起满足企业生产、经营、管理要求的标准体系，并在标准体系文件批准发布后，有效实施在三个月以上。

（2）企业应设有专职或兼职的标准化管理机构和人员以及明确的标准化职能。

（3）企业全体员工应经过标准化专业知识培训，熟悉企业方针、目标和本部门、本岗位的职责、权限。

（4）企业最高管理者和中层以上管理者，应熟悉国家有关标准化的法律、法规和规章，掌握企业标准体系文件的有关内容。

（5）成立了由最高管理者代表领导的标准体系自我评价小组，并制定了较完整的评价计划。

3. 自我评价方法和程序

一般采用整体评价的方法，由企业组成独立的评价小组，对建立的标准体系以及实施相关标准和开展标准化工作的全过程进行整体评价。具体方法主要是通过评价人员的观察、提问、听对方陈述、检查、比对、验证等获取客观证据的方式进行。根据检查记录表和评分表的评价结果，对不符合标准要求的项目制定纠正和预防措施，并跟踪实施和改进。

评价程序：

（1）制定评价计划。

（2）成立评价小组。

（3）评价准备。

（4）评价实施。

（5）编写自我评价报告和不合格报告。

（6）评价结果处置。

（7）考核奖惩。

4. 自我评价的结果处置

企业自我评价后，应写出自我评价报告和不合格报告。对评价效果、问题、不合格项产生的根源要进行分析研究，制定纠正和预防措施，并向所有员工明示，鼓励员工积极参与企业标准体系的内部评价和持续改进工作。

5. 评价机构确认

（1）确认的基本条件　经标准化主管部门认可的评价机构确认，实行企业自愿申请的原则。申请企业应符合下列条件：

①应具有法人资格。

②企业标准体系文件齐全，符合企业的实际情况，满足企业生产、经营和管理要求，文件发布后，实施应在六个月以上并能有效运行。

③产品标准必须合法有效，产品应有国家认可的检验机构出具的检测报告。

④采用国际标准的产品，必须经过标准化主管部门确认或取得采标标志证书。

⑤企业应设有满足企业生产、经营、管理要求的标准化机构和人员并有明确的标准化职责。

（2）确认的否决条件

①企业未建立和运行有效的企业标准体系，产品标准覆盖率达到100%，无标生产或产品不能满足国家、行业或地方强制性标准的。

②企业三年内发生重大产品质量、安全生产、职业健康、环境管理等事故，而受到国家、地方通报或处分的，其中包括国家或地方行政管理部门在新闻媒体上的批评和曝光者。

③国家或地方质量监督部门抽查产品质量未达到产品标准要求，并两年连续抽查不合格的。

以上情况有其中一项者，均不得申请企业标准体系的社会确认。

（3）确认方法和程序

①确认方法：一般采用检查记录表和评分表，并通过确认人员的观察、提问、听对方陈述、检查、比对、验证等获取客观证据的方式进行。确认前，对标准体系文件以及实施的全过程是否满足标准要求进行评价和打分，根据评分结果，确定企业建立的标准体系是否合格，并向被确认的企业提供确认报告和结论。

②确认程序：确认应遵循以下程序：确认提出；确认准备；确认实施；编写确认报告或不合格报告；确认结果处置。

6. 评价、确认的内容和要求

（1）标准化工作要求

①应制定企业的总方针和目标，同时应有明确的标准化工作的方针、目标和具体要求。

②应有完整的标准化组织机构图和明确的职能要求。

③应制定适合企业发展要求的标准化规划、计划和员工的标准化培训计划。

④标准化信息管理应符合 GB/T 15496—2017 的要求。

⑤建立能满足企业经营需求且完善的企业标准体系。

⑥企业标准的制、修订应符合 GB/T 15496—2017 的规定，标准的实施符合标准的要求。

⑦采用国际标准和国外先进标准应符合 GB/T 15496—2017 的要求。

（2）企业技术标准体系的编制要求

①企业技术标准体系构成合理、结构完整，符合 GB/T 15497—2017 的要求。

②企业技术标准体系的构成应结合企业的实际需要。

（3）企业管理标准体系和工作标准体系的编制要求

①企业管理标准体系和工作标准体系构成合理、结构完整，符合 GB/T 15498—2017 的要求。

②企业管理标准体系的构成见 GB/T 15498—2017。

③企业工作标准体系构成合理，编写内容、格式符合 GB/T 15498—2017 的要求。

④企业工作标准完整、齐全，能满足和实现技术标准和管理标准的要求。

⑤企业工作标准应有检查、考核要求，各种记录、表格应根据企业的实际情况编制。

（4）企业技术标准、管理标准和工作标准的实施、监督与改进

①有企业技术标准、管理标准和工作标准的实施监督计划和实施程序。

②企业技术标准、管理标准和工作标准的实施应满足标准的要求。产品质量、生产安全、职业健康、环境保护等均应符合标准要求。

③设备、物资资源的检验、试验的合格率应满足标准规定要求，并有相应记录或报告。

④产品实现过程和服务提供过程的质量控制，每道工序都应按标准进行检验，并有合格或不合格记录。

⑤包装、搬运、贮存、安装、交付实施的质量控制，应符合标准要求，并有记录存档。

⑥营销和服务过程控制应符合标准，能满足顾客要求。各部门协调、沟通、配合默契，对不合格项有纠正和预防措施。

⑦新产品开发、改进、技术改造、技术引进的标准化审查，应符合有关标准化法律、法规、规章和强制性标准的要求。

⑧标准实施的监督检查应符合 GB/T 15496—2017 的要求。

⑨应建立标准体系评价与持续改进机制，并通过对不合格项的测量、分析、评审，制定改进措施和跟踪措施，不断完善企业标准体系和各项标准化管理工作。

（5）确认结果处置

①经确认专家组评价、确认后，确认专家组应根据评分的最后结果，向企业提供正式的评价、确认报告。

②经确认合格的，由经标准化行政主管部门认可的、独立的、公正的评价机构向企业颁发国家标准化行政主管部门统一印制的《企业标准体系确认证书》，同时向社会公告。对确认不合格的，确认组织应提出不合格理由。

③《企业标准体系确认证书》有效期为三年，合格证书到期前三个月内，被确认合格企业可向原发证单位提出复审申请，复审不合格，原发证单位有权撤销其证书。

④被确认合格的企业，可以在产品、包装、标签及说明书上明示企业标准体系确认合格标志。

（二）改进

持续改进是企业不断完善经营、管理，实现企业最终目标的有效办法。持续改进应按照 P－D－C－A（计划—实施—检查—改进）管理模式进行。持续改进是一个不断提高、不断改进的循环过程，是以过程为基础的管理模式，适用于所有的过程管理活动。在企业对标准体系的自我评价和社会确认活动中，查明和消除评价或确认不合格的原因，采取纠正措施，防止不合格情况的再次发生，是企业进行持续改进的有效方法。

持续改进包括日常的持续改进和评价、确认后的持续改进。日常改进包括有关不合格信息，确定信息来源，分析不合格原因，制定纠正措施，对过程或管理机构进行调整，避免不合格再发生。实施改进的信息来源有：顾客反馈意见、测量、检验、实验报告、各种记录、报表中反映的数据、社会调查问卷和员工的建议等。

持续改进是企业通过实施纠正措施，对标准体系文件或管理人员进行修改或调整，直到达到预期的效果。企业应积极组织有关人员参加纠正措施的实施过程，提高员工的持续改进意识。评价、确认后的改进是全面的、系统的。根据定期或不定期的自我评价或社会确认结果，企业标准化职能部门会同相关部门组织员工对不合格项进行分析和试验，提出改进和预防措施，并付诸实施。同时对改进过程的有效性进行跟踪评价。

四、 企业标准化过程中的技术秘密问题

按照《标准化法》《标准化法实施条例》《产品质量监督试行办法》《产品质量仲裁和产品质量鉴定管理办法》《产品质量申诉处理办法》以及《产品质量国家监督抽查管理办法》等法规规定，企业标准化过程的参与者为企业、监督部门、仲裁以及特定的参与方，并不涉及社会公众。而《标准化法》以及《标准化法条文的解释》也并没有明确的说明，备案的企业标准是否属于公开文件，仅在《标准化法条文的解释》里面对于其中一种企业标准给出了可以不公开的解释。

企业标准的制定是企业内部，企业标准的实施管理是企业内部和技术监督部门，企业标准的使用是企业内部、技术监督部门和其他有关部门。

（一）企业标准化过程中不应涉及企业的自有技术秘密

现行法律、法规已经确定了企业标准中的技术秘密可不公开的问题。依据

《标准化法条文的解释》，企业标准可不公开，也不用备案。但若作为交货的依据，该标准必须备案。这里的“可不公开”针对的是技术监督部门等企业之外的任何部门或人。因为企业的产品已经满足了强制性国家标准或行业标准的要求，按照《产品质量检验》等一系列法规规定，质量检验认证都是依据强制性国家标准或行业标准的要求进行的，因此，对于企业之外的任何部门或人，企业的产品是否符合标准的衡量依据不是性能高于强制性国家标准或行业标准的企业标准的要求。

无论是关于新技术、新产品的企业标准，还是性能、指标高于或工艺、方法优于国家标准或行业标准的企业标准都有可能涉及企业自有的技术秘密，特别是企业的技术标准。不应当由于企业在执行国家法律规定的标准化行为中被强迫为公开的技术秘密。

（二）企业标准化过程中涉及企业自有的技术秘密实施保密

按照规定，企业应在没有相应的国家标准或行业标准可执行的前提下，制定企业标准，并进行必要的备案。企业产品在出厂前应进行质量符合标准的检验活动，或者是企业自身进行，或者由质量检验机构进行。内部的保密措施应由企业自行制定，检验机构的保密责任应明确。

在企业标准的监督实施环节中，应明确技术监督部门实施监督检查时，可查阅复制有关资料，但是应该对被检查者的技术秘密和商业秘密给与保密。正确处理企业标准化过程与企业标准中技术秘密的协调管理问题，对于指导、规范各地、各级技术监督部门企业标准化管理工作，保护企业自有知识产权，提高企业标准质量，有效解决产品、贸易纠纷，保障健康的市场经济环境，具有积极的意义。

项目三

食品企业标准的制定

一、食品企业标准的制定方法

（一）食品企业标准制定范围

（1）产品标准。

（2）生产、技术、经营和管理活动所需要的技术标准、管理标准、工作标准。

（3）设计、采购、工艺、包装、半成品以及服务的技术标准。

（4）对已有国家标准、行业标准或地方标准的，鼓励企业制定严于上述标准要求的企业标准，在企业内部使用。

（二）制定企业标准的一般程序

1. 调查研究、收集资料

调查研究、收集资料的一般要求：标准化对象的国内外（包括企业）的现状与发展；有关最新科技成果；顾客的要求与期望；生产（服务）过程及市场反馈的统计资料、技术数据；国际标准、国外先进标准、技术法规及国内相关标准。

2. 起草标准草案

对收集到的资料进行整理、分析、对比、选优，必要时进行试验对比和验证，然后编写标准草案。

3. 形成标准送审稿

将标准草案连同“编制说明”发至企业内有关部门，征求意见，对返回意见分析研究，编写出标准送审稿。

4. 审查标准

采取会审或函审。标准审查重点：标准送审稿以及相关联的各种标准化工作是否复合或达到预定的目的和要求；与有关法律、法规、强制性标准是否一致；技术内容是否符合国家方针政策和经济技术发展方向，技术指标与性能是否先进、安全可行，各种规定是否合理。完整和协调；与有关国际标准和国外先进标准是否协调；规定性技术要素内容的确定方法是否符合 GB/T 1. 2—2002 的规定；标准编写格式可参照 GB/T 1. 1—2009。

5. 编制标准报批稿

经审查通过的标准送审稿，起草单位应根据审查意见修改，编写“标准报批稿”及相关文件“标准编制说明”、“审查会议纪要”、“意见汇总处理表”。

6. 批准与发布

企业标准由企业法定代表人或其授权的管理者批准、发布，由企业标准化机构编号、公布。

（三）食品企业标准备案

企业产品标准应在发布后 30 天内，报当地政府标准化行政主管部门和有关行政主管部门备案，具体备案要求按各省、自治区、直辖市人民政府标准化行政主管部门的规定办理。

（四）企业标准的复审

企业标准应定期复审，复审周期一般不超过三年。复审工作由企业标准化机构负责组织。

（五）企业标准的实施

1. 基本原则

（1）实施标准必须符合国家法律、法规的有关规定。

（2）国家标准、行业标准、地方标准中有关强制性标准，企业必须严格执行。

（3）不符合强制性标准的产品，禁止出厂、销售和进口。

（4）纳入企业标准体系的标准都应严格执行。

（5）出口产品的技术要求，依照进口国法律、法规、技术标准或合同约定执行。

2. 实施标准的程序

（1）制定实施标准计划　应将实施标准的工作列入企业计划，规定有关部门应承担的任务和完成时间。实施标准的计划包括：实施标准的方式、内容、步骤、负责人员、起止时间、应达到的要求。

（2）实施标准的准备

①明确相应的机构负责实施标准的组织协调。

②向有关人员宣传、讲解标准。

③进行物资准备，为实施标准提供必要的资源。

（3）实施标准　依据技术标准、管理标准、各种标准的不同要求和特点，在做好准备工作的基础上，由各部门分别组织实施有关标准。企业各有关部门应严格实施标准。企业在贯彻实施国家标准、行业标准和地方标准中遇到的问题，应及时与标准发布部门或标准起草单位沟通。

（六）标准实施的监督检查

1. 总则

实施标准的监督检查是指对标准贯彻执行情况进行督促、检查和处理的活动。通过监督检查，可促进标准的有效执行，并发现标准本身存在的问题，以采取改进措施。

2. 监督检查的内容

（1）已实施标准的执行情况。

（2）企业内技术标准、管理标准和工作标准贯彻执行情况。

（3）企业研制新产品、改进产品、技术改造、引进技术和设备是否符合有关标准化法律、法规、规章和强制性标准要求。

3. 监督检查的方式

企业内标准实施监督可采用统一领导、分工负责相结合的管理方式，即由企业标准化机构统一组织、协调、考核，各有关部门按专业分工对有关标准的实施情况进行监督检查。

4. 监督检查结果的处理

负责监督检查的部门和人员，应确保监督检查的客观性和公正性，检查结果应形成文件以作为改进的依据。

5. 企业标准体系的评价和改进

企业应对其建立的标准体系是否符合相关标准的要求以及标准体系运行的有效性和效率进行评审，评审工作应按 GB/T 19273—2017 的要求进行。

6. 采用国际标准

（1）采用国际标准应遵循的原则

①企业应依据国内外市场需要，采用国际标准（包括采用国外先进标准）。

②应符合我国有关法律、法规和强制性标准要求。

③遵循国际惯例，做到技术先进、经济合理、安全可靠。

④在采用产品标准时，应同时采用与其配套的相关标准。

⑤应同企业的技术引进、技术改造、新产品开发相结合。

⑥企业应贯彻实施纳入企业标准体系的有关的采用国际标准的国家标准、行业标准、地方标准以及企业标准。

（2）制定标准　将确定要采用的国际标准或国外先进标准的内容进行转化并制定为企业标准。

（3）标准的实施　企业应配备和完善与实施采用国际标准相适应的生产和检测设备，培训人员，组织技术攻关、技术改造和技术引进。

（4）检查、验收　检查、验收按有关管理办法进行。

凡符合《采用国际标准产品标志管理办法》的采标产品，企业可使用采标标志。

二、食品企业标准实例

ICS

备案号：

Q/×××

×××××厂企业标准

Q/×××—2003

豆瓣酱

2010－××－××发布　　2010－××－××实施

×××××厂发布

前　言

我厂生产的豆瓣酱系列产品，是以蚕豆、辣椒为主要原料，小麦粉、食用盐为辅料，经蚕豆制曲发酵酿制而成的酱类。目前，该产品尚无国家标准或行业标准，根据《中华人民共和国标准化法》和《中华人民共和国食品安全法》的规定，特制订本企业标准以作为本厂组织生产、检验、贸易、仲裁的依据。

本标准安全性指标的制订参照 GB/T 20560—2006《地理标志产品 郫县豆瓣》制定；其余指标按照《酱类生产许可证审查细则（2006 版）》的要求及产品实际制定。

本标准由×××××厂提出并起草。

本标准主要起草人：×××、×××。

豆瓣酱

1　范围

本标准规定了豆瓣酱的技术要求、试验方法、检验规则和标志、包装、运输、贮存。

本标准适用于以蚕豆、辣椒为主要原料，小麦粉、食用盐为辅料，经蚕豆制曲发酵酿制而成的豆瓣酱。

2　规范性引用文件

下列文件对本文件的应用是必不可少的。凡是注日期的引用文件，仅所注日期的版本适用于本文件。凡是不注日期的引用文件，其最新版本（包括所有的修改单）适用于本文件。

GB/T 191　包装贮运图示标志

GB 1355　小麦粉

GB 2760　食品添加剂使用标准

GB/T 4789.3　食品卫生微生物学检验 大肠菌群测定

GB/T 4789.4　食品卫生微生物学检验 沙门氏菌检验

GB/T 4789.5　食品卫生微生物学检验 志贺氏菌检验

GB/T 4789.10　食品卫生微生物学检验 金黄色葡萄球菌检验

GB/T 5009.3　食品中水分的测定

GB/T 5009.11　食品中总砷及无机砷的测定

GB/T 5009.12　食品中铅的测定

GB/T 5009.22　食品中黄曲霉毒素 B_1 的测定

GB/T 5009.39　酱油卫生标准的分析方法

GB/T 5009.40　酱卫生标准的分析方法

GB 5461　食用盐

GB 5749　生活饮用水卫生标准

GB/T 10459　蚕豆

GB 7718　预包装食品标签通则

GB 14881　食品企业通用卫生规范

JJF 1070　定量包装商品净含量检验规则

定量包装商品计量监督管理办法 国家质量监督检验检疫总局［2005］第75号令

3　技术要求

3.1　原辅材料

3.1.1　蚕豆

应符合 GB/T 10459 的规定。

3.1.2　生产用水

应符合 GB 5749 的规定。

3.1.3　小麦粉

应符合 GB 1355 的规定。

3.1.4　食用盐

应符合 GB 5461 的规定。

3.1.5　其他辅料

应符合相应标准和有关规定。

3.2　感官要求

应符合表 1 的规定。

表 1　感官要求

项目	要求
色泽	红褐色或棕褐色，油润有光泽
气味	有酱香和酯香，无不良气味
滋味	瓣粒香脆，味鲜醇厚，咸甜适口，无苦味、涩味、焦煳味及其他异味
形态	黏稠适度，可见辣椒块及其他辅料，无异物
杂质	无肉眼可见外来物质

3.3　理化指标

应符合表 2 的规定。

表 2　理化指标

项目	要求
食盐（以氯化钠计）/（g/100g）	8～16
水分/（g/100g）	≤57
氨基酸态氮（以氮计）/（g/100g）	≥0.20
总酸（以乳酸计）/（g/100g）	≤2.0
总砷（以 As 计）/（mg/kg）	≤0.5
铅（Pb）/（mg/kg）	≤1.0
黄曲霉毒素 B_1/（μg/kg）	≤5.0

3.4　微生物指标

应符合表 3 的指标。

表3 微生物指标

项目	要求
大肠菌群/（MPN/100g）	≤30
致病菌（沙门氏菌、金黄色葡萄球菌、志贺氏菌）	不得检出

3.5 净含量

应符合《定量包装商品计量监督管理办法》的规定。

3.6 食品添加剂

食品添加剂应符合相应的质量标准和有关规定；食品添加剂的品种及使用量应符合 GB 2760—2011 的规定。

3.7 生产加工过程的卫生要求

生产加工过程的卫生要求应符合 GB 14881—2013 的规定。

4 试验方法

4.1 感官检验

称取 50g 试样，置于白色瓷盘中，观察豆瓣酱的色泽、气味和体态，用玻璃棒蘸试样，尝其味。

4.2 理化检验

4.2.1 水分

按 GB/T 5009.3—2010 直接干燥法规定检验。

4.2.2 氨基酸态氮、总酸、食盐

按 GB/T 5009.40—2003 规定的方法检验。

4.2.3 总砷

按 GB/T 5009.11—2003 规定的方法检验。

4.2.4 铅

按 GB/T 5009.12—2010 规定的方法检验。

4.2.5 黄曲霉毒素 B_1

按 GB/T 5009.22—2003 规定的方法检验。

4.3 微生物指标

4.3.1 大肠菌群

按 GB/T 4789.3—2010 规定的方法检验。

4.3.2 沙门氏菌

按 GB/T 4789.4—2010 规定的方法检验。

4.3.3 志贺氏菌

按 GB/T 4789.5—2010 规定的方法检验。

4.3.4 金黄色葡萄球菌

按 GB/T 4789.10—2010 规定的方法检验。

4.4 净含量

按 JJF 1070—2005 规定的方法检验。

5 检验规则

5.1 组批

以同一天生产的同一品种、同一规格的产品为一批。

5.2 抽样

从同批产品随机抽取 12 袋（瓶）样品，抽样基数不少于 200 袋（瓶）。样品分成 2 份，1 份用于检验，1 份留样备查。

5.3 检验分类

5.3.1 出厂检验

每批产品均应由厂质量控制部门检验合格，并附合格证明后方可出厂。出厂检验项目为：净含量、感官要求、水分、总酸、氨基酸态氮、大肠菌群。

5.3.2 型式检验

正常生产情况下，型式检验每半年进行一次，检验项目为本标准技术要求中的全部项目。有下列情况之一时，亦应进行型式检验：

a 新产品试制鉴定时；

b 正式生产后，如原料、工艺有较大变化，可能影响产品质量时；

c 产品长期停产后，回复生产时；

d 出厂检验结果与上一次型式检验结果差异较大时；

e 国家质量监督机构提出型式检验要求时。

5.4 判定规则

检验结果中，微生物指标若有不合格时，判定该批产品为不合格，不得复检。其余指标若有不合格时，允许在同批产品中加倍抽样复检，若仍不合格，则判定该批产品为不合格。

6 标签与标志、包装、运输、贮存

6.1 标志

标签、标识应符合 GB 7718—2011 的规定；外包装贮运图示标志应符合 GB/T 191—2008 的规定。

6.2 包装

包装容器、包装材料应符合相应标准及食品卫生要求。包装应封口严密，无泄露。

6.3 运输

产品在运输过程中应轻拿轻放，避免日晒、雨淋。运输工具应清洁卫生，不得与有毒、有害、有异味或影响产品质量的物品混装运输。

6.4 贮存

产品应贮存于阴凉、干燥、通风良好的场所，不得与有毒、有害、有异味、易挥发、易腐蚀的物品同处贮存。

6.5 保质期

在符合本标准规定的运输、贮存条件下，保质期为24个月。

小 结

本章主要介绍了食品企业标准体系的构成以及技术标准、管理标准和工作标准所包含的内容。另外还就食品企业标准体系编制的原则、要求和程序作了重点介绍。其中企业标准的制定是本章的重点，对企业标准的结构和组成、食品企业标准体系表的编制等相关内容要有所掌握，并会根据食品企业标准体系编制的原则、要求、程序及相关实例编制食品企业标准体系。

复习思考题

1. 名词解释：企业标准、企业标准体系、技术标准、产品标准、管理标准、生产管理标准、工作标准、企业标准体系表。
2. 建立企业标准体系应符合哪些要求?
3. 技术标准制、修订基本要求有哪些?
4. 企业标准体系评价和确认的依据是什么?
5. 食品企业标准制定范围有哪些?
6. 制定企业标准的一般程序是什么?

模块九

食品标准与法规文献检索

【学习目标】

知识目标

1. 了解文献的定义、类型、表现形式和加工程度以及作用等基本知识。
2. 理解国际标准、地区标准、国家标准、行业标准分类和代号及其含义。
3. 掌握食品标准与法规的检索系统、工具及网络查询方法。

技能目标

能运用文献检索系统、工具进行国内外食品标准与法规文献的查询。

项目一

文献与标准文献检索

现代社会中，信息、新能源和新材料已成为社会发展的三驾马车，而信息日益成为社会发展的决定性力量和主导因素，通过文献检索获取信息的能力则是现代社会人所必备的能力之一。从大学生的专业培养及素质教育的视角看，如果说专业课教育是“授之以鱼”，那么信息素质教育就是“授之以渔”。此“渔”是打鱼，是获取彼“鱼”的技术和手段，更强调信息及知识的驾驭能力，更具主动性。大学生的信息素质水平直接折射出专业知识的消化、吸收水平，在这个意义上讲，此“渔”较之彼“鱼”在专业培养方面有不可替代的作用，因此，面向专业来培养大学生具备准确、快捷地获取、接收、组织信息的能力和对所获取的信息综合、评价与重组的能力具有十分积极的意义。

食品标准与法规是从事食品生产、营销和贮存以及食品资源开发与利用必须遵守的行为准则，是规范市场经济秩序，实施政府对食品质量安全与卫生的管理与监督，确保消费者合法权益，维护社会长治久安和可持续发展的重要依据，也是食品工业持续、健康、快速发展的根本保障。在市场经济体系中食品法规与标准占有十分重要的地位，无论是国际还是国内都需要对食品质量和安全性做出评价和判定，其主要依据就是有关国际组织和各国政府标准化部门制定的食品标准与法规。随着我国食品工业的快速发展和我国加入 WTO 后的国际经贸合作日益增多以及市场经济法规体系建设和新产品、新技术、新工艺成倍增长，随之出现的新的法规和标准文献的数量也在猛增。因此，要在一定范围和时间内，了解和掌握国内外标准与法规的动态和发展趋势，利用现代法规和标准文献检索已经是继承和发展科学技术、推动社会进步的不可缺少的条件之一。因此，掌握食品标准与法规检索，对制定、完善食品法规体系和食品标准的制定、修订也有十分重要的意义。

一、 文献的定义和类型

(一) 文献的定义

“文献”一词最早见于《论语·八佾》，南宋朱熹《四书章句集注》认为“文，典籍也；献，贤也”。所以这时候的文指典籍文章，献指的是古代先贤的见闻、言论以及他们所熟悉的各种礼仪和自己的经历。《虞夏书·益稷》也有相关的引证说明“文献”一词的原意是指典籍与宿贤。GB/T 3792—2021《信息与文献　资源描述》和 GB/T 4894—2009《信息与文献　术语》对“文献”下的定义是：“文献：记录有知识的一切载体。”现在认为文献是各种知识或信息载体的总称。

文献是汇集和保存人类知识财富，供全人类分享、利用的有价值资料；它作为载体记录、传播科技信息与情报，是衡量学术水平和成就的重要标志；文献还能帮助人们认识客观事物和社会，丰富知识，开阔视野，继承先知，启发思路。

(二) 文献的类型

文献的类型繁多，根据文献的性质、内容、用途、表现形式、加工程度、载体形式等可分成许多类型。

1. 按文献的表现形式划分

根据文献的外在表现形式及编辑出版形式不同，可划分为 11 种，即图书、报刊、科技报告、会议记录、学术论文、标准资料、产品资料、科技档案、政府出版物、专利文献、网络文本等。

食品标准属于标准资料，食品法规属于政府出版物，政府出版物指各国政府部门及其设立的专门机构出版的文献。政府出版物的内容十分广泛，既有科学技术方面的，也有社会经济方面的。就文件性质而言，政府出版物可分为行政性文件（国会的记录、政府法令、方针政策、规章制度及调查统计资料等）和科学技术文献两部分。

2. 按文献的载体形式划分

（1）印刷型　是指以纸质为载体，采用各种印刷术把文字或图像记录存储在纸张上而形成的一种文献形式，目前仍然是文献的一种主要形式。其优点是便于阅读，容易传播，但因载体材料所存储的信息密度低，占用空间较大，整理保存相对费时费力。

（2）缩微型　是指以感光材料为载体，以缩微照相为记录手段将文字或图像记录在感光材料上而产生的一种文献形式，主要包括缩分胶卷、缩分胶片等。其优点是体积小、成本低、存储密度大，节约空间，便于携带；缺点是不能直接进行阅读，必须借助缩分阅读设备。

（3）声像型　又称视听资料、声像资料、音像制品。它是以磁性、光学材料为记录载体，利用专门的机械装置记录与显示声音和图像的文献。如常见的有磁带、录像带。其优点是直观，传播速度快，可以随时修改，有利于更新，基本脱离了传统的文字形体。缺点是需要特殊的设备和一定的技术条件，成本也比较高。

（4）机读型　又称磁盘、光盘文献或电子型文献，是指利用电子计算机进行阅读的文献。它是以磁性材料或感光材料为存储介质，采用计算机技术和磁性存储技术，把文字、声音或图像信息等转换成二进制数字代码，记录在磁带、磁盘、磁鼓等载体上，利用计算机及其通信网络进行浏览、阅读的文献载体，机读型文献按其载体材料、存储技术和传递方式不同，可分为联机型文献、光盘型文献和网络型文献。

（5）电子型（electronic form）　电子型文献是指以数字代码方式将图、文、声、像等信息存储到磁、光、电介质上，通过计算机或类似设备阅读使用的文献。随着光盘的产生和广泛的应用，多媒体等现代信息技术的快速发展，传统的缩微型文献、声响型文献、机读型文献统称为电子型文献。目前，电子型文献种类繁多、数量大、内容也丰富，如各种电子图书、电子期刊、联机数据库、网络数据库、网络新闻、光盘数据等。电子型文献的特点是信息存储量大，出版周期短、易更新，传递信息迅速，存放方便、快速，信息共享性好，可以融文本、图像、声音等多媒体信息于一体。

3. 按文献加工程度划分

人们在利用文献传递信息的过程中，为了及时报道和揭示文献、便于信息交流，可对文献进行不同程度的加工。按加工程度可分为零次文献、一次文献、二次文献和三次文献。从零次文献到一次、二次、三次文献都是人们为了方便利用文献信息而对文献信息进行加工、整理、浓缩，使文献由分散到集中、由无序到有序化的结果。

（1）零次文献　又称为原始文献，是指非正式出版物或非正式渠道交流的文献，未公开于社会，只为个人或某一团体所用的原始文献，如文章草稿、私人笔迹、会议记录、未经发表的名人手迹等。这是近几年来被逐步认识和重视的一类文献，它具有原始性、新颖性、分散性和非检索性等特征。

（2）一次文献　是指一切作者以本人的研究成果为基本素材而创作的原始文献，是对零次文献的第一次加工整理、简化的系统性文献。包括论文、译文、译文专著、报纸、报告、产品样本、学位论文、专利文献、标准文献、档案等公开发表的文献类型，也包括日记、内部报告、技术档案、信件等不公开发表的文献类型。一次文献一定发表在零次文献之后，它是报道零次文献，检索零次文献的一种有效检索工具。

（3）二次文献　又称为检索性文献源，是对一次文献源进行内部特征、外部特征（如题名、作者、文献物理特征）和内部特征的分析、提取、整理而形成的文献形式。一般包括目录、题录、文摘、搜索引擎等。

（4）三次文献　是在一、二次文献的基础上，经过综合分析而编写出来的文献，人们常把这类文献称为“情报研究”的成果，如综述、专题述评、学科年度总结、进展报告、数据手册等。

二、 文献检索

（一）文献检索的定义

文献检索是指将信息按一定的方式组织和存贮起来，并根据信息用户的需要找出有关信息的过程和技术。因此，文献检索的全称又叫“信息存贮与检索”。这是广义的信息检索。狭义的信息检索则仅指该过程的后半部分，即从信息集合中找出所需要信息的过程，相当于信息查询。

根据存贮与检索对象的不同，信息检索又可以分为文献检索、数据检索、事实检索。以上三种信息检索类型的主要区别在于：数据检索和事实检索是要检索出包含在文献中的信息本身，而文献检索则检索出包含所需要信息的文献即可。为此，文献检索只是信息检索的一部分，但又是其中最重要的一部分。

（二）文献信息的类型

文献信息根据其内容的程度不同，常分为目录、题录、文摘、全文数据库等四种类型。

1. 目录

目录是为了揭示文献信息的内部特征和外部特征，以图书的题名、分类、主题词、关键词、叙词、词组或符号等作为标目，按一定的顺序排列，组成一个检索系统，便于人们根据所提供的线索进行检索的文献。目录文献的内部特征是指揭示文献所属学科分类和主题范围；外部特征是指文献题名、责任者、出版社、出版时间和报告号、专利号等内容。

目录根据所揭示的信息对象的不同，即出版物的类型、文种、功能特点的差异，又分为馆藏目录和图书目录。馆藏目录是指图书馆收藏的图书、期刊、报纸、缩微制品、磁带、光盘、硬盘、数据库等所有传统载体的文献目录。图书目录是指以单位出版物，即图书作为著录对象，著录一批相关图书，并以图书的内部特征和外部特征作为标目，按一定形式进行编排而成的图书类文献的检索工具。

就文献的载体来看，目录系统的载体也是多样的，手工信息检索有卡片目录、书本目录等，如《最新食品卫生国家标准实施手册》等。提供计算机信息检索的电子版目录包括机读目录，以及在网络上运行的联机公共检索目录等。

2. 题录

题录是通常以篇为基本著录单位的一种文献记录，根据文献内容论及的篇目、语词、主题词等项目，按一定的排列方法加以编制，并注明出处，为人们提供查找线索的一种检索工具，是一种提供信息详细程度高于目录的检索系统。题录包含文献标题、作者、作者工作单位、发表时间、文献来源等，如《国家食品强制性标准目录》《全国报刊索引》《中国学术会议文献通报》等。题录和目录的区别在于目录侧重于图书整体外表特征的揭示，题录侧重于对单篇文献外表特征的揭示。

3. 文摘

文摘又称为摘要，是文献的主要内容及资料的摘述。它是在题录的基础上增加了文章的摘要检索系统，即将论文或书籍的主要论点、数据等简明扼要地摘录出来，并按一定方式编排的一种文献检索和阅读的工具。它主要为人们提供有关文献的准确出处（线索），但是它们提供的信息的详细程度大大高于题录。

4. 全文数据库

全文数据库属于源数据库，是计算机检索系统诞生以后出现的，它是一种不仅具有其他类型检索系统的检索功能，而且能揭示文献全貌的检索系统，它是能直接提供以期刊、会议论文、政府出版物等为主的原始全文资料或具体数据信息的数据库。随着计算机技术、网络技术和数据库技术等现代化技术的飞速发展，全文数据库的原数据信息量大幅快速增加，满足了人们方便、快捷地检索到原始文献信息的需求。

（三）文献检索的方法

文献检索根据文献存储与检索采用的设备手段，可划分为手工信息检索和计算机信息检索两种。

1. 手工信息检索

手工信息检索是在电子数据库及因特网出现以前进行文献信息检索的主要检索工具。手工信息检索需要了解文献标引规则，用户根据文献标引规则查阅有关文献。此种检索方法能了解各类检索工具的收录范围、专业覆盖面、特点和编制要点。其检索灵活性高，费用低，又能与计算机检索结合互为补充，可以提高查全率和查准率。因此，手工检索方法仍是重要的检索手段，主要有书本式检索和卡片式检索两种。

（1）书本式检索　是以图书或连续出版物形式出现的，人们用来查找各种信息的检索工具，如《标准目录》、《报刊索引》等。书本式检索是最早形成的信息检索方法，其编制原理是现代计算机检索技术产生的基础。

（2）卡片式检索　是将各种文献信息的检索特征记录在卡片上并按照一定的规则进行排序的供人们查找的检索工具。随着计算机技术在图书馆管理中的应用，卡片式检索正在逐渐被计算机目录所取代。

2. 计算机信息检索

计算机信息检索是指人们在计算机检索网络或终端上，使用特定的检索指令、检索词和检索策略，从计算机检索系统的数据库中检索出所需要的信息，然后再由终端设备显示和打印的过程。计算机信息检索系统主要由计算机硬件及软件系统、数据库、数据通讯等设施组成。计算机信息检索能够跨越距离和时空，在短时间内快速、准确查阅大量的信息。根据其内容的不同，计算机信息检索又可分为联机检索、光盘检索、网络检索3种。

（1）联机检索　是由大型计算机联网系统、数据库、检索终端及通信设备组成的信息检索系统，它能满足较大范围的特大用户的信息检索需求。

（2）光盘检索　是以大容量的光盘存储器为数据库的存储介质，利用计算机和光盘驱动器进行读取和检索光盘上的数据信息，它只能满足较小范围的特定用户的信息检索需求。

（3）网络检索　是指利用计算机设备和互联网（Internet）（广域网）或局域网（如图书馆系统）检索网上各服务器站点的信息，尤其是前者，可以支持因特网用户信息检索要求。随着互联网和计算机技术的迅速发展和广泛应用，网络检索不仅彻底打破了信息检索的区域性和局限性，而且改变了计算机信息检索的方式和方法，加快了信息检索技术的进步。

三、 标准文献

1. 标准文献的概念

标准文献是指一切与标准化有关的文献，包括单行本的标准、标准汇编、标准目录、标准年鉴、标准分类法等。

标准文献是标准化工作的产物，它在国民经济、科研、工业生产、企业管理、日常生活等领域起着重要作用。通过标准文献可以了解和研究国民经济政策、技术政策、工农业生产发展水平，有利于合理利用资源，节约原材料，提高技术和劳动生产率，保证产品的质量与安全，对于开发新产品、提高工艺和技术水平都有着重要的作用。

2. 标准文献的特点

标准文献除具有一般文献的属性和作用之外，与科技文献相比，标准文献具有以下显著特点。

（1）法律性　标准文献是经过一个公认的权威机构或授权单位的批准认可而审查通过的标准，具有一定的法律约束力，如企业制定的产品标准就是判定产品质量的依据。

（2）时效性　标准不是一成不变的，随着国民经济的发展和科学技术的不断提高，标准要不断地进行补充、修订或废止，同样标准文献也要不断地更新，过时标准将会失去其应有的作用和效力，因此标准文献具有时效性。

（3）检索性　由于标准文献通常包括标准级别、标准名称、标准代号、标准提出单位、审批单位、批准时间、实施时间、具体内容等项目，这就为标准文献提供了各种检索的内容，使之具有检索性。

项目二

食品标准与法规文献检索

通过标准与法律、法规文献可以了解并遵守各国在食品方面的标准与法规，有利于保证食品质量安全，防止食品污染和有害因素对人体的危害，保障人体健康。标准与法规文献检索，对于了解和掌握国内外食品标准和法规具有重要的意义。

一、标准文献检索途径和方法

（一）国内标准文献的检索途径与方法

1. 手工检索

国内标准文献的手工检索途径主要有分类检索、标准号检索和主题词检索三种途径。

（1）分类检索　分类检索是一种按学科、专业体系查找的方法，常用工具有“分类目录”和“分类索引”等。目前国内常用的分类法是中国标准分类法（简称CCS），其检索步骤如下。

利用《中国标准文献分类法》确定一级类目类号→查标准目录→得有关的标准号→根据标准号查《中国国家标准汇编》→索取原文。

（2）标准号检索　标准号检索是根据标准的序号进行查找的途径，有现行标准号和废止标准号等，是最常用，也是最快最方便的检索方法。检索步骤如下：确定标准号→查《中国国家标准汇编》目次表→得该标准在《中国国家标准汇编》正文中的页码→索取原文。

（3）主题词检索　主题词检索是根据叙词、标题词、单元词、关键词等进行查找的方法，检索步骤如下。主题词→查《中国标准文献分类法》确定一级类目类号→查标准目录→得有关的标准号→根据标准号查《中国国家标准汇编》→索取原文。

2. 网络检索

利用网络搜索引擎找到中国有关“标准网”、“质量网”中的标准文献信息检索界面，便可通过网络查询的方式，利用多种检索途径，获取相关标准文献的名称、标准号及标准全文等。但如果需要标准文献的全文，一般需要付费才能获得标准文本。如在中国国家标准化管理委员会（SAC）的网站主页上设置了“国标目录”栏目，可提供中国标准文献题目信息，如果需要全文标准则可通过中国标准咨询网（http：//www. chinastandard. com. cn）或国家科技图书文献中心付费获取。

通过网站检索国内标准文献的具体方法，以利用中国标准信息网查询为例：登录中国标准信息网（http：//www. chinaios. com）→点击中国标准检索→输入标准编号/标准名称/标准级别（所有标准/国家标准/行业标准/地方标准）→点击查询即可。

（二）国外标准文献的检索途径与方法

1. 手工检索

国外标准文献的手工检索途径与国内一样，检索途径也是主要有分类检索、标准号检索和主题词检索三种。

（1）分类检索　检索步骤：确定 TC 类号（即 ISO 的分类）→查 TC 目录→找到所需类目→选择切题的标准→按照切题标准的标准号查原文→索取原文。

（2）标准号检索　检索步骤：确定标准号→查标准号目录→得 TC 类号→查 TC 目录→得标准名称→核对标准是否为现行有效标准→查作废目录。

（3）主题词检索　检索步骤：确定主题词→查得 TC 类号→查 TC 目录→得有关的标准号→根据标准号选择标准→索取原文。

2. 网络检索

目前世界上有许多国家都制定了标准，每个国家的标准都有其相应的检索工具，很多网站都可检索国外标准文献，主要网站见表 9 - 1。

通过网站检索国外标准文献的具体方法，以利用 ISO 国际标准数据库查询为例：ISO 国际标准数据库有基本检索、扩展检索和分类检索三种方式。

（1）基本检索　在 ISO 主页上部“Search”后的检索框内输入检索要求，然后点击“GO”按钮即可。

（2）分类检索　在 ISO 主页上部选项栏中最左侧的“ISO store”处单击进入该栏目，然后再点击“search and buy standards”即进入分类检索的界面。此界面列出了 ICS 的全部类别，共 97 大类，之后可通过逐级点击分类号，最后即可检索出该类所有标准的名称和标准号，然后点击“标准号”，即看到该标准的题录信息和订购该标准全文的价格信息。

表 9－1　国外标准文献检索主要网站

序号	名称	网址
1	国际标准化组织（ISO）	http：//www. iso. org
2	（美国）国家标准与技术研究所系列数据库产品	http：//www. nist. gov
3	世界卫生组织（WHO）	http：//www. who. int/en
4	世界标准服务网（WSSN）	http：//www. wssn. net
5	国际食品法典委员会（CAC）	http：//www. codexalimentarius. net
6	英国标准学会出版物目录	http：//www. bsigroup. com
7	德国标准协会	http：//www. din. de
8	美国国家标准系统网络	http：//www. nssn. org
9	加拿大标准委员会	http：//www. scc. ca
10	新西兰标准组织（Standards New Zealand）	http：//www. standards. co. nz
11	马来西亚标准和工业研究所	http：//www. sirim. my
12	爱尔兰国家标准局	http：//www. nsai. ie
13	日本工业标准调查会	http：//www. jisc. go. jp

（3）扩展检索　单击 ISO 主页上部选项栏中“GO”右侧的“Extended Search”即进入该检索的界面，界面的上部为“检索区”，在下部的两个区域内分别点击不同的选项，以限定检索范围和检索结果的排序，分为关键词检索和标准号检索。

二、食品标准文献的检索

（一）检索工具

1. 国内食品标准文献的检索

国内食品标准文献的检索工具主要有以下几种。

（1）主要工具书

①《中华人民共和国国家标准和行业标准目录》：收录截至当年年底公开发布的国家标准和部标准，同时列有最近一年代替的标准号，采用分类号和顺序号两种形式编排。

②《中华人民共和国国家标准目录》：由国家质量监督检验检疫总局编，中国标准出版社出版。每年出版一次，自 1999 年每年上半年出版新版，收录截至上年度批准发布的全部现行国家标准。正文按《中国标准文献分类法》进行编排，正文后附顺序号索引，是查阅国家标准的重要检索工具。

《中华人民共和国国家标准目录》（以下简称“GB 目录”）中各条目录的标引

项“专业分类”是由中国标准文献分类的一级类目字母加二级类目两位数（代码）组成。各条目录先按24个大类归类，再按其二级类目代码的数字顺序排列。二级类目代码的排序实质上按专业内容有一定的范围划分，例如罐头食品方面的标准文献是归70~79的代码范围。为指导检索者迅速确定查找二级类目代码的范围，在每大类前有二级类目分类指导表。食品二级类目分类指导表见表9-2。

表9-2　国家标准目录食品二级类目分类指导表

X00/09 食品综合		
X00 标准化、质量管理	X01 技术管理	X02 经济管理
X04 基础标准与通用方法	X07 电子计算机应用	X08 标志、包装、运输、贮存
X09 卫生、安全、劳动保护		
X10/29 食品加工与制品		
X10 食品加工与制品综合	X11 粮食加工与制品	X14 油脂加工与制品
X16 乳与乳制品	X18 禽、蛋加工与制品	X20 水产加工与制品
X22 肉类加工制品	X24 果类加工与制品	X26 蔬菜加工与制品
X28 焙烤制品		
X30/34 制糖与糖制品		
X30 制糖与糖制品综合	X31 制糖	X33 加工糖
X34 制糖副产品		
X35/39 制盐		
X35 制盐综合	X37 原盐	X38 盐制品
X40/49 食品添加剂与食用香料		
X40 食品添加剂与食用香料综合	X41 天然食品添加剂	X42 合成食品添加剂
X44 食用香料	X46 食用香精	
X50/59 饮料		
X50 饮料综合	X51 饮料制品	X53 冷食制品
X55 茶叶制品		
X60/69 食品发酵、酿造		
X60 食品发酵、酿造综合	X61 蒸馏酒	X62 发酵酒
X63 配制酒	X66 调味品	X69 其他发酵制品
X70/79 罐头		
X70 罐头综合	X71 肉类罐头	X72 禽类罐头
X73 水产罐头	X74 水果罐头	X77 蔬菜罐头
X79 其他罐头		

续表

X80/84 特种食品		
X80 特种食品综合	X81 膨化压缩食品	X82 儿童食品
X83 保健食品		
X85/89 制烟		
X85 制烟综合	X86 烟草加工	X87 烟草制品
X89 其他		
X90/99 食品加工机械		
X90 食品加工机械综合	X91 粮食与油脂加工机械	X92 罐头加工机械
X93 制糖机械	X94 制烟机械	X95 酿造机械
X96 制盐机械	X99 其他食品加工机械	

注："GB 目录"附有简单的索引，著录项为二项：标准号（"序号" +标准"制定年"），及该标准"目录"条款所在页码，也以表格形式编排。

③《中国标准化年鉴》：由中华人民共和国国家标准局编，中国标准出版社出版。自 1985 年起按年度出版，主要介绍我国标准化的基本情况和成就。年鉴的主要内容是以《中国标准文献分类法》分类编排的国家标准目录，年鉴最后附有以顺序号编排的国家标准索引。有中英文两种文字对照编写。

④《中国国家标准汇编》：由中国标准出版社出版，该汇编从 1983 年起分若干分册陆续出版，收集全部现行国家标准，按国家标准顺序号编排，顺序号空缺处，除特殊注明外，均为作废标准号或空号。目前已出版 280 多个分册，在知道标准名称的情况下，可以直接查到标准全文。此外，由于每年还要相当数量的国家标准被修订。为此，中国标准出版社从 1995 年起在按分册出版汇编的同时，又新增出版被修订的国家标准汇编本。该汇编是查阅国家标准全文的重要工具，它在一定程度上反映了我国 1949 年至今标准化事业发展的基本情况和主要成就。

⑤《中国标准化》：由中国标准化协会编辑出版，月刊，刊载新发布的和新批准的国家标准、行业标准和地方标准。它收录了标准号、标准名称和代替的标准号以及发布时间、实施时间。

⑥《中华人民共和国国家标准目录及信息总汇》：由国家标准化管理委员会编，中国标准出版社每年上半年出版新版，收录截止到上一年度批准发布的全部现行国家标准信息，同时补充收录被代替、被废止的国家标准目录及国家标准修改、更正、勘误通知等相关信息。

《中华人民共和国国家标准目录及信息总汇》内容包括 4 部分：国家标准专业分类目录（中、英文）、被废止的国家标准目录、被替代国家标准与对应标准对照目录、国家标准修改、更正、勘误通知以及索引。国家标准目录信息已建立计算机数据库，进行实时维护和管理。

⑦《标准新书目》：由中国标准化协会主办，1983年创刊，月刊，主要提供标准图书的出版发行信息，是国内最齐全的一份标准图书目录。

⑧《中华人民共和国行业标准目录》：是汇集农业、医药、粮食等60多个行业的标准目录，是检索行业标准的常用工具。

⑨《中国食品工业标准汇编》：由中国标准出版社陆续出版，是我国食品标准方面的一套大型丛书，按行业分类分别立卷，是查阅食品标准的重要检索工具。主要包括食品术语标准卷、焙烤食品、糖制品及相关食品卷、发酵制品卷、乳制品和婴幼儿食品卷等。

⑩《食品卫生标准汇编》：该汇编共出版了6册，分别为：《食品卫生标准汇编》(1)、(2)、(3)、(4)、(5)、(6)，由中国标准出版社发行，是从事食品卫生、食品加工、食品科研人员在工作中必备的工具书。

⑪中华人民共和国农业行业标准《无公害食品标准汇编》（1）卷、（2）卷等。

（2）主要网站　目前，除了使用以上检索工具外，标准文献的查询还可以利用综合标准信息网和网络数据库，可以登录国内以下主要网站快捷地获取国内食品相关标准（表9－3）。

表9－3　国内食品相关标准获取网站

序号	名称	网址
1	标准网	http：//www. standardcn. com
2	中国标准咨询网	http：//www. chinastandard. com. cn
3	中国标准服务网	http：//www. cssn. net. cn
4	国家标准化管理委员会	http：//www. sac. gov. cn
5	国家质量技术监督检验检疫总局	http：//www. aqsiq. gov. cn
6	国家食品药品监督管理局	http：//www. sfda. gov. cn
7	万方数据	http：//www. wanfangdata. com. cn
8	中国农业质量标准网	http：//www. caqs. gov. cn
9	中国食品网	http：//www. cnfoodnet. com
10	中国食品监督网	http：//www. cnfdn. com/
11	中国标准信息网	http：//www. chinaios. com
12	国家食品安全风险评估中心	http：//www. chinafoodsafety. net
13	中国质检出版社	http：//www. spc. net. cn
14	食品法典专家委员会	http：//www. cac. org. cn
15	中国标准出版社数据库	http：//www. bzcbs. com
16	中国标准网	http：//www. zgbzw. com
17	中国质量信息网	http：//www. cqi. gov. cn
18	中国农业标准网	http：//www. chinanyrule. com

（3）其他　中国标准出版社读者服务部、各省、市、自治区的标准化研究院均设有专门的标准查询检索服务，可快速检索到需要的食品标准文献，通常这些都是要收费的。

2. 国外食品标准文献的检索

目前世界上至少有50多个国家制定标准，其中有强制性标准和推荐性标准，每个国家的标准都有其相应的检索工具。

（1）主要工具书

①《国际标准化组织标准目录》（ISO catalogue）：它是ISO标准的主要检索工具，年刊，每年2月出版，英法文对照，报道截至上年12月底的全部现行标准。该目录由主题索引、分类目录、标准序号索引、作废标准、国际十进制分类号（UCD）－ISO技术委员会（TC）序号对照表5个部分组成。ISO编号规则：代号序号：年代标准名称。如：ISO 1079：1989金属材料、硬度试验机。

②世界卫生组织（World Health Organization，WHO）标准出版物：它是世界卫生组织（WHO）标准的主要检索工具，WHO标准出版物主要是《世界卫生组织出版物目录》（Catalogue of WHO Publication）、《世界卫生组织公报》（Bulletin of WHO）、《国际卫生规则》（International Digest of Health Legislation）、《国际健康法规选编》（International Digest Health Legislation）、食品添加剂和农药的每日允许摄入量、最高残留量以及国际饮用水标准等标准均可在此查询到。

③联合国粮农组织（Food Agriculture Organization，FAO）出版物：它是FAO标准的主要检索工具，FAO标准出版物主要是《联合国粮农组织在版书目》（FAO Book in Print）、《联合国粮农组织会议报告》（FAO Meeting Reports）、《食品和农业法规》（Food and Agriculture Legislation），FAO/WHO联合成立的“国际食品法典委员会”（Codex Alimentarius Commission，CAC）专门审议通过的国际食品标准。

④《美国国家标准目录》（Catalogue of American National Standards）：它是由企业（公司）、联邦政府机构和非联邦政府机构如各类专业协会和学会以及政府其他部门制定，由美国国家标准学会（American National Standards Institute，ANSI）各个专业委员会审核后提升为国家标准。《美国国家标准目录》由三部分组成：主题索引，按产品名称字母顺序列出标准，其后列出美国国家标准号；分类索引，为ANSI制定的标准的分类索引；序号索引，为经ANSI采用的各专业标准的序号索引。

⑤《法国国家标准目录》（AFNOR Catalogue）：法国标准化协会（AFN－OR）是一个公益性民间团体，也是一个政府认可的国家服务组织。它接受标准化专署领导，负责标准的制定、修订等工作。《法国国家标准目录》每年出版一次，主要由分类目录、主题索引、作废标准一览表三部分组成。可按分类途径、主题途径、标准号途径检索所需的标准文献。

⑥《英国标准年鉴》（BS）和《英国标准目录》（中译本）：英国标准学会

(BSI) 是世界上最早的全国性标准化机构，制定和修订英国标准，并促进其贯彻执行。

⑦《日本工业标准目录》(JIS 总目录/JIS Yearbook 英文版)：日本工业标准(JIS) 是日本国家标准，由日本工业标准调查委员会制定，由日本标准化协会发行。日本标准检索工具还有《日本工业标准年鉴》。

⑧《德国技术规程目录》：德国标准是由德国标准化学会制定的，为德国统一的标准。《德国技术规程目录》每年出版一次，德、英文对照。德国标准化学会是德国标准化主管机关，作为全国标准化机构参加国际和地域的非政府性标准化机构。

(2) 主要网站　除了用以上检索工具检索国外标准文献外，还可以广泛应用 Internet 网络，进入相关网站，也能检索到所需标准文献信息。主要相关网站参见表 9－1。

(二) 检索方法

1. 手工检索

选择合适的检索工具书，利用手工检索方法找到所需的国内外食品标准文献。具体检索方法详见“国外标准文献的检索途径与方法”中所列。

2. 网络检索

通过 Internet 进行食品标准文献的检索是比较方便快捷的一种检索方法，在前面所列举的主要相关网站可以查询国内外食品标准文献，具体的检索方法前面已举例列出，在此不再做详细介绍。

三、食品法律、法规文献检索

(一) 检索工具

1. 国内食品法律、法规的检索

(1) 主要工具书

①《中华人民共和国食品监督管理实用法规手册》(以下简称《法规手册》)：由国务院法制办工交司和国家质量监督检验检疫总局监督司审定，中国食品工业协会编辑。该《法规手册》将食品监督管理的重要的现行法规，有限的法律、法规和规章汇编成册，其内容包括：食品监督管理法律、食品监督管理法规、国务院部门规章和文件、地方性法规和地方政府规章。《法规手册》是各级政府食品监督管理部门、质量技术检测机构、食品生产经营企业等必备的实用法规工具书。

②《中华人民共和国法规汇编》：它是国家出版的法律、行政法规汇编正式版本，由中国法制出版社出版，国务院法制办公室编辑。本汇编逐年编辑出版，每年一册，收集当年全国人大及其常务委员会通过的法律和有关法律问题的决定、国务院公布的行政法规和法规性文件，以及国务院部门公布的规章。按宪法类、

民法类、商法类、行政法类、经济法类、社会法类和刑法类分类。每大类下按内容设二级类目，类目排列顺序为法律、行政法规、法规性文件和部门规章，各类目具体内容又按时间先后排列。

③《中华人民共和国新法规汇编》：它是由国务院法制办公室审定，中国法制出版社出版的国家法律、行政法规汇编正式版本，是刊登报国务院备案的部门规章的指定出版物。本汇编收集内容按法律、行政法规、法规性文件、国务院部门规章司法解释等顺序编排，每类中按公布时间顺序排列。报国务院备案的地方性法规和地方政府规章目录按1987年国务院批准的行政区划顺序排列，同一行政区域报备案的两件以上者，按公布时间排列。本汇编每年出版12辑，每月出版1辑，刊登上月有关内容。

④《中华人民共和国国家质量监督检验检疫总局公告》：由国家质量监督检验检疫总局编，2001年创刊，属于政府部门出版的政报类期刊。主要刊载全国人大或全国人大常委会通过的质量技术监督行政法规及规定、命令等规范性文件；国家质量监督检验检疫总局发布的局长令、决定和重要文件，以及与质量技术监督相关的地方性法规、地方政府规章；质量技术监督重要行政审批公告等。它将为政府机关、广大企事业单位和社会各界提供政策法规。

⑤《食品法律、法规文件汇编》：由全国人大常委会法制工作委员会主编，收集20世纪80年代以后我国的食品法律、法规和文件188件，其中食品法律9件、法规7件、法规性文件6件、部门规章77件、部委规范性文件89件。《食品法律、法规文件汇编》共分三个部分：第一部分为法律；第二部分为法规；第三部分为规章。三部分均按照中华人民共和国法律、法规体系内的法律、行政法规和规章三个层次进行分类编辑，并按发布的时间顺序编排。其内容全面而广泛，是为食品的立法工作者、行政和司法工作者、食品法规的研究者、法制宣传教育工作者以及从事食品的生产经营人员、卫生检疫人员、进出口贸易人员和质量与安全监督检验人员以及其他感兴趣的读者提供的一部翔实可靠的参考工具书。

（2）主要网站　除上述检索工具可以查询国内食品法律、法规文献外，还可以通过以下网站进行搜索。主要网站参见表9－4。

表9－4　国内食品相关法律、法规获取网站

序号	名称	网址
1	中华人民共和国中央人民政府网	http：//www. gov. cn/
2	中国食品网	http：//www. cnfoodnet. com
3	中国食品安全网	http：//www. spaqw. cn/
4	中国标准咨询网	http：//www. chinastandard. com. cn/
5	中国标准服务网	http：//www. cssn. net. cn/
6	中国标准网	http：//www. zgbzw. com

续表

序号	名称	网址
7	中国质量信息网	http：//www. cqi. net. cn/
8	中国食品监督网	http：//www. cnfdn. com/
9	食品伙伴网	http：//www. foodmate. net/
10	中国食品商务网	http：//www. foodprc. com/
11	万方数据库	http：//www. wanfangdata. com. cn/
12	中国资讯行数据库	http：//www. bjinfobank. com/

2. 国外食品法律、法规的检索

（1）主要工具书　国外食品法律、法规的检索工具书目主要有：《欧盟法规目录》《FDA 食品法规》和《最新国内外食品管理制度规范与政策法规实用手册》。

①《欧盟法规目录》。由中国标准研究中心标准馆编，中国标准出版社出版。该目录收集、翻译、分类和整理了各种欧盟条例、指令、决定、建议和意见等法规题录，是一部有实用价值的检索工具。目录中涉及的全部法规，在中国标准研究中心标准馆均有馆藏，读者利用本目录，可以在标准馆得到原文。本书编排说明如下：a. 根据欧盟法规内容，将欧盟法规划分为 12 类，其中第 5 类是农产品、水产品、食品及其卫生。b. 法规条目的编写说明：法规编号、英文标题、中文标题。欧盟法规 5 种形式的性质和效力又有所不同。条例是具有普遍适用性的，具有总体约束力，对所有成员国直接适用，对成员国来说，实施条例时原则上没有自由选择的余地；指令对所有的成员国均有约束力，但实施指令的方式和手段则由成员国相应机构做出选择；决定根据起草者的意图，可以对个人发出，也可以对成员国发出，其约束力的方式同法规一样，对所有条文具有实施义务，特别是对成员国发出的决定，其实施的方式和手段同指令不同，成员国没有自由裁量的余地；建议具有约束力，它不是法律，建议和意见可由理事会或委员会通过。欧盟标准可以通过检索以获取全文。

②《FDA 食品法规》。FDA（美国食品和药物管理局）是美国联邦政府最早设立的管理机构之一，作为科学法规机构，它负责国产和进口食品、化妆品、药物等产品的安全，多年来，它被国际上公认为是最主要的、最有影响的食品法规机构。FDA 法规对食品及食品配料（食品添加剂）、加工工艺、杀菌设备、成品质量、检验方法及进出口贸易各个环节都有详细的规定，世界上许多国家在实施食品及食品配料国际贸易和国内管理时都借鉴此法规。为适应我国加入 WTO 以后的经济形势，促进我国食品企业早日与国际接轨，以及提高我国食品安全卫生水平，中国轻工业上海设计院组织翻译了此法规，以提供给国内食品及食品配料的生产、贸易及管理部门参考。

③《最新国内外食品管理制度规范与政策法规实用手册》。该手册刊登了国内

外有关食品技术规范和政策法规，是一本很好的国内外食品法规检索工具。

（2）主要网站　除上述检索工具可以查询国外食品法规文献外，还可以通过以下主要网站进行国外食品法规检索。欧洲标准化委员会（CEN）（http：//www. cenorm/）、欧洲电工标准化委员会（CENELEC）（http：//www. cenelec. org/）、欧洲电信标准协会（http：//www. etsi. org/）。在国内有关网站也可以检索有关国内、国外相关食品的法律、法规。主要相关网站如：中国标准服务网（http：//www. cssn. net. cn/）、中国标准咨询网（http：//www. chinastandard. com. cn/）、中国食品网（http：//www. cnfoodnet. com）、中国食品安全网（http：//www. spaqw. cn/）、中国质量信息网（http：//www. cqi. net. cn/）、中国食品监督网（http：//www. cnfdn. com/）、中国食品商务网（http：//www. foodwindows. com/）、万方数据库（http：//www. wanfangdata. com. cn/）。

（二）检索方法

1. 手工检索

选择合适的检索工具如《中华人民共和国食品监督管理实用法规手册》、《中华人民共和国新法规汇编》和《欧盟法规汇编》等书目检索工具，利用手工检索方式从中找到有关食品法规。

2. 网络检索

通过 Internet 进行食品法律、法规的检索是比较方便快捷的一种检索方法，在前面所列举的主要相关网站均可以查询国内外及各地方有关的食品法规，具体检索方法可登录相关专业网站，然后点击政策法规等相关信息系统并根据提示逐级进行查询，最终检索到所需要的食品法规。

【例 9－1】利用中国食品监督网查询《中华人民共和国食品安全法》全文。

步骤：①登录中国食品监督网（http：//www. cnfdn. com/），点击“法律、法规”。

②在站内进行文章搜索，输入关键词“食品安全法”，进行检索。

③显示所有有关《食品安全法》的信息。

④根据显示信息，查看《食品安全法》全文。

【例 9－2】利用中国食品安全网搜索“美国 FDA 水产品法规”。

步骤：①登录中国食品安全网（http：//www. spaqw. cn/），点击“食品法规”。

②在全站搜索内输入标题“美国 FDA 水产品法规”，进行搜索。

③根据显示信息，查看全文。

小　结

食品标准与法规是从事食品生产、营销和贮存以及食品资源开发与利用必须遵守的行为准则，是规范市场经济秩序，实施政府对食品安全与卫生的管理与监督，确保消费者合法权益，维护社会长治久安和可持续发展的重要依据，也是食品工业持续、健康、快速发展的根本保障。在市场经济体系中，食品法规与标准占有十分重要的地位，无论是国际还是国内都需要对食品质量和安全性做出评价和判定，其主要依据就是有关国际组织和各国政府标准化部门制定的食品标准与法规。随着我国食品工业的快速发展和我国加入 WTO 后的国际经贸合作日益增多以及市场经济法规体系建设和新产品、新技术、新工艺成倍增长，随之出现的新的法规和标准的文献数量也在猛增。因此，要在一定范围和时间内，了解和掌握国内外标准与法规的动态和发展趋势，利用现代法规和标准文献检索已经是继承和发展科学技术、推动社会进步的不可缺少的条件之一。掌握食品标准与法规检索，对制定、完善食品法规体系和食品标准的制定、修订也有十分重要的意义。通过本章的学习，可以了解文献的定义、类型、表现形式和加工程度以及作用等基本知识；理解国际标准、地区标准、国家标准、行业标准分类和代号及其含义；掌握食品标准与法规的检索系统、工具及网络查询方法。

复习思考题

1. 名词解释：文献、文献检索、标准、标准化、标准文献。
2. 国内标准文献的检索途径与方法有哪些？
3. 食品法规的检索工具有哪些？
4. 利用《中国国家标准汇编》查找中国国家标准部分内容。

参 考 文 献

1. 张建新,陈宗道. 食品标准与法规. 北京:中国轻工业出版社,2008
2. 艾志录,鲁茂林. 食品标准与法规. 南京:东南大学出版社,2006
3. 吴晓彤,食品法律、法规与标准. 北京:科学出版社,2010
4. 胡秋辉,王承明. 食品标准与法规. 北京:中国计量出版社,2009
5. 张水华,余以刚. 食品标准与法规. 北京:中国轻工业出版社,2010
6. 周才琼. 食品标准与法规. 北京:中国农业大学出版社,2009
7. 张涛. 食品安全法律规制研究. 厦门:厦门大学出版社,2005
8. 李生,李迎宾. 国外农产品质量安全管理制度概括. 世界农业,2003,(6)
9. 徐楠轩. 欧美食品安全监管模式的现状及借鉴. 法治与社会,2002,(3)
10. 陈志成. 食品法规与管理. 北京:化学工业出版社,2005
11. 王峥. 发达国家食品安全法制发展及启示.《全球视野理论》月刊,2006,(5)
12. 国家标准化管理委员会农轻和地方部,食品标准化,北京:中国标准出版社,2006
13. 孙焕,赵榕,郭文萍等. 我国食品标准体制与国际标准的跟踪与研究. 食品工业科技,2010,30(5):371~374
14. 蔡建,徐秀银. 食品标准与法规. 北京:中国农业大学出版社,2009
15. 那宝魁. 2000 版 ISO 9000 标准转换使用手册. 北京:冶金工业出版社,2000
16. 彭亚拉,庞萌. 美国食品安全体系状况及其对我国的启示. 食品与发酵工业,2005,31(1)
17. 张丽莉,章强华. 美国食品标准"一般准则"述评. 中国国门时报,2006,1
18. 刘志英. 美国食品安全管理体系及其对我国的启示. 内蒙古科技与经济,2005,(15)
19. 郁峰. 英国食品安全立法研究及对我国的借鉴意义. 河南省政法管理干部学院学报,2006,(3)
20. 席兴军,刘俊华,刘文. 加拿大食品安全标准及技术法规的现状和特点. 中国标准化,2006,(6)
21. 陈晓华. 澳大利亚食品安全监管对我国的启示. 食品安全导刊,2011,(6)
22. 戴晶.《澳大利亚新西兰食品标准法典》对我国食品安全立法的启示. 河南省政法管理干部学院学报,2006,(3)
23. 何丽行. 德国食品安全立法经验及其对我国的启示. 德国研究,2008,2(4)

24. 林雪玲,叶科泰. 日本食品安全法规及食品标签浅析. 世界标准化与质量管理,2006,(2)

25. 赵丹宇,郑云燕,李晓瑜. 国际食品法典应用指南. 北京:中国标准出版社,2002

26. 王春梅. 面向专业的文献检索课教学策略初探——以天津科技大学为例. 中国轻工教育,2012,(6):69~71

27. 秦建华,徐忠娟. 基于工作过程系统化理念的高职《文献检索》课程体系的构建. 新课程研究,2012,(246):33~36

28. 彭珊珊,朱定和. 食品标准与法规. 北京:中国轻工业出版社,2011

29. 腾胜娟,蓝曦. 现代科技信息检索. 北京:中国纺织出版社,2007

30. 徐军玲,洪江龙. 科技文献检索(第2版). 上海:复旦大学出版社,2006

31. 吴澎,赵丽芹. 食品法律、法规与标准. 北京:化学工业出版社,2010

32. 陈冬华. 文献检索与利用. 上海:上海交通大学出版社,2005

33. 赖茂生,徐克敏. 科技文献检索. 北京:北京大学出版社,2009

34. 王骊,孟培丽. 食品科技文献检索. 北京:北京大学出版社,2000

35. 彭奇志. 信息检索与利用教程. 北京:中国轻工业出版社,2008

36. 杜宗绪. 食品标准与法规. 北京:中国标准出版社,2012